U0235830

黄河水资源管理与调度

水利部黄河水利委员会　编

黄 河 水 利 出 版 社

内 容 提 要

黄河水资源管理与调度工作,在党中央、国务院关心支持和水利部领导下,黄河水利委员会和沿黄各级水行政主管部门、枢纽管理单位通力协作,密切配合,综合运用行政、工程、科技、法律、经济等手段,精心组织,科学调度,在流域来水持续偏枯的情况下,实现了黄河水量统一调度以来连续8年不断流,积累了丰富的实践经验,取得了显著的经济效益、社会效益和生态效益。

本书对多年来黄河水资源管理与调度工作进行了全方位的系统分析和总结,由五篇十三章组成。第一篇三章,介绍了黄河水资源的基本情况,分析了国内外特别是黄河水资源危机的突出表现。第二篇两章,着重论述黄河水资源统一管理与水环境保护所采取的主要措施。第三篇两章,全面回顾了黄河水资源统一调度的背景与决策、筹备与启动,重点介绍了黄河水资源统一调度初级阶段的具体实践。第四篇三章,重点介绍和展望了黄河水资源统一调度的创新与发展。第五篇三章,系统全面地对黄河水资源统一管理与调度的实施效果进行分析评估。

本书可供从事水资源管理与调度的工作人员及广大关心黄河治理与开发的社会各界人士阅读参考。

图书在版编目(CIP)数据

黄河水资源管理与调度/水利部黄河水利委员会编.
郑州:黄河水利出版社,2008.9
ISBN 978-7-80734-467-4

Ⅰ.黄… Ⅱ.水… Ⅲ.黄河-水资源管理
Ⅳ.TV213.4

中国版本图书馆CIP数据核字(2008)第107820号

组稿编辑:王路平 电话:0371-66022212 E-mail:hhslwlp@126.com

出 版 社:黄河水利出版社
河南省郑州市金水路11号 邮政编码:450003
发行单位:黄河水利出版社
发行部电话:0371-66026940、66020550、66028024、66022620(传真)
E-mail:hhslcbs@126.com
承印单位:河南省瑞光印务股份有限公司
开本:787 mm×1 092 mm 1/16
印张:16 彩插:4
字数:380千字 印数:1—1 400
版次:2008年9月第1版 印次:2008年9月第1次印刷

定价:65.00元

《黄河水资源管理与调度》

编委会名单

主　编　苏茂林　安新代

编　写　王道席　裴　勇　薛建国

序

黄河是中华民族的母亲河,她孕育了光辉灿烂的华夏文明。同时,黄河也是一条闻名世界、复杂难治的河流。在漫长的历史进程中,黄河不断出现新情况、新问题,尤其是随着人口的增长、经济社会的快速发展,黄河水资源的开发利用率早已超过国际上公认的40%的警戒线。由于黄河流域水资源时空分布不均、年际变化大、供需矛盾尖锐,再加上缺乏统一管理,1972年黄河首次出现断流,20世纪90年代几乎年年断流,这一切引起了全社会的关注和担忧。

为缓解黄河流域水资源供需矛盾,解除黄河断流危机,1998年,国家授权水利部黄河水利委员会对黄河水量实施统一调度。自实施统一调度以来,在流域来水持续偏枯的情况下,依靠行政、工程、科技、法律和经济等多种措施,实现了黄河连续8年不断流,取得了显著的经济效益、社会效益和生态效益。但黄河流域属于资源性缺水流域,在充分考虑节约用水的前提下,预计2030年黄河水资源供需缺口将达到100多亿m^3,再加上必须考虑生态恢复和改善用水需求,以及下垫面变化导致的水资源量减少,水资源供需矛盾将会更加尖锐。

在人民治理黄河60年之际,胡锦涛总书记、温家宝总理、回良玉副总理的重要批示都对加强黄河水资源的统一管理和统一调度提出了更高的要求。今后一段时期,黄河水资源统一调度管理要基于维持黄河健康生命的前提下,重点研究、探索与实践从一般意义上的黄河不断流转移到黄河功能性不断流上,研究提出黄河水量调度的功能用水目标,包括经济用水、输沙用水、生态用水、稀释用水四个方面用水的总量需求和过程需求。要以《黄河水量调度条例》的颁布与实施为契机,全力做好黄河流域水资源管理与调度工作,实现水资源的科学调度、优化配置和高效利用,以水资源的可持续利用支持流域及相关地区经济社会的可持续发展。

黄河水资源统一管理与调度在实践中取得了丰富的经验,伴随其实践,黄河水量调度科技水平不断提高,建立了实用先进的黄河水量调度系统,显著提高了信息采集与传输、调度决策、远程控制的能力。黄河水量调度的行政组织体系和制度也日臻完善,《黄河水量调度条例》的颁布与实施更是为黄河水量调度组织管理提供了强有力的法规保障。《黄河水资源管理与调度》一书正是在对近10年来黄河水资源管理调度实践系统总结的基础上编著的。该书的出版将对提高黄河水资源管理与调度人员的业务素质和管理水平,做好黄河水资源统一管理与调度工作发挥积极作用。

前 言

黄河是我国西北、华北地区的重要水源,也是黄河流域及其相关地区经济社会可持续发展的重要战略保障。黄河流域属资源性缺水地区,同时还具有水少沙多、水沙异源、年际变化大、时空分布不均等突出特点,给水资源开发利用和维持黄河健康生命带来诸多挑战。黄河水资源量仅为全国水资源总量的2%,却承担着流域及其相关地区约占全国12%的人口、占全国15%的耕地、50多座大中城市、国家能源重化工基地以及中原油田、胜利油田的供水任务,同时还承担着繁重的向流域外相关地区调水的任务。随着经济社会的快速发展,黄河流域及其相关地区引黄用水量持续增加,开发利用程度已达70%左右,远远超过黄河水资源的承载能力。随着水资源供需矛盾日益加剧,加之缺乏有效的统一管理和调度,致使黄河下游自1972年开始频繁断流,尤其是进入20世纪90年代,几乎年年断流。黄河断流不仅造成局部地区生活、生产供水危机,影响社会安定,破坏生态系统平衡,同时对下游及相关供水地区经济社会的发展产生严重影响。缺水断流已成为沿黄地区可持续发展的重要制约因素,引起国内外普遍关注。

为缓解黄河流域水资源供需矛盾,解决黄河下游频繁断流的问题,1998年12月经国务院批准,原国家计划委员会和水利部联合颁布了《黄河水量调度管理办法》,授权黄河水利委员会对黄河水量实施统一调度。自1999年开始实施黄河水量统一调度以来,通过综合运用行政、工程、科技、法律、经济等手段,精心组织,科学调度,取得了连续8年不断流的斐然成绩;建立了行之有效的流域水资源统一管理与调度的体制和机制,管理手段不断完善,管理水平和水量调度精细化程度不断提高;遏制了超计划用水加剧的势头,黄河下游特别是河口地区生态环境明显改善;促进了流域节水型社会建设,有力支撑了流域及其相关地区可持续发展。

为交流大江大河水资源统一管理与调度经验,促进黄河水资源统一管理与调度向纵深发展,在对多年来黄河水资源统一管理与调度实践经验系统总结的基础上,水利部黄河水利委员会组织编写了《黄河水资源管理与调度》一书。

本书由五篇十三章组成。第一篇三章,介绍了黄河水资源的基本情况,分析了国内外特别是黄河水资源危机的突出表现,进而提出解决问题的基本对策。在诸多对策之中,实施黄河水资源统一管理与调度是核心。第二篇两章,着重论述了黄河水资源统一管理与水环境保护所采取的主要措施,主要包括水资源监测与调查、规划管理、初始水权明晰、水权转换、供水管理,以及水环境监测与水功能区划。第三篇两章,重点介绍了黄河水资源统一调度初级阶段的具体实践,全面回顾了黄河水资源统一调度的背景与决策、筹备与启动;详细阐述了实施黄河水资源统一管理与调度所采取的基本模式,以及初期调度和实现黄河不断流的情况。第四篇三章,重点介绍和展望了黄河水资源统一调度的创新与发展,包括科学调度——建设黄河水资源统一管理与调度系统;依法调度——《黄河水量调度条例》的颁布与实施;全面调度——启动支流调度,实施黄河干支流统一调度,实行地表水与地下水的联合配置与调度等。第五篇三章，系统全面地对黄河水资源统一管理与调度的实施效果进行了分析评估。

本书在编写期间，得到了水利部黄河水利委员会陈效国、常炳炎、邓盛明、薛长兴、孙广生、王建中、袁东良等专家的指导和帮助，特别是常炳炎专家对本书章节的安排提出了很好的建议，并认真审阅了全书，薛云鹏、可素娟、冯久成、王新功、张正斌、于松林、周康军、王丙轩、姚建闯等也为本书成稿提供了基本资料，在此一并表示衷心的感谢。

鉴于黄河水资源统一管理与调度的复杂性和艰巨性，加之作者水平有限，书中难免存在疏漏不当之处，敬请读者批评指正。

作　者

2007 年 10 月

目　录

第三篇　初始阶段:黄河不断流

第四篇　创新发展阶段:迈向现代化

第五篇　黄河水资源统一管理与调度的显著效果

第一篇　黄河水资源危机与对策

第一章　黄河水资源

黄河是我国西北、华北地区重要水源，具有水少沙多、水沙异源、时空分布不均、连续枯水时间长、水资源开发利用率高等特点。近年来，由于降水偏少、人类活动影响加剧等因素，黄河河川径流量呈现一定减少趋势。本章主要介绍黄河流域概况、水资源及河川径流变化趋势。

第一节　黄河流域概况

一、自然地理

黄河是我国第二大河，发源于青藏高原巴颜喀拉山北麓海拔 4 500 m 的约古宗列盆地，流经青海、四川、甘肃、宁夏、内蒙古、陕西、山西、河南、山东 9 省(区)，在山东垦利县注入渤海(见插页彩图)。干流河道全长 5 464 km，流域面积 79.5 万 km^2(包括内流区 4.2 万 km^2，下同)。与其他江河不同，黄河流域上中游地区占流域总面积的 97%。

流域西部地区属青藏高原，海拔 3 000 m 以上，是黄河的主要产水区。中部地区绝大部分属黄土高原，海拔为 1 000 ~ 2 000 m，水土流失十分严重，是黄河泥沙的主要来源区。东部属黄淮海平原，由于河道高悬于两岸地面之上，洪水威胁严重，汇入支流很少。

二、河段概况

黄河河源至内蒙古自治区河口镇(托克托县)河段称为上游，河口镇至河南省桃花峪河段称为中游，桃花峪以下河段称为下游。

(一)上游河段

内蒙古自治区托克托县河口镇以上河段为黄河上游，干流河道长 3 471.6 km，流域面积42.8 万 km^2(包括内流区 4.2 万 km^2)，汇入的较大支流(流域面积 1 000 km^2 以上，下同)43 条。

青海省唐乃亥以上为河源区，区内水系发达、湖泊众多、草原辽阔、水源涵养能力强。位于源头附近的扎陵湖、鄂陵湖海拔 4 260 m 以上，蓄水量分别为 47 亿 m^3 和108 亿 m^3，是我国最大的高原淡水湖。唐乃亥水文站多年平均径流量 205.1 亿 m^3，约占全河径流总量的38%,故河源区常被称为黄河的“水塔”。近10多年来,受气候和人为因素的影响,河源区生态环境恶化,水源涵养能力降低,河川径流有减少的趋势。

黄河上游河段水力资源丰富,集中分布在玛曲至龙羊峡和龙羊峡至宁夏境内的下河沿两个河段,其中龙羊峡至下河沿区间是国家近期重点开发建设的水电基地之一。干流已建和在建大中型水电站有龙羊峡、拉西瓦、尼那、李家峡、直岗拉卡、康扬、公伯峡、苏只、黄丰、积石峡、寺沟峡、刘家峡、盐锅峡、八盘峡、小峡、大峡、沙坡头、青铜峡等,见插页彩图。这些电站的建设,在有效开发利用黄河水力资源的同时,也极大地改变了黄河河川径流的分配过程,对全河径流调节起着巨大的作用,特别是已建的龙羊峡水库和刘家峡水库,有效库容分别达到193.6亿m^3和41.5亿m^3。其中,龙羊峡水库是目前黄河干流唯一一座多年调节水库,起着龙头水库的作用;而刘家峡水库在其下游大柳树水库建成前,对上游河川径流起着控制性的作用。

黄河出下河沿后,流经有“塞上江南”之称的宁蒙平原,河道展宽,比降平缓。本河段流经干旱地区,降水少,蒸发大,区间产流少,加之灌溉引水和河道侧渗损失,致使黄河径流沿程减少。黄河流经地区,工农业用水依赖黄河供给,属灌溉农业区。受惠于引水条件的便利,两岸引黄灌溉历史悠久,灌区广布。目前,干流已建青铜峡、三盛公两座水利枢纽,青铜峡、卫宁、黄河南岸(鄂尔多斯市)、河套等大型自流灌区分布于黄河两岸;另外,还兴建了固海、盐环定等一批高扬程灌区工程和土默特川地区一些中扬程灌区工程,是引黄用水比较集中的河段。由于受自然地理条件的制约及人类用水的影响,这一河段不同程度地存在冰凌灾害,危及沿河平原。特别是三盛公水利枢纽以下河段,地处黄河自南向北流向的顶端,凌汛期间冰塞、冰坝壅水,往往造成堤防决溢,危害较大。

黄河上游用水主要集中在刘家峡以下干流河段,设计引黄能力约1 800 m^3/s,且防凌、供水、灌溉、发电矛盾突出,关系复杂,是黄河干流水量统一管理与调度的重点河段。随着宁夏宁东能源基地和内蒙古鄂尔多斯能源基地的建设,用水需求将进一步增加,缺水矛盾将更为突出。

黄河上游河段汇入支流较多,支流地区用水主要集中在湟水和洮河流域。

(二)中游河段

河口镇至河南省郑州市桃花峪为黄河中游,干流河道长1 206.4 km,流域面积34.37万km^2,汇入的较大支流有30条。河段内绝大部分支流地处黄土高原地区,暴雨集中,水土流失十分严重,是黄河洪水和泥沙的主要来源区。

黄河出河口镇以后,受吕梁山脉阻挡,折向南流,将黄土高原切割开来,奔腾在晋陕峡谷。从河口镇至禹门口河段,是黄河干流上最长的一段连续峡谷,水力资源较丰富,并且距电力负荷中心近,将成为黄河上第二个水电基地。峡谷下段有著名的壶口瀑布,深槽宽仅30~50 m,枯水水面落差约18 m,气势宏伟壮观,是我国著名的风景名胜区。黄河出晋陕峡谷后,流经汾渭地堑,河面豁然开朗,河谷展宽,河道宽、浅、散、乱,冲淤变化剧烈,水流平缓。禹门口至潼关区间(俗称小北干流)有汾河、渭河两大支流相继汇入,其中渭河为黄河的最大支流;黄河南流过潼关后,折向东流。潼关至小浪底区间河长约240 km,是黄河干流的最后一段峡谷;小浪底以下河谷逐渐展宽,是黄河由山区进入平原的过渡河段,汇入支流主要有伊洛河和沁河,是黄河又一主要清水来源区。

黄河干流中游河段峡谷较多,坡陡流急,水力资源较为丰富。本河段规划开发的梯级水库主要有万家寨、龙口、天桥、碛口、古贤和甘泽坡、三门峡、小浪底和西霞院等,其中已建成的有万家寨水利枢纽、天桥水电站、三门峡水利枢纽、小浪底水利枢纽,在建的水库有龙口、西霞院。万家寨水库尽管调蓄能力有限,但在龙门—潼关河段用水高峰期有一定补水作用,也是确保该河段不断流的重要工程保障。小浪底水库控制流域面积 69.4 万 km^2,是一座以防洪(防凌)、减淤为主,兼顾供水、灌溉、发电的综合利用水库,有效控制了进入下游的河川径流,在黄河水量调度工程体系中,起着控制和调节进入下游径流的作用。

现状黄河中游引黄用水主要集中在支流的汾渭盆地,干流河段受引水条件的限制,引黄水量不大。在干流禹门口以下河段兴建了禹门口、东雷、夹马口、尊村等一批高扬程灌溉供水工程,尽管设计供水能力较大,但实际引黄水量有限,每年仅约 3 亿 m^3。引黄入晋工程是本河段建设的大型调水工程,工程浩大,其利用万家寨水库抬高水位达到引水目的;设计供水规模 12 亿 m^3,主要用于解决太原市城市供水和大同、朔州能源基地用水;分南、北两条供水线路,其中向太原供水的南干线已投入使用,年许可取水 3 亿 m^3,目前尚未达到许可取水规模。中游支流用水主要集中在渭河、汾河和沁河流域,其水资源开发利用已经达到很高的程度,常常发生断流,且水污染十分严重。陕北能源基地和山西能源基地建设将促使引黄用水需求的进一步增长。

(三)下游河段

桃花峪以下河段为黄河下游,干流河道长 785.6 km,流域面积 2.3 万 km^2,汇入的较大支流只有 3 条。现状河床高出背河地面 4 ~ 6 m,比两岸平原高出更多,成为淮河和海河的分水岭,是举世闻名的“地上悬河”。历史上堤防决口频繁,目前依然严重威胁黄淮海平原地区的安全,是中华民族的心腹之患。

黄河下游干流河道高悬于两岸,引水条件十分便利,成为天然的输水渠道。两岸大堤上修建了众多的引黄涵闸,设计引水能力 3 800 多 m^3/s,主要供给沿黄城镇、工矿企业及引黄灌区用水。下游两岸分布着全国最大的联片自流灌区,农业水利化程度很高。同时,引黄济津、引黄济青、引黄入卫、引黄济淀等远距离调水工程均从下游河道取水。由于取水能力巨大,在枯水季节,对径流调节要求高,在实施黄河水量统一管理与调度之前,下游河道频繁发生断流。

黄河干流各河段特征值见表 1-1。

三、河流水系、水库、湖泊

(一)河流水系

据统计,黄河流域集水面积大于1 000 km^2 的一级支流有76 条,大于1 万 km^2 的一级支流有 10 条。黄河流域集水面积大于 1 万 km^2 的一级支流基本特征值详见表 1-2。

表1-1　黄河干流各河段特征值

河段	起讫地点	流域面积（km^2）	河长（km）	落差（m）	比降（‰）	汇入支流（条）
全河	河源至河口	794 712	5 463.6	4 480.0	8.2	76
上游	河源至河口镇	428 235	3 471.6	3 496.0	10.1	43
	1. 河源至玛多	20 930	269.7	265.0	9.8	3
	2. 玛多至龙羊峡	110 490	1 417.5	1 765.0	12.5	22
	3. 龙羊峡至下河沿	122 722	793.9	1 220.0	15.4	8
	4. 下河沿至河口镇	174 093	990.5	246.0	2.5	10
中游	河口镇至桃花峪	343 751	1 206.4	890.4	7.4	30
	1. 河口镇至禹门口	111 591	725.1	607.3	8.4	21
	2. 禹门口至小浪底	196 598	368.0	253.1	6.9	7
	3. 小浪底至桃花峪	35 562	113.3	30.0	2.6	2
下游	桃花峪至河口	22 726	785.6	93.6	1.2	3
	1. 桃花峪至高村	4 429	206.5	37.3	1.8	1
	2. 高村至陶城铺	6 099	165.4	19.8	1.2	1
	3. 陶城铺至宁海	11 694	321.7	29.0	0.9	1
	4. 宁海至河口	504	92.0	7.5	0.8	0

注：1. 汇入支流指流域面积在 1 000 km^2 以上的一级支流；

2. 落差从约古宗列盆地上口计算；

3. 流域面积包括内流区。

（二）水库

根据2000年资料统计，黄河流域现有小（Ⅰ）型以上水库492座，总库容797亿m^3，其中死库容176亿m^3，兴利库容517亿m^3（见表1-3）。

黄河流域现有大型水库23座，总库容740.5亿m^3，主要位于黄河干流和支流伊洛河。其中大（Ⅰ）型水库8座，总库容696亿m^3，死库容161亿m^3，兴利库容466亿m^3；大（Ⅱ）型水库15座，总库容44.5亿m^3，死库容7.2亿m^3，兴利库容22.9亿m^3。在黄河流域已建大型水库中，干流上的龙羊峡、刘家峡、万家寨、三门峡、小浪底5座水库具有调节径流的重要作用（见表1-4），是黄河水量统一调度的重要工程措施。

表 1-2 黄河流域集水面积大于 1 万 km^2 的一级支流基本特征值

河流名称	集水面积（km^2）	起点	终点	干流长度（km）	平均比降（‰）	把口站	多年平均天然径流量（亿 m^3）
渭河	134 766	甘肃定西马衔山	陕西潼关县港口村	818.0	1.27	华县 + 洑头	89.89
汾河	39 471	山西宁武县东寨镇	山西河津县黄村乡柏底村	693.8	1.11	河津	18.47
湟水	32 863	青海海晏县洪呼日尼哈	甘肃永靖县上车村	373.9	4.16	民和 + 享堂	49.48
无定河	30 261	陕西横山县庙畔	陕西清涧县解家沟镇河口村	491.2	1.79	白家川	11.51
洮河	25 227	甘肃省西倾山	甘肃省	673.1	2.80	红旗	48.26
伊洛河	18 881	陕西雒南县终南山	河南巩县巴家门	446.9	1.75	黑石关	28.32
大黑河	17 673	内蒙古卓资县十八台乡	内蒙古托克托县	235.9	1.42	三两	3.31
清水河	14 481	宁夏固原县开城乡黑刺沟脑	宁夏中宁县泉眼山	320.2	1.49	泉眼山	2.02
沁河	13 532	山西沁源县霍山南麓	武陟县南贾汇村	485.1	2.16	武陟	13.00
祖厉河	10 653	甘肃省华家岭	甘肃靖远方家滩	224.1	1.92	靖远	1.53

注：多年平均径流量统计系列为 1956～2000 年一致性处理后成果。

表 1-3 黄河流域小（Ⅰ）型以上水库统计

水库类型	座数	总库容（亿 m^3）	死库容（亿 m^3）	兴利库容（亿 m^3）
大（Ⅰ）型	8	696	161	466
大（Ⅱ）型	15	44.5	7.2	22.9
中型	141	43.2	6.2	20.6
小（Ⅰ）型	328	13.3	1.6	7.5
合计	492	797	176	517

注：大（Ⅰ）型水库指总库容 10 亿 m^3 以上；大（Ⅱ）型水库指总库容 1 亿～10 亿 m^3；中型水库指总库容 0.1 亿～1 亿 m^3；小（Ⅰ）型水库指总库容 0.01 亿～0.1 亿 m^3。

表1-4　黄河干流重要调节水库一览表

工程名称	建设地址	控制面积（万 km^2）	正常蓄水位（m）	总库容（亿 m^3）	有效库容（亿 m^3）	装机容量（万 kW）	最大坝高（m）
龙羊峡	青海共和	13.1	2 600	247.0	193.5	128	178
刘家峡	甘肃永靖	18.2	1 735	57.0	41.5	116	147
万家寨	山西偏关 内蒙古准格尔	39.5	980	9.0	4.5	108	90
三门峡	山西平陆 河南陕县	68.8	335	96.4	60.4	40	106
小浪底	河南孟津 河南济源	69.4	275	126.5	50.5	180	173

黄河流域现有中型水库141座，总库容43.2亿 m^3，其中死库容6.2亿 m^3，兴利库容20.6亿 m^3。

黄河流域现有小（Ⅰ）型水库328座，总库容13.3亿 m^3，其中死库容1.6亿 m^3，兴利库容7.5亿 m^3。

（三）湖泊

据不完全统计，黄河流域现有各类湖泊68个，水面总面积2 111 km^2，蓄水能力近170亿 m^3，多年平均蓄水量163.3亿 m^3。其中，淡水湖泊65个，咸水湖泊3个。

65个淡水湖泊水面总面积2 082 km^2，蓄水能力约169.8亿 m^3，多年平均蓄水量163.2亿 m^3，主要分布于河源段玛曲以上（43个）及中游青铜峡至河口镇区间（22个）。

3个咸水湖泊水面总面积29 km^2，其中河源段玛曲以上2个，中游青铜峡至石嘴山区间1个。

四、重要水文测站

水文监测是黄河水量调度的耳目，长系列水文监测资料是进行水资源调查、评价和开展各类水利规划编制的重要依据。

为满足水量调度的需要，控制省际或重要河段用水，强化重要支流计划用水管理，在黄河干流以及重要支流选取控制性水文站，作为省际出入境水量（流量）和重要支流入黄监控断面。

选取干流循化、下河沿、石嘴山、头道拐、潼关、高村、利津等水文断面作为省际控制断面。依据《黄河水量调度条例》（以下简称《条例》）的规定，青海省、甘肃省、宁夏回族自治区、内蒙古自治区、河南省、山东省人民政府分别负责并确保循化、下河沿、石嘴山、头道拐、高村、利津水文断面的下泄流量符合规定的控制指标；陕西省和山西省人民政府共同负责并确保潼关水文断面的下泄流量符合规定的控制指标（见表1-5）。

表 1-5　黄河水利委员会所属重要水文测站一览表

序号	站名	测站性质			水系	河流	集水面积（km^2）	设站日期（年-月）	站址
		大河控制站	区域代表站	小河站					
1	唐乃亥	√			黄河	黄河	121 972	1955-08	青海省兴海县唐乃亥乡下村
2	贵德	√			黄河	黄河	133 650	1954-01	青海省贵德县河西乡黄河大桥
3	循化	√			黄河	黄河	145 459	1945-10	青海省循化撒拉族自治县积石镇
4	小川	√			黄河	黄河	181 770	1948-01	甘肃省永靖县刘家峡镇川西路
5	下河沿	√			黄河	黄河	254 142	1951-05	宁夏回族自治区中卫县长乐乡下河沿村
6	石嘴山	√			黄河	黄河	309 146	1942-09	宁夏回族自治区石嘴山市
7	头道拐	√			黄河	黄河	367 898	1958-04	内蒙古自治区准格尔旗十二连城乡东城村
8	潼关	√			黄河	黄河	682 166	1929-02	陕西省渭南市潼关县秦东镇
9	三门峡	√			黄河	黄河	688 421	1951-07	河南省三门峡市高庙乡坝头
10	小浪底	√			黄河	黄河	694 221	1955-04	河南省济源市坡头乡太山村
11	高村	√			黄河	黄河	734 146	1934-04	山东省东明县菜园集乡冷寨村
12	利津	√			黄河	黄河	751 869	1934-06	山东省利津县城关镇刘家夹河村
13	民和	√			黄河	湟水	15 342	1940-01	青海省民和县川口镇山城村
14	享堂	√			黄河	大通河	15 126	1940-01	青海省民和县川口镇享堂村
15	北道	√			渭河	渭河	24 871	1990-01	甘肃省天水市北道区渭滨南路
16	华县	√			渭河	渭河	106 498	1935-03	陕西省华县下庙乡苟家堡
17	黑石关	√			伊洛河	伊洛河	18 563	1934-07	河南省巩义市芝田镇益家窝村
18	润城	√			沁河	沁河	7 273	1950-07	山西省阳城县润城镇下河村
19	武陟	√			沁河	沁河	12 880	1950-06	河南省武陟县大虹桥乡大虹桥村
20	山路平		√		沁河	丹河	3 049	1952-08	河南省沁阳市常平乡四渡村

在2006年、2007年度首批启动的9条调度支流洮河、湟水(含大通河)、清水河、大黑河、渭河、汾河、沁河、伊洛河和大汶河上分别选取红旗、民和与享堂、泉眼山、旗下营、华县、河津、武陟、黑石关、戴村坝等水文断面作为这9条支流的入黄控制断面,并在跨省(区)的支流湟水、渭河、沁河干流上分别选取连城、北道、润城水文断面作为省际控制断面。

为监控干流具有一定调节径流作用的水库泄流,选取贵德、小川、万家寨、三门峡、小浪底水文断面作为龙羊峡、刘家峡、万家寨、三门峡和小浪底水库出库控制断面。

第二节　黄河水资源概况

新中国成立以来,对黄河水资源进行系统调查评价已开展过多次,其中影响较大的调查评价成果有:

(1)《黄河天然年径流》。为黄河治理开发和小浪底水利枢纽工程建设需要,20世纪70~80年代,由水利部黄河水利委员会(以下简称黄委)黄河勘测规划设计有限公司(原黄委勘测规划设计研究院)调查完成了《黄河天然年径流》计算成果。该成果调查还原了1919年7月~1975年6月56年系列花园口以上黄河干支流主要断面年、月天然径流量。但是,该成果未对黄河花园口以下河川径流进行还原,也未对黄河流域地下水资源安排深入调查。自20世纪80年代以来,该成果广泛应用于黄河流域国土资源规划、骨干水利工程建设、黄河水资源分配与管理工作中,发挥了巨大作用,影响深远。

(2)《黄河流域片水资源评价》。按照全国第一次水资源调查评价工作的统一部署,黄委水文局于1985年7月和9月分别完成了《黄河流域片地表水资源评价》(1956~1979年24年系列)和《黄河流域片地下水资源评价》,后根据这两个报告编写了《黄河流域片水资源评价》,并于1986年6月刊印出版。

(3)《黄河流域水资源综合规划》。2002年以来,按照全国水资源综合规划工作的统一部署,目前正在开展的“黄河流域水资源综合规划”工作,在其调查评价阶段提出了黄河流域水资源调查评价研究成果。该成果采用最新的45年水文气象资料系列,对全流域降水、河川径流、地下水、总水资源量、水质及水资源情势等变化特点进行了深入、细致的分析,已经黄委审查同意并纳入全国汇总。

本书将主要介绍已经广泛应用于黄河水资源统一管理与调度工作的《黄河天然年径流》成果,以及将在今后使用的《黄河流域水资源综合规划》提出的黄河流域水资源调查评价成果。

一、水资源量

(一)河川径流

1.《黄河天然年径流》成果

该成果采用“断面还原法”计算黄河天然径流量,即以某水文断面实测径流量加上同一时期该断面以上还原水量作为该水文断面天然径流量。

根据1919年7月~1975年6月56年系列资料统计,黄河花园口站多年平均实测年径流量470亿 m^3。考虑人类活动影响,将历史上逐年的灌溉耗水量及大型水库调蓄量还原后,花园口站56年平均天然年径流量为559亿 m^3,花园口以下支流金堤河、天然文岩渠、大汶河多年平均天然径流量按21亿 m^3 计,黄河流域多年平均天然年径流总量为580亿 m^3。56年系列成果见表1-6和表1-7。

表1-6　黄河干流及主要支流控制站天然径流成果　（单位:亿 m^3）

河名	站名	实测径流	灌溉耗水量	水库调蓄	天然年径流		
					全年	汛期	非汛期
黄河	兰州	315.33	7.23	0.02	322.58	191.14	131.44
黄河	河口镇	247.36	65.22	0.02	312.60	190.60	122.00
黄河	龙口	319.06	66.04	0.02	385.12	229.40	155.72
黄河	三门峡	418.50	79.33	0.57	498.40	294.17	204.23
黄河	花园口	469.81	88.81	0.57	559.19	331.71	227.48
汾河	河津	15.63	4.56	-0.07	20.12	11.53	8.59
北洛河	洑头	7.00	0.55		7.55	4.22	3.33
泾河	张家山	15.06	1.80		16.86	11.20	5.66
渭河	华县	80.06	7.30		87.36	51.65	35.71
洛河	黑石关	33.66	2.25		35.91	21.68	14.23
沁河	武陟	13.37	1.74		15.11	9.81	5.30

注:1. 不包括黄河内流区;

2. 汛期为7~10月,非汛期为11月~次年6月。

表1-7　黄河流域天然年径流地区分布

站名或区间名	控制面积		平均天然年径流量		年径流深(mm)
	km^2	占全河(%)	亿 m^3	占全河(%)	
兰州	222 551	29.6	322.6	55.6	145.0
兰州至河口镇区间	163 415	21.7	-10.0	-1.7	—
河口镇至龙门区间	111 585	14.8	72.5	12.5	65.0
龙门至三门峡区间	190 869	25.4	113.3	19.5	59.4
三门峡至花园口区间	41 616	5.5	60.8	10.5	146.1
花园口	730 036	97.0	559.2	96.4	76.6
下游支流	22 407	3.0	21.0	3.6	93.7
花园口+下游支流	752 443	100.0	580.2	100.0	77.1

注:不包括黄河内流区。

从计算成果看,黄河天然河川径流具有时空分布不均的特点。干流主要测站汛期天然径流量占全年的60%左右,支流汛期天然径流量占全年的比例更高。黄河天然径流主要来自兰州以上和中游河口镇至三门峡区间,其中兰州以上控制流域面积仅占全河的29.6%,但天然河川径流量却占全河的55.6%,且主要为清水,泥沙含量较少;兰州至河口镇,支流汇入很少,沿途受蒸发渗漏影响,天然河川径流量不仅没有增加,反而有所减少;河口镇至三门峡区间,控制流域面积占全河的40.2%,天然径流量占全河的32%,但泥沙含量较大,本区间入黄沙量占全河的90%以上。

2.《黄河流域水资源综合规划》提出的黄河流域水资源调查评价成果

该成果采用1956~2000年45年系列,在按照“断面还原法”计算黄河天然径流量的基础上,还给出了按照“还现”一致性处理计算的结果。

“断面还原法”计算黄河天然径流采用公式如下:

$$W_{天然} = W_{实测} + W_{农灌} + W_{工业} + W_{城镇生活} \pm W_{引水} \pm W_{分洪} \pm W_{库蓄}$$

式中:$W_{天然}$为还原后的天然径流量;$W_{实测}$为水文站实测径流量;$W_{农灌}$为农业灌溉用水耗水量;$W_{工业}$为工业用水耗水量;$W_{城镇生活}$为城镇生活用水耗水量;$W_{引水}$为跨流域(或跨区间)引水量,引出为正,引入为负;$W_{分洪}$为河道分洪决口水量,分出为正,分入为负;$W_{库蓄}$为大中型水库蓄水变量。

依据上述方法计算,黄河多年平均天然径流量(利津水文站,下同)为568.6亿m^3,其中花园口水文站多年平均河川天然径流量563.9亿m^3。经不同系列均值、方差、滑动平均、丰平枯频次统计等方面论证,1956~2000年系列具有一定的代表性。

考虑到人类活动改变了流域下垫面条件,导致入渗、径流、蒸发等水平衡要素发生一定的变化,从而造成径流的减少(或增加)。为反映下垫面变化对黄河河川径流的影响,在“断面还原法”计算的基础上,进行了“还现”一致性处理,以保证系列成果的一致性。“还现”法采用降水径流关系方法,并考虑黄河流域水土保持建设、地下水开采对地表水影响、水利工程建设引起的水面蒸发损失等因素,采用成因分析方法,综合分析计算。针对黄河实际情况,水土保持影响量主要修正1956~1969年,地下水开采影响量修正1956~1989年,水利工程影响量修正水利工程投入运用以后时段。

在进行“还现”一致性处理后,近期或现状下垫面条件下,黄河天然径流量为534.8亿m^3,其中花园口水文站多年平均天然径流量532.8亿m^3,分别较还原计算成果修正减少了33.8亿m^3和31.1亿m^3。从河段来看,唐乃亥—兰州区间修正3.16亿m^3,兰州—河口镇区间修正0.80亿m^3,河口镇—龙门区间修正6.17亿m^3,龙门—三门峡区间修正10.99亿m^3,三门峡—花园口区间修正9.23亿m^3,花园口以下修正2.61亿m^3。另考虑了集雨工程用水1.0亿m^3。涉及的支流有河口镇—龙门区间(以下简称河龙区间)各入黄支流、渭河、汾河、伊洛河、沁河、大汶河等。

黄河干流各主要断面“还现”前后计算的天然径流成果见表1-8,黄河年径流深等值线图见插页彩图。

(二)黄河流域地下水资源

不同部门进行过多次黄河流域地下水资源评价工作,主要成果有:

(1)《黄河流域地下水资源合理开发利用》成果,由地质矿产部水文地质工程地质研究所1994年完成,是国家“八五”科技攻关成果。

(2)《黄河流域片水资源评价》成果,由黄委水文局1986年完成。

表 1-8 黄河天然河川径流量统计基本特征

水文站名称	集水面积（km^2）	项目	天然年径流量										
			最大		最小		多年平均		C_s/C_v	不同频率年径流量（亿 m^3）			
			径流量（亿 m^3）	出现年份	径流量（亿 m^3）	出现年份	径流量（亿 m^3）	径流深（mm）		20%	50%	75%	95%
兰州	222 551	修正前	540.5	1967	234.6	1997	333.0	149.6	3.0	391.3	325.0	280.2	227.7
		修正后	535.4	1967	234.4	1997	329.9	148.2	3.0	387.5	321.9	277.6	225.5
下河沿	254 142	修正前	544.3	1967	232.4	2000	334.9	131.8	3.0	394.8	326.5	280.5	226.8
		修正后	537.3	1967	227.5	1956	330.9	130.2	3.0	390.1	322.5	277.0	223.9
石嘴山	309 146	修正前	536.3	1967	232.7	1991	336.5	108.9	3.0	395.3	328.4	283.2	230.2
		修正后	529.4	1967	232.5	1991	332.5	107.6	3.0	390.6	324.5	279.8	227.3
河口镇	385 966	修正前	541.7	1967	235.7	1991	335.8	87.0	3.0	394.8	327.6	282.1	228.9
		修正后	534.7	1967	233.3	1956	331.7	85.9	3.0	390.2	323.6	278.7	226.1
龙门	497 552	修正前	637.7	1967	258.9	2000	389.3	78.2	3.0	453.9	380.9	331.0	271.8
		修正后	609.1	1967	258.9	2000	379.1	76.2	3.0	441.9	371.0	322.5	264.9
三门峡	688 421	修正前	798.3	1964	301.6	2000	503.9	73.2	3.0	593.4	491.3	422.5	342.1
		修正后	777.4	1964	301.6	2000	482.7	70.1	3.0	567.4	471.0	405.8	329.5
小浪底	694 155	修正前	830.1	1964	311.7	1997	507.1	73.1	3.0	598.2	494.2	424.2	342.7
		修正后	796.3	1964	309.0	1997	476.0	68.6	3.0	560.5	464.1	399.1	323.2
花园口	730 036	修正前	979.4	1964	335.1	1997	563.9	77.2	3.0	669.4	548.2	467.3	374.2
		修正后	945.7	1964	332.4	1997	532.8	73.0	3.0	631.6	518.2	442.3	354.8
利津	751 869	修正前	1 095.5	1964	325.4	1997	568.6	75.6	3.0	677.2	551.9	468.7	373.4
		修正后	1 011.1	1964	322.6	1997	534.8	71.1	3.0	636.7	519.2	441.1	351.7

(3)《黄河流域地下水资源分布与开发利用》成果,由陕西省地质矿产勘查开发局第一地质队1990年完成。

(4)《黄河流域水资源综合规划》调查评价成果,由黄委水文局2004年完成。这些成果各有特色、各有侧重,反映了不同时期的认识水平。

本书将重点介绍黄河流域水资源综合规划成果。首先,该成果已被《黄河流域水资源综合规划》所采用。其二,该成果反映了近期黄河流域下垫面条件,能更好地反映黄河流域地下水现状。其三,该成果进行地表水与地下水不重复量计算时,考虑了与地表水同步的系列一致性处理。

成果给出了近期(1980~2000年)年均浅层地下水资源量及可开采量(重点是矿化度≤2 g/L的浅层地下水),同时基于评价水资源总量系列成果的需要,还提出了1956~2000年地下水与地表水不重复量系列成果。

地下水资源量计算,平原区采用水均衡法,既计算各项补给量,又计算各项排泄量和地下水蓄变量。其中,补给量包括降水入渗补给量、山前侧向补给量、地表水体入渗补给量(由河道渗漏补给量、库湖塘坝渗漏补给量、渠系渗漏补给量和渠灌田间入渗补给量组成)、井灌回归补给量等;排泄量包括潜水蒸发量、河道排泄量、侧向流出量、地下水实际开采量等。山丘区只计算各项排泄量,以总排泄量作为地下水资源量(亦即降水入渗补给量),排泄量包括河川基流量、山前泉水溢出量、山前侧向流出量、地下水实际开采净消耗量、潜水蒸发量。

黄河流域多年平均浅层地下水资源量为377.6亿m^3(含内流区),其中,山丘区265.0亿m^3,平原区154.6亿m^3,山丘区与平原区重复计算量42.0亿m^3。从省级行政区来看,多年平均浅层地下水资源量(矿化度≤2 g/L)主要分布于青海省(24.5%)、陕西省(18.0%)、山西省(12.9%)、内蒙古自治区(11.8%)和甘肃省(11.6%);从水资源二级区来看,多年平均浅层地下水资源量(矿化度≤2 g/L)主要分布于龙门—三门峡区间(24.1%)、龙羊峡以上(21.9%)、龙羊峡—兰州区间(14.6%)、兰州—河口镇区间(12.2%)。黄河流域各水资源二级区及各省级行政区多年平均地下水资源量(矿化度≤2 g/L)见表1-9。

(三)水资源总量

水资源总量为断面天然径流量加上断面以上地表水与地下水之间不重复计算量,采用如下公式计算:

$$W = R + P_r - R_g$$

式中:W为水资源总量;R为河川天然径流量;P_r为降水入渗补给量(山丘区用地下水总排泄量代替);R_g为河川基流量(平原区为降水入渗补给量形成的河道排泄量)。

按照上述公式计算,《黄河流域水资源综合规划》提出了现状下垫面条件下黄河水资源总量(利津断面,不包括内流区,下同)638.34亿m^3,其中天然径流量534.8亿m^3(“还现”处理后,下同),地表水与地下水不重复计算量103.5亿m^3;花园口断面水资源总量620.53亿m^3,其中天然径流量532.8亿m^3,地表水与地下水不重复计算量88.0亿m^3。表1-10给出了黄河干支流主要控制站水资源总量基本特征。

表 1-9　黄河流域二级区/省(区)多年平均浅层地下水资源量(矿化度≤2 g/L)

(单位:面积,万 km^2;水量,亿 m^3)

二级区	计算面积	山丘区			平原区							地下水资源量
		计算面积	地下水资源量	其中河川基流量	计算面积	降水入渗补给量	山前侧向补给量	地表水体补给量		地下水资源量	降水入渗形成的河道排泄量	
								补给量	其中河川基流量			
龙羊峡以上	12.96	12.67	82.08	81.88	0.29	0.59	0.20	0.23	0.10	1.01	0.33	82.79
龙羊峡—兰州	8.94	8.88	53.38	51.22	0.06	0.46	0.84	2.24	0.89	3.54	0.21	55.19
兰州—河口镇	13.59	8.85	16.47	4.36	4.74	10.82	8.84	30.89	11.99	50.58	0.42	46.22
河口镇—龙门	11.08	9.24	19.05	13.00	1.84	15.42	0.81	1.26	0.68	17.49	4.12	35.05
龙门—三门峡	18.68	15.09	51.59	39.19	3.59	28.06	6.57	17.64	6.28	52.28	3.18	91.02
三门峡—花园口	4.11	3.79	30.06	24.83	0.32	3.19	0.57	3.86	1.70	7.62	0.18	35.41
花园口以下	1.91	1.03	12.16	6.77	0.88	9.23	0.24	4.83	2.12	14.30	0.15	24.10
内流区	3.70	0.17	0.23	0.06	3.53	7.57	0.18	0	0	7.75	0	7.80
青　海	15.08	14.73	90.15	88.48	0.35	1.05	1.03	2.47	0.99	4.55	0.53	92.68
四　川	1.70	1.70	12.80	12.80	0	0	0	0	0	0	0	12.80
甘　肃	13.96	13.86	43.10	40.07	0.10	0.49	0.05	0.08	0.02	0.62	0.26	43.65
宁　夏	3.80	3.20	4.20	3.38	0.60	1.01	0.31	21.16	8.47	22.48	0.41	17.90
内蒙古	13.35	4.99	15.91	4.58	8.36	22.25	9.12	9.78	3.54	41.16	0.47	44.41
山　西	9.65	8.10	37.84	23.45	1.55	9.50	5.00	3.63	2.16	18.14	0.07	48.82
陕　西	12.89	9.83	29.25	26.36	3.06	28.41	1.93	15.14	4.75	45.48	6.52	68.05
河　南	3.40	2.28	19.61	15.41	1.12	11.10	0.57	8.43	3.73	20.10	0.18	35.41
山　东	1.14	1.03	12.16	6.78	0.11	1.53	0.24	0.26	0.10	2.04	0.15	13.86
全流域	74.97	59.72	265.02	221.31	15.25	75.34	18.25	60.95	23.76	154.57	8.59	377.58

注:表中计算面积为《黄河流域水资源综合规划》采用数据。

表 1-10　黄河干支流主要控制站水资源总量基本特征

河流	水文站	集水面积	多年平均水资源总量		C_v	C_s/C_v	不同频率水资源总量(亿 m^3)			
		(km^2)	mm	亿 m^3			20%	50%	75%	95%
黄河	兰州	222 551	149.1	331.82	0.22	3.0	389.6	324.0	279.6	227.5
黄河	河口镇	385 966	92.3	356.25	0.21	3.0	416.2	348.6	302.5	247.9
黄河	龙门	497 552	84.9	422.42	0.20	3.0	488.8	414.4	363.2	301.5
黄河	三门峡	688 421	81.7	562.44	0.20	3.0	653.6	551.3	481.1	397.2
黄河	花园口	730 036	85.0	620.53	0.21	3.0	726.4	606.7	525.4	429.3
黄河	利津	751 869	84.9	638.34	0.22	3.0	748.0	623.4	538.8	439.3
湟水	民和	15 342	141.0	21.63	0.24	3.0	25.66	21.03	17.95	14.39
渭河	华县	106 498	89.6	95.42	0.34	3.0	120.0	89.9	71.5	52.8
泾河	张家山	43 216	44.1	19.06	0.32	3.0	23.73	18.05	14.52	10.85
北洛河	洑头	25 154	40.4	10.16	0.32	3.0	12.49	9.55	7.72	5.80
汾河	河津	38 728	80.8	31.29	0.24	3.0	37.16	30.40	25.90	20.72
伊洛河	黑石关	18 563	167.9	31.16	0.52	3.0	42.17	27.16	19.34	13.23
沁河	武陟	12 880	126.2	16.25	0.37	3.0	20.71	15.18	11.86	8.60
大汶河	戴村坝	8 264	229.2	18.78	0.44	3.0	24.68	17.02	12.72	8.90

二、天然水质状况

根据《黄河流域水资源综合规划》，黄河流域地表水天然水质状况总体较好，其水化学特征如下：

受自然条件制约，黄河流域地表水矿化度在地区分布上差异很大，变幅在 159～39 900 mg/L，矿化度为 100～300 mg/L 的低矿化度水面积占流域面积 10.4%，300～500 mg/L 的中矿化度水面积占流域面积 41.9%，500～1 000 mg/L 的较高矿化度水面积占流域面积 27.4%，1 000 mg/L 以上的高矿化度水面积占流域面积 20.3%。中等以下矿化度水面积占到流域面积的 52.3%。

河水总硬度随矿化度的增加而增加，总硬度小于 150 mg/L 的软水面积占 6.3%，150～300 mg/L 的适度硬水面积占流域面积 62.9%，300～450 mg/L 的硬水面积占流域面积 14.9%，450 mg/L 以上的极硬水面积占流域面积 15.9%。硬度合适的水面积占到流域面积的 69.2%。

根据阿列金分类法，黄河流域水化学类型大多数为重碳酸盐类，其面积占流域总面积的70.4%。部分地区，如甘肃省东北部，宁夏回族自治区、内蒙古自治区中南部和陕西省、山西省北部地区的水化学类型多为硫酸盐类或氯化物类，水质较差。其他地区主要为 C_{II}^{Ca}、C_{II}^{Na}、C_{III}^{Ca}型。黄河流域Ⅱ型水较多，其特点是硬度大于碱度，从成因上讲，与各种沉积岩有关，大多属低矿化度和中矿化度的河水。

第三节　黄河河川径流变化趋势

一、黄河河川径流变化趋势及原因

（一）黄河实测径流变化

随着经济社会的发展，工农业生产和城乡生活用水逐步增加，河道内水量明显减少，越来越不能反映黄河的天然状态，甚至黄河下游利津断面出现了 1997 年 226 天的断流现象。同时，大型水利工程的修建和投入使用，改变了河道水量的年内分配，显著减少了中常洪水发生几率及其洪峰、洪量。

1. 1986 年以后实际来水锐减

图 1-1 和图 1-2 分别给出了黄河干流唐乃亥、兰州、头道拐和龙门、花园口、利津水文站 1950 年以来 5 年滑动实测年径流量逐年变化过程，基本呈逐渐减少趋势，尤其 1986 年以来衰减十分明显。随着宁蒙河段、黄河下游用水量的不断增多，兰州与头道拐、花园口与利津断面水量差距越来越大，而且头道拐和利津两站实测径流从 20 世纪 80 年代末开始减少幅度越来越大。

表 1-11 给出了黄河干支流主要水文断面实际来水年代间变化情况。可以看出，20 世纪 90 年代以来实际来水普遍锐减，近 5 年来情况更加严重。

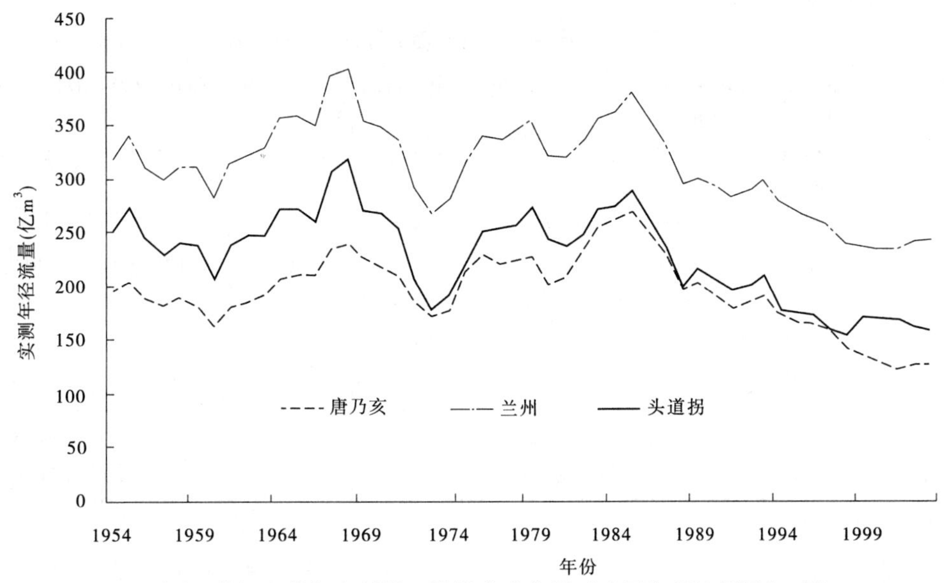

图 1-1　黄河上游 3 站 1950～2003 年 5 年滑动实测年径流量逐年对比

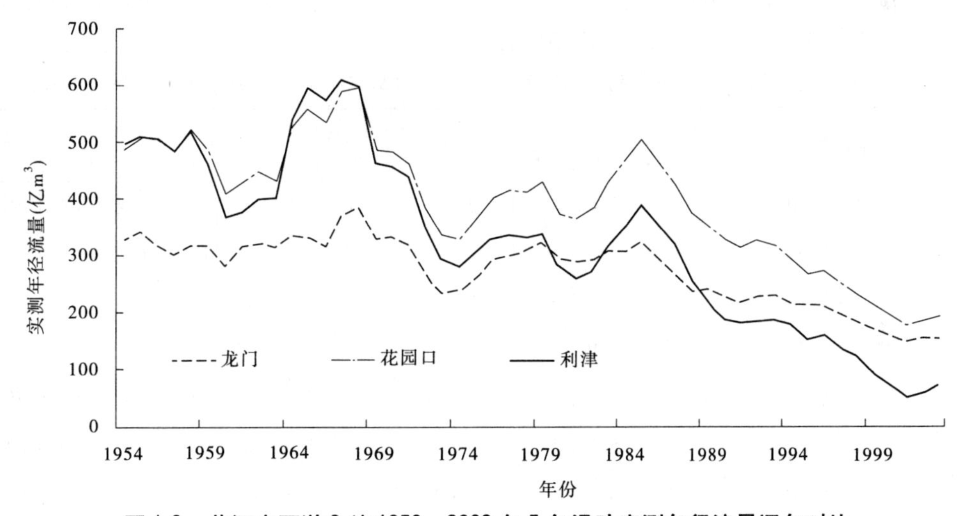

图 1-2　黄河中下游 3 站 1950～2003 年 5 年滑动实测年径流量逐年对比

黄河河源是黄河水资源的主要来源区,其集水面积虽仅占黄河流域面积的 15%,但其来水量占黄河总量的 38%,为黄河主要产水区,被形象地称为"黄河的水塔"。1990 年以来实际来水锐减严重,近 5 年平均来水只有 144.2 亿 m³,较 1956～1969 年平均情况减少了近 30%。

以利津断面实际来水量作为黄河入海水量,1956～1969 年平均来水 483 亿 m³,20 世纪 90 年代平均只有 140.8 亿 m³,近 5 年只有 105.7 亿 m³。

近 5 年的支流来水,较 1956～1969 年普遍减少了 50% 以上,汾河甚至超过了 80%。

2. 大中型水利工程建设改变了年内分配

刘家峡、龙羊峡、小浪底等大型水库先后投入运用后,由于其调蓄作用和沿黄地区引用黄河水,黄河干流河道内实际来水年内分配发生了很大的变化,表现为汛期比例下降,非汛期比例上升。

表 1-11 黄河干支流主要水文断面实际来水年代间比较 (单位:亿 m³)

水文断面	1920~1955	1956~1969	1970~1979	1980~1989	1990~1999	2000~2004	1956~2000
唐乃亥	188.8	200.8	203.9	241.1	176.0	144.2	203.9
兰州	314.1	336.9	318.0	333.5	259.7	237.8	313.1
头道拐	255.7	254.4	233.1	239.0	156.4	123.8	221.9
龙门	330.1	323.6	284.5	276.2	197.1	154.8	272.6
三门峡	428.8	444.9	358.2	370.9	240.5	171.2	357.5
花园口	484.4	493.7	381.6	411.7	257.8	207.9	390.8
利津	508.9	483.0	311.0	285.8	140.8	105.7	315.3
华县	79.0	93.9	59.4	79.1	43.7	43.7	70.5
河津	15.3	18.4	10.4	6.6	5.1	3.2	10.7
黑石关	34.2	38.4	20.5	30.2	14.6	18.6	26.7
武陟	14.0	15.1	6.1	5.5	3.7	6.8	8.2

表 1-12 给出了黄河干流大型水库运用前后主要水文站实测径流量年内分配不同时段对比情况。可以看出,花园口水文站以上,1986 年以前,汛期水量一般可占年径流量的 60%左右,1986 年以来普遍降到了 47.5%以下。

表 1-12 黄河干流大型水利工程运行前后主要水文站实测径流量年内分配对比

站名	时段	年内分配(%)												
		1月	2月	3月	4月	5月	6月	7月	8月	9月	10月	11月	12月	汛期
兰州	1920~1960	2.7	2.4	3.2	4.2	7.2	9.9	15.8	16.0	15.5	12.8	6.6	3.7	60.1
	1961~1968	2.7	2.2	2.9	4.3	8.2	8.7	16.5	14.4	17.3	13.3	6.1	3.4	61.5
	1969~1986	4.5	3.8	4.2	5.7	8.6	9.5	13.8	13.1	13.4	11.9	6.7	4.7	52.3
	1987~2004	5.5	4.6	4.9	7.3	11.4	10.1	11.0	11.4	9.8	9.6	8.2	6.2	41.8
龙门	1920~1960	2.9	3.5	5.8	5.9	5.1	5.5	13.2	17.9	15.5	13.0	7.9	3.7	59.7
	1961~1968	3.1	3.1	5.7	5.3	5.7	4.8	12.4	17.2	17.1	14.7	7.5	3.4	61.4
	1969~1986	5.0	5.5	8.1	7.6	4.6	4.0	11.1	15.3	14.0	13.0	6.9	4.9	53.4
	1987~2004	6.0	7.5	12.4	9.7	4.0	5.0	8.5	14.2	12.2	6.7	6.6	7.2	41.6
三门峡	1920~1960	3.0	3.5	5.3	5.9	5.4	5.8	13.4	19.0	15.4	12.0	7.6	3.6	60.0
	1961~1968	2.5	2.3	6.7	6.0	7.0	5.5	11.2	14.2	16.0	15.5	8.4	4.8	56.8
	1969~1986	3.8	3.5	7.3	6.8	6.4	5.2	11.0	14.7	15.7	14.1	7.0	4.4	55.6
	1987~2004	4.6	5.9	9.3	9.0	6.7	6.6	9.4	15.1	12.9	8.1	5.9	6.5	45.5
花园口	1920~1960	3.0	3.1	4.8	5.5	5.0	5.4	14.2	20.5	14.9	12.0	7.8	3.8	61.6
	1961~1968	2.7	2.1	6.0	5.8	7.1	5.2	11.3	14.1	16.0	15.9	8.8	5.0	57.4
	1969~1986	3.8	3.1	6.6	6.3	6.1	4.7	11.0	15.4	16.3	14.8	7.4	4.5	57.6
	1987~2004	4.7	5.4	9.1	9.0	6.9	7.1	10.2	15.0	12.4	7.8	6.3	6.1	45.4

例如,随着1968年刘家峡水库的投入运用,兰州水文站汛期实际来水比例由以前的61%下降到了52%,1986年龙羊峡水库的投入使用,更使汛期来水比例下降到了42%。

花园口断面1960年以前实际来水量,汛期一般占61.6%;由于上中游水库的调蓄影响,1986年以后平均降到了45.4%以下;1999年小浪底水库的投入使用,使花园口断面汛期来水比例下降到了40.5%(未计入小浪底非汛期末的调水调沙水量)。图1-3给出了花园口水文站年内分配变化情况。

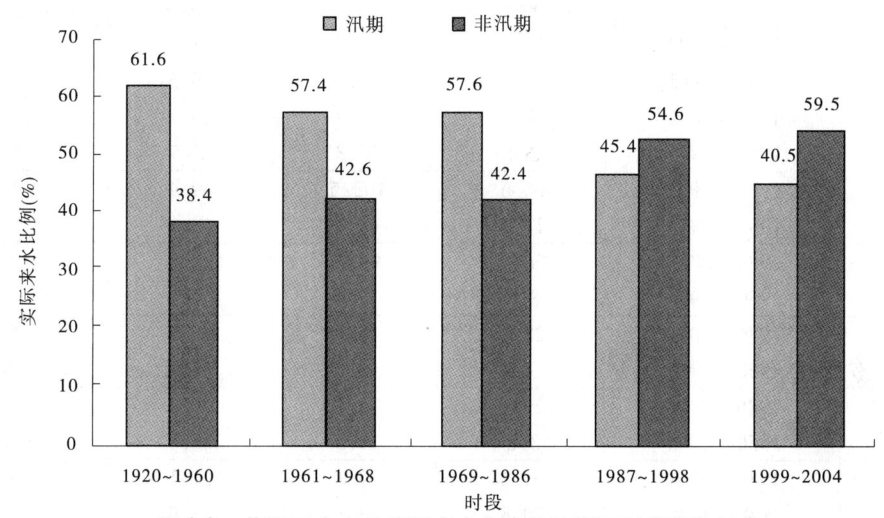

图1-3 花园口水文站实际来水年内分配不同时段变化特点

3.近20年来洪水特性表现在峰、量、次数明显减少

黄河的洪水主要由暴雨形成。由于西太平洋副热带高压脊线往往于7月中旬进入中游地区,8月下旬以后南撤,黄河的大洪水容易出现在7月下半月和8月上半月。于是有了"黄河洪水,七下八上"之说。特别是1950年以来,洪峰流量超过15 000 m^3/s的大洪峰,全都发生在"七下八上"期间。据1950~2003年54年实测资料统计,7月下半月到8月上半月,共发生16次洪峰流量级在8 000 m^3/s以上的大洪水,平均发生概率为32%。因此,确切地说,每年7月下半月到8月上半月的一段时间,是黄河下游大洪水的多发期。

黄河下游近20年来的洪水,无论洪水的峰和量,还是洪水出现的频次,与20世纪50~60年代相比均明显减小。据花园口实测洪水资料统计,洪峰流量大于4 000 m^3/s的洪水,在1950~1985年,平均每年出现3.7次,而在1986~2002年,平均每年只出现0.9次;洪峰流量大于8 000 m^3/s的洪水,在1950~1985年,平均每年出现1次,而1986年以来一次都没有出现。与此相反,枯水流量历时明显增长,1986~2002年平均,汛期花园口站日均流量大于3 000 m^3/s的历时仅5.5天,流量小于3 000 m^3/s的天数长达117.5天,占汛期总天数的96%,其中小于1 000 m^3/s的历时就有71.1天,占汛期总天数的58%。表1-13给出了黄河干流主要水文站不同时期汛期不同流量级历时的统计结果。

表1-14给出了1950年以来花园口水文站发生的介于4 000~8 000 m^3/s、8 001~10 000 m^3/s、10 001~15 000 m^3/s及15 000 m^3/s以上洪峰流量次数统计结果。从表中可以看出,从1950~2003年的54年间,花园口站在伏秋大汛期间共发生181次洪峰流量

超过4 000 m^3/s 的洪水，年均3.6次，其中50年代、60年代、70年代、80年代和90年代各发生63次、38次、35次、36次和9次，表明各年代4 000 m^3/s 以上洪峰流量的发生概率有逐步下降的趋势，说明洪水次数逐渐减少，并且洪峰流量变小。还可以看出，54年间洪峰流量≥15 000 m^3/s 的3次大洪水都是“下大型洪水”。

表1-13 黄河干流主要水文站不同时期汛期各流量级历时

站名	时段	各流量级历时(d)			
		<500 m^3/s	<1 000 m^3/s	<3 000 m^3/s	>3 000 m^3/s
唐乃亥	1986～2002	11.5	84.7	38.3	0
	1956～1985	4.5	54.4	66.6	2
兰州	1986～2002	0.2	72.2	49.7	1.1
	1967～1985	2.4	26.3	83.7	13
头道拐	1986～2002	66.6	103.5	19.4	0.1
	1952～1985	17.5	48.6	68.1	6.2
龙门	1986～2002	50.4	92.1	30	0.9
	1950～1985	8.7	32.8	78	12.2
潼关	1986～2002	28.1	73	46.4	3.6
	1950～1985	3.5	18.2	74	30.8
花园口	1986～2002	29.5	71.1	46.4	5.5
	1950～1985	3.8	16.5	68.8	37.7
利津	1986～2002	63.2	84.1	37.1	1.9
	1950～1985	10.8	23.9	61.9	37.2

表1-14 花园口站1950～2003年发生4 000 m^3/s 以上洪水次数统计

洪水量级(m^3/s)		4 000～8 000	8 001～10 000	10 001～15 000	15 000以上	4 000以上
出现时间	7月15日前	16	1	0	0	17
	7月16日～8月15日	65	10	3	3	81
	8月16日后	72	9	2	0	83
	合计	153	20	5	3	181
洪水类型	上大型洪水	96	8	3	0	107
	下大型洪水	4	1	1	3	9
	上下同时大型	53	11	1	0	65
	合计	153	20	5	3	181
出现年代	1950～1959	46	11	4	2	63
	1960～1969	35	3	0	0	38
	1970～1979	31	3	1	0	35
	1980～1989	32	3	0	1	36
	1990～2003	9	0	0	0	9
	合计	153	20	5	3	181

按照20世纪70年代和80年代水利部审定批准的黄河中下游设计洪水计算成果,花园口洪峰流量大于等于15 000 m³/s 的重现期为7~10年,实测资料分析看,50年代花园口大于等于15 000 m³/s 的洪水发生2次,平均5年一遇;从60年代开始到90年代近40年间,该流量级的洪水只发生过1次,不但重现期远远大于7~10年,而且都是"下大型洪水"。有关资料表明,花园口站自从三门峡水库兴建以后,没有发生过洪峰流量大于15 000 m³/s的"上大型洪水",加上小浪底水库的投入运用,受最大泄流能力的限制,基本上可以排除洪峰流量大于15 000 m³/s 的"上大型洪水"对下游的威胁。同时,1990年以来,黄河下游洪水具有洪水次数减少、发生时间更加集中、洪水来源区发生变化、同流量水位表现偏高等特性。

黄河最大的支流渭河,1990年以来也呈现出高流量级洪水次数减少、低流量级洪水次数增多的现象(详见表1-15)。

表1-15 渭河华县站1950~2003年洪水情况统计

时段	洪水次数	洪水流量级(m³/s)				
		<2 000	2 001~3 000	3 001~4 000	4 001~5 000	>5 000
1950~1959	42	20	10	7	3	2
1960~1969	32	12	12	3	5	0
1970~1979	17	4	6	5	2	0
1980~1989	27	8	14	3	1	1
1990~2003	10	2	7	1	0	0
合计	128	46	49	19	11	3

4.实际来水减少的原因

黄河1986年以来实测径流量显著偏小,既与降水减少引起的河川天然径流量减少的自然因素有关,也与流域用水增加有关。其中,部分学者认为黄河中游水土保持生态环境实际耗用水量大于当前的估算数量;还有部分学者认为流域下垫面变化引起的降水—产流关系的变化,以及区域地下水超采对地表径流的影响,也是黄河近期径流变化的重要原因之一。

《渭河流域综合治理规划》定量地分析了各种因素对径流的影响。渭河华县、洑头两站1991~2000年实测径流量较1956~1990年减少40.8亿m³,其中降雨量减小引起的径流减小比例为49%,国民经济耗水增加引起的径流减少占33%,水土保持措施减水占4%,降水径流关系变化、气温升高导致蒸发增加及集雨工程蓄水等其他因素占14%。

经过进一步利用黄河干流控制水文站实测资料、逐河段用水情况以及水土流失治理等方面信息,《黄河流域水资源综合规划》重点分析了20世纪后半叶主要干流测站年来水量的变化,并研究了影响其变化的各主要因素,探讨了变化的原因,得出比较初步的看法是:黄河上游实际来水量不断减少,主要是气候变化的影响,其比重约占75%,人类活动影响仅占25%。在人类活动影响中,国民经济耗水量的影响不断增加,其比重约占16%,其他如水利工程建设,包括水库拦蓄以及其他小型和微型水利工程等因素的影响,其比重约占9%(包括统计计算的误差在内)。

至于黄河中游过去50年来的实际来水量不断减少,气候因素影响约占来水量减少的43%;人类活动影响约占来水量减少的57%,与黄河上游的情况相反,人类活动的影响明显加大,已大于气候因素的影响,但粗略地说,气候变化的影响仍可占50%。在人类活动影响中,国民经济耗水量不断增加的影响约占18%,生态环境建设导致下垫面条件发生变化的影响约占24%,水利工程建设与其他水保工程等因素的影响约占15%。

随着人类活动的不断加强,人类活动对实测径流的影响所占的比例将继续增大,黄河主要水文站特别是中下游水文站实测径流将继续减少。

(二)黄河天然径流变化趋势

定性上讲,黄河流域水资源有减少趋势,主要表现在三个方面:由于气候变化如气温升高导致蒸发能力加大而引起水资源减少;水土保持工程的开展引起的用水量增加;水利工程建设引起的水面蒸发附加损失量增加。

20世纪80年代以来,黄河流域内下垫面发生了较大的变化,加上受水资源开发利用的影响,同样降水条件下产生的地表径流量也发生了较大变化。《黄河流域水资源综合规划》采用现状下垫面条件下的年降水径流关系初步预测2001~2050年天然径流量,如表1-16所示。由计算结果来看,流域降水量变化不大,但天然径流量减少显著。

表1-16 黄河年降水量和天然径流量预测结果

(单位:降水量,mm;天然径流量,亿 m^3)

时段	兰州		河口镇		龙门		三门峡		花园口	
	降水量	天然径流量	降水量	天然径流量	降水量	天然径流量	降水量	天然径流量	降水量	天然径流量
1956~2000(还现前)	483	333	389	336	399	389	438	504	451	564
2001~2030	491	331	394	291	397	335	452	448	446	471
2031~2050	486	324	392	290	393	331	439	433	445	470
2001~2050	489	328	393	291	395	333	447	442	446	470

不过,黄河未来来水量变化受多种因素的综合影响:一是受水文要素的周期性和随机性的影响;二是受流域用水增加的影响;三是可能受环境和下垫面变化而导致的降水—径流关系变化的影响;四是可能受气候的趋势性变化而导致的降水和天然径流的趋势性变化的影响。其中对流域降水及降水—径流关系是否会出现趋势性变化尚有不同认识,而目前考虑水文要素周期性和随机性因素而进行的长期预报则受技术水平的限制,精度和可信度有限,对于流域用水增长的幅度预估也存在一定的差别。

二、新的计算方法与成果

受人类开发利用水资源的影响,实测径流已不能反映黄河河川径流的天然状态,将统计的生产、生活引黄耗水量、水库调蓄量作为还原量,加到各断面实测径流量上以近似地反映黄河天然径流量是必要的和合理的。以56年系列黄河天然径流系列为例,花园口断面天然径流量559.2亿m^3中,为实测径流量469.8亿m^3与还原水量(灌溉耗水量和水库调蓄量)89.4亿m^3之和。随着河川径流开发利用程度的不断提高,还原水量所占的比例越来越大,更需要将实测径流加以还原以近似反映天然河川径流量。但对于开发利用程度高的河流,利用此法计算的天然径流量的精度将取决于统计、调查计算的还原水量的精度。在56年系列中,由于黄河河川径流的开发利用程度较低,还原水量仅占天然径流量的16%,而精度较高的实测径流所占比重较大,所以56年系列计算的黄河天然年径流量成果基本合理,能够比较客观地反映相应时段黄河河川径流量。故56年系列黄河天然径流量成果已被广泛地应用于黄河流域规划、工程设计、水资源分配及管理调度等工作中,也在黄河治理、开发与工程建设中发挥了积极的作用,特别是1987年国务院批准的南水北调生效前的《黄河可供水量分配方案》,即是基于这一成果。

随着环境的变化,特别是人类活动对下垫面的改变,已经影响到了降水—径流关系,即在同样降水条件下,由于下垫面的不同,产生的地表径流也不一样。故在运用长系列资料计算天然河川径流时,需要考虑下垫面变化这一因素,特别是对于下垫面变化较为显著的地区,需要将径流系列资料放在同一下垫面条件下进行一致性处理。黄河流域在20世纪后半叶,流域内开展了大规模的水土保持工程建设,兴建了大量的水利工程,地下水由于开采量增加迅速而出现水位下降的情况。上述情况已显著改变了流域产水条件,如若采用将当年用水"还原"后的天然径流作为指导21世纪黄河水资源配置的依据,将偏离新时期黄河流域下垫面情况及产汇流条件。鉴于此,天然河川径流的计算方法也应与时俱进,逐步调整,以尽可能反映客观实际,故而有了从"还原"法到"还现"法的变化。"还现"法即是将径流系列统一到现状下垫面条件下,以反映现状和近期天然河川径流量。运用"还现"法提出了45年系列(1956~2000年)最新的黄河天然径流成果。从计算结果来看,"还现"处理后,黄河天然径流量比"还现"前减少了33.8亿m^3,由此可以看出下垫面的变化对黄河天然径流的影响,推出"还现"成果无疑是需要的。与56年系列成果相比,黄河天然径流量减少了约45亿m^3,这一新的变化将对黄河水资源配置产生一定的影响。

由于原56年系列成果已经在黄河水资源的规划、配置、管理和工程建设方面得到广泛应用,最新的黄河天然径流成果的推广应用尚需有个过程,其计算方法也需逐步完善。本书除特别说明外,仍采用黄河水资源历史还原水量成果,全河天然河川径流量为580亿m^3。

第二章　国内外水资源的普遍危机与警示

本章重点介绍尼罗河、科罗拉多河、阿姆河、恒河、墨累河等国外著名河流，以及海河、辽河、塔里木河、黑河、石羊河等我国北方主要河流的水危机情况。这些河流的水危机成因及后果对黄河具有重要的警示意义。

第一节　国外河流普遍面临水危机

根据21世纪世界水问题委员会发表的一份调查报告，在世界500多条主要河流之中，只有南美洲的亚马孙河和非洲的刚果河因受人类影响较小可称做健康河流，其他河流都因为过度开发而面临不同程度的水危机。世界上著名的大河，如非洲的尼罗河、北美的科罗拉多河、中亚的阿姆河和锡尔河、澳大利亚的墨累河、南亚的恒河等都曾先后出现过断流或濒于断流，带来了严重的生态环境问题，甚至危及到人类社会的生存与发展。

一、尼罗河

尼罗河（Nile River）位于非洲东北部，流经肯尼亚、埃塞俄比亚、刚果（金）、布隆迪、卢旺达、坦桑尼亚、乌干达、苏丹和埃及等国家（见图2-1），最后注入地中海，全长6 695 km，是世界上最长的两条河流之一，流域面积约340万 km^2（占非洲大陆面积的1/9以上），多年平均入海水量810亿 m^3。尼罗河主要由白尼罗河和青尼罗河汇聚而成。青尼罗河水量较大，是尼罗河干流水量的主要来源。尼罗河河川径流年际变化大，1978年最多达1 510亿 m^3，而1913年最小仅420亿 m^3，相差近4倍。流量变幅也相当大，1978年9月最大洪峰流量为13 500 m^3/s，1922年5月最小枯水流量仅275 m^3/s。

1970年建成的阿斯旺高坝促进了埃及电力发展和工业化，在一定阶段也促进了埃及灌溉农业的长足发展。阿斯旺高坝的修建，在防洪、灌溉、发电、航运和养殖等方面产生了巨大效益，但同时也造成了很多负面影响。一是给农业长远发展带来许多不利影响。大坝周边耕地盐碱化日益严重；由于尼罗河水每年泛滥挟带的肥沃泥沙被淤积在库内，不能再为沿岸土地提供丰富的天然肥料，造成土地肥质降低。二是使地中海海水溯源冲刷加剧，拉希德和杜姆亚特两河的河口每年分别被海水冲刷掉29 m和31 m，海岸线不断缩进。三是水资源渗漏和蒸发量大。据统计，阿斯旺水库每年渗漏、蒸发损失水量占总库容的10%以上。

在埃及，随着人口和经济的增长，水资源供需矛盾日益尖锐。就尼罗河水资源利用问题，埃及与苏丹曾达成协议，埃及从尼罗河塞尔湖引水550亿 m^3。据估算，埃及目前用水量约为617亿 m^3，远超协议规定的引水量。尼罗河水资源日益短缺，枯水年份部分沙漠河段和河口三角洲经常干涸断流。

尼罗河是流经国家最多的国际性河流之一，而埃及是尼罗河流域经济最发达、实力最

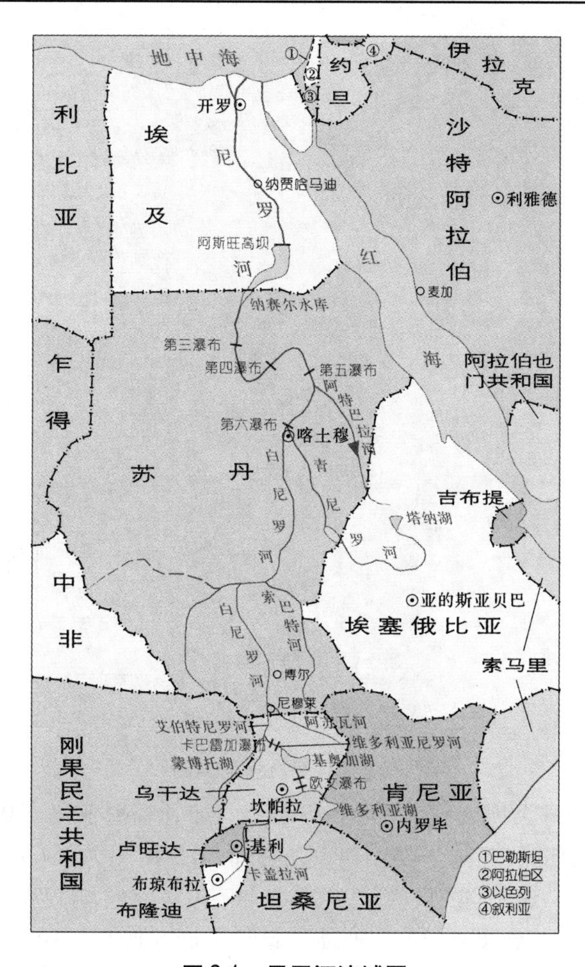

图 2-1 尼罗河流域图

强大的国家,也是引用尼罗河水最多的国家。随着人口增长和经济发展,尼罗河上游国家尤其是苏丹、埃塞俄比亚对尼罗河水资源的需求也在不断增长,国际社会要求埃及减少用水量的呼声越来越高。在埃及水资源日益紧缺的情况下,尼罗河有限的水资源如何分配,有关国家至今尚未达成一致意见,如何保证尼罗河的生态环境流量,防止尼罗河断流,前景堪忧。

二、科罗拉多河

科罗拉多河(Colorado River)被称做美国西南部的生命线,为美国干旱地区的最大河流,干流流经科罗拉多、犹他、亚利桑纳、内华达和加利福尼亚等 5 个州和墨西哥西北端,最后注入加利福尼亚湾,干流长 2 320 km(下游 145 km,在墨西哥境内),流域面积 63.7 万 km^2(见图 2-2)。科罗拉多河流量变幅大,最大洪峰流量 8 500 m^3/s,最小枯水流量仅 20 m^3/s,相差 400 多倍。上游利斯费里站实测多年平均径流量 186 亿 m^3,最大年径流量 296 亿 m^3,最小 69 亿 m^3;中下游属于干旱和半干旱地区,经过沿程引水和蒸发渗漏,河口多年平均径流量仅 49 亿 m^3。

科罗拉多河上建有大小水库 100 余座,总库容 872 亿 m^3,相当于多年平均径流量的

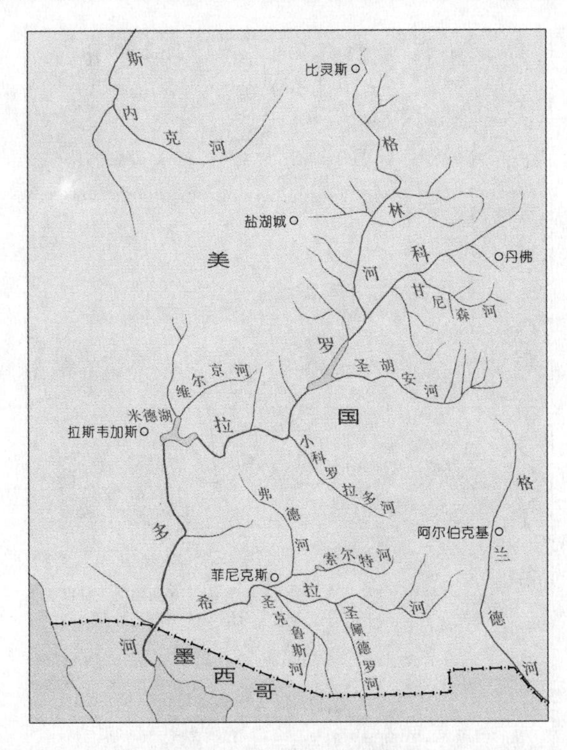

图 2-2 科罗拉多河简图

4.7 倍。在 1935 年胡佛大坝修建前,河水常年流入加利福尼亚湾。1935 ~ 1941 年,胡佛大坝截流米德湖蓄水期间,美国与墨西哥交界的亚利桑纳州尤马(Yuma)断面流量为 0,其下游墨西哥境内 145 km 河道干涸。1963 ~ 1980 年格兰峡坝截流蓄水,期间下泄流量较小,仅有很小流量进入墨西哥境内,河口长时间干涸。1972 ~ 1973 年有关部门第一次对加利福尼亚湾上游河道进行专门调查,入海流量为 0,海水倒灌。1991 ~ 1999 年,枯水年尤马断面常年断流或濒于断流,即使在汛期(7 ~ 8 月)也经常断流或濒于断流,1996 年几乎全年断流。

尽管美国与墨西哥边界处日均流量经常较小或断流,但美国基本上按协议完成了每年交水 18.5 亿 m^3 的任务,所交水量中绝大部分被墨西哥用于农业灌溉,只有极少量灌区退水流入加利福尼亚海湾,致使河口地区生态环境进一步恶化,下游湿地面积大幅度减少,野生生物及少数民族失去生存条件,不少生物濒临灭绝。

目前,科罗拉多河断流问题已为全世界所瞩目,墨西哥与美国两国及世界上不少环境机构和组织为此进行了不懈努力。为保护科罗拉多河下游生物物种,美国制订了《科罗拉多河下游多物种保护计划》,但其中未涉及要保证科罗拉多河流量连续或增加入海水量,2000 年环保组织向美国联邦法院上诉,要求把河口地区列入《科罗拉多河下游多物种保护计划》,但被驳回。也就是说,只要进入墨西哥的水量和水质能达到两国间协议的最低要求,从法律上讲,任何组织和个人对科罗拉多河断流都不负责任,河口生态环境用水权得不到法律承认与保护。在水资源日益紧缺的形势下,科罗拉多河断流问题将继续存在。

三、阿姆河、锡尔河和咸海

阿姆河(Amu Dayra),发源于阿富汗与克什米尔地区交界维略夫斯基冰川,源头叫瓦赫基尔河,与帕米尔河汇合后叫喷赤河,在塔吉克斯坦境内与瓦赫什河汇合后向西北流,进入土库曼斯坦后始称阿姆河。干流流经阿富汗、土库曼斯坦、乌兹别克斯坦等国,最后汇入咸海。“阿姆河”意即“疯狂的河流”,自古多洪水灾害,河道游荡多变,见图 2-3。

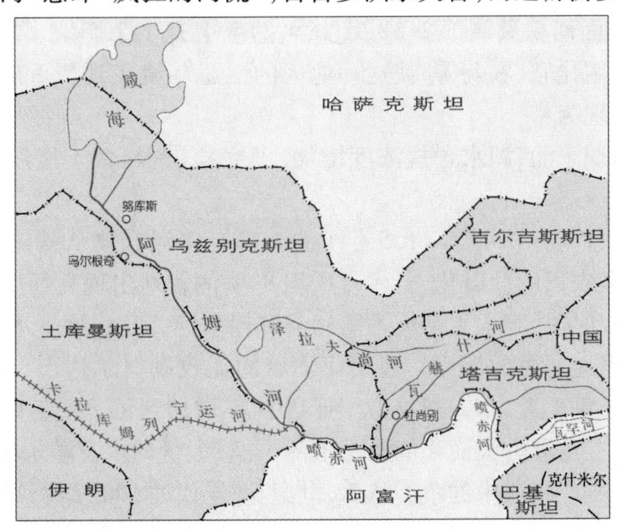

图 2-3　阿姆河流域水系示意图

阿姆河为中亚最大河流,干流长 2 540 km,流域面积 46.5 万 km^2,多年平均水资源量 679 亿 m^3。据 1887～1975 年水文实测资料,1969 年的年径流量最大,达 987.2 亿 m^3,最大流量 9 180 m^3/s,1974 年水量最小,为 428.4 亿 m^3,1930 年实测最小流量为 465 m^3/s。

阿姆河流域属于干旱荒漠地带,没有水就没有农业。从阿姆河引水灌溉自古有之,以前受技术及财力的限制,规模较小。20 世纪 50 年代后,随着技术和财力条件的改善,1954 年、1963 年和 1964 年分别修筑了卡拉库姆灌渠、阿姆－布哈拉渠和卡尔申灌渠,渠首引水流量分别达到 560 m^3/s、350 m^3/s 和 240 m^3/s,现土库曼斯坦和乌兹别克斯坦的农业完全依靠阿姆河灌溉。正常情况下,每年全流域灌溉引水量达 460 亿～480 亿 m^3,其中引阿姆河水 390 亿～400 亿 m^3。

由于阿姆河中、下游灌溉引水量逐年增加,1990 年和 2000 年阿姆河流域灌溉面积分别为 4 660 万亩❶和 6 540 万亩。当阿姆河流域灌溉面积达到 4 800 万亩时,其引水量为 511 亿 m^3,灌溉面积达到 6 450 万亩时,其引水量增加到 620 亿 m^3,而通过克尔基站的径流量通常为 640 亿 m^3,这时,流入咸海的水量除去蒸发,所剩无几,甚至发生断流。

与阿姆河遭受同样命运的还有锡尔河。锡尔河发源于天山山脉,同样流入咸海。锡尔河上修建了很多水库,河水被拦蓄用于农田灌溉,超过 80% 的河水被两岸的新耕地“吃干榨尽”。

---

❶ 1 亩 = 1/15 hm^2。

阿姆河、锡尔河流入咸海的水量因灌溉引水量剧增而大减。1911～1960年，入咸海水量平均每年560亿 m^3，而1971～1975年，锡尔河、阿姆河年均入咸海水量分别为53亿 m^3、212亿 m^3，而1976～1980年，下降为10亿 m^3、110亿 m^3。1981～1990年，锡尔河、阿姆河的年均入咸海总水量仅为70亿 m^3。1987年灌溉面积发展到10 950万亩时，阿姆河和锡尔河已基本无水流入咸海，咸海水面下降15 m，水域面积从6.6万 km^2 缩小到3.7万 km^2，岸线后退150 km。由于断流，从1987年开始，咸海被分隔成“大咸海”和“小咸海”。现在，咸海水面面积只剩下2.52万 km^2，盐度上升了2.5倍。由于引水过多、不适当灌溉以及过度使用化肥、农药等，使这一地区的生态环境遭到严重破坏，带来了巨大的生态灾难。主要表现为：

一是咸海大面积干涸，湖水含盐浓度增加，湖底盐碱裸露，土地沙漠化，“白风暴”和盐沙暴频繁发生。

二是咸海地区每年有0.4亿～1.5亿t的咸沙有毒混合物从盐床（湖底、河滩）上刮起，加剧了中亚地区农田的盐碱化，土库曼斯坦80%的耕地出现高度盐碱化。

三是由于灌溉和生活废水重新流入阿姆河和锡尔河，河流、地下水受到盐碱和农药的双重污染，威胁着当地居民的健康。锡尔河下游的克孜勒奥尔达市（哈萨克斯坦境内），儿童患病率1990年每千人为1 485人次，到1994年增加到每千人3 134人次。

四是位于河流三角洲内大面积的森林沼泽干涸，大量树木及灌木被破坏，当地出没的数百种动物消失贻尽。咸海中的鱼类从20世纪60年代的600多种，减少到1991年的70多种，到2001年更是所剩无几；在锡尔河三角洲的鸟类曾有173种，现已减少到38种。

对于咸海流域的生态灾难，联合国环境规划署（UNEP）曾这样评价：“除了切尔诺贝利核电站灾难外，地球上恐怕再也找不出像咸海周边地区这样生态灾害覆盖面如此之广、涉及的人数如此之多的地区。”专家们不止一次地开会研究拯救咸海，甚至有关国家最高领导人也曾聚首商讨相关方案。专家们认为，各国应根据国际惯例、通过专家委员会制定出阿姆河和锡尔河的用水限额，但目前尚未就此达成一致。

咸海生态危机的根本解决办法是增加流入咸海的径流量，每年需350亿 m^3。为此，有关方面曾设想利用水库调节径流及跨流域引水等方案，均存在诸多困难。咸海生态环境危机的解决尚需时日。

四、恒河

恒河（Ganges River），发源于喜马拉雅山，入恒河平原，流经印度、尼泊尔和孟加拉国，注入孟加拉湾，见图2-4。恒河干流全长2 527 km，流域面积105万 km^2，干流年均水量3 710亿 m^3，河口年均水量5 500亿 m^3，居世界第10位，年均沙量14.51亿t，为世界第2位。恒河流域气候分为雨季（6～10月）、冬季（11月～次年2月）和旱季（3～5月），旱季高温、干旱、少雨，灌溉对农业生产起决定性作用。恒河年内水量分配不均，汛期占86%，枯季水量偏少、流量偏小，印度与孟加拉国交界的如法拉卡闸（Farakka Barrage）下游枯季平均流量1 550～1 700 m^3/s，哈丁桥站（Hardinge Bridge）枯水平均流量仅990～1 130 m^3/s。

恒河流域人口已超过5亿，由于人口和灌溉面积增加，灌溉用水日益扩大，恒河下游呈现流量减小的趋势。尤其是1974年印度在印度和孟加拉国边境以上17 km处修建了

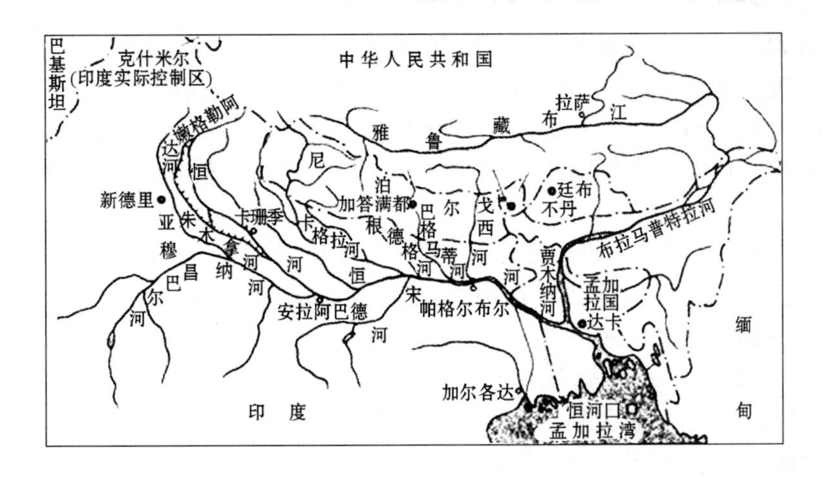

图 2-4　恒河示意图

法拉卡闸(Farakka Barrage)后,法拉卡闸在干旱季节平均下泄流量较以前减少 1/2 以上,最小下泄流量减少了 2/3 以上,加上孟加拉国农业灌溉用水,恒河枯水期进入下游河道和孟加拉湾的水量大幅度减少。同时,径流年内分配也发生了很大变化,致使发生河道淤积萎缩、盐水入侵、生态环境恶化等问题,位于孟加拉湾的世界上最独特的生态系统珊德班德湿地已严重受损。恒河已被列为世界上 6 条健康严重受损的大河之一,若不采取有效措施,将会发生下游河道断流。从 1960 年开始,印度和孟加拉国(1971 年前属巴基斯坦)两国曾经过多次谈判,分别于 1977 年、1982 年、1985 年和 1996 年签署过临时性分水协议,但始终未能达成永久协议。加强流域一体化管理,协调上、下游用水,防止恒河断流任重道远。

五、墨累河

墨累河是澳大利亚最长和流域面积最大的河流,由数十条支流组成,达令河是其中最大的支流,因此通常也称为墨累 - 达令河。墨累河发源于湿润多雨的东部山地,流经澳洲大陆东南部中央低洼地区,经半干旱的内陆平原南部注入印度洋。流域面积 105.7 km^2,约为大洋洲陆地面积的 14%,水系流经昆士兰州、新南威尔士州、维多利亚州、南澳大利亚州以及首都直辖区,见图 2-5。

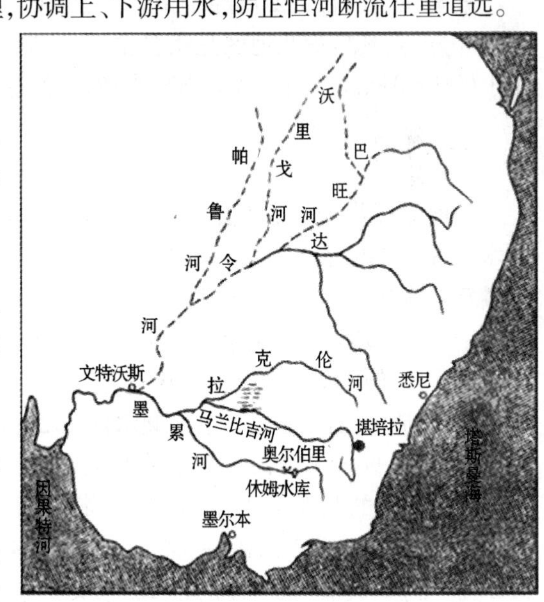

图 2-5　墨累河流域水系示意图

墨累河干流总长 2 600 km,达令河长约 2 700 km,在长距离的缓慢流程中,蒸发量逐步增加,河流水量不大,部分河道甚至已趋干涸。特别是达令河,虽然控制着墨累 - 达令河流域的北半部,但是所流经的地区是降水稀少却蒸发量大的平原,加上河流坡降十分平缓,加速了蒸发和泥沙的沉积。入海口年平均流量 715 m^3/s,年平均径流量 236 亿 m^3。

墨累－达令河流域是澳大利亚的“粮仓”。全国超过半数的果园都集中在这里,农场面积占全国的42%,农作物和牧草产量占全国总产量的75%。流域人口约100万,大约为全澳大利亚的12%。农业、家庭以及工业用水量占全澳大利亚的75%,其中大部分为灌溉用水。

墨累－达令河流域水资源开发量已占年均径流量的57%,在促进了沿岸农业发展的同时,也产生了严重环境问题。到了20世纪90年代,问题已经相当严重,入海水量仅为全年径流量的20%。截至2005年,墨累－达令河每年都有数个月无水量入海。由于灌溉排水、蒸发等原因,部分河段的含盐浓度甚至高于海水。

由于水资源短缺,从澳大利亚建立联邦(1901年)开始,流域各州就因墨累河的利用问题发生过激烈的争议,各州都希望取得更多的水资源,而且随着时间的推移,水质也成为争议的内容。

澳大利亚实行的是联邦制,州际河流的环境保护及资源开发问题的解决需要各州以及联邦政府协调一致和共同努力。1994年以来,澳大利亚进行了一系列水政策方面的改革,包括给环境生态分配水量、促进水权交易等措施,但时至今日,维持墨累－达令河流健康的工作仍在努力实行中。

第二节　我国北方河流普遍的水危机

我国北方河流主要流经干旱、半干旱地区,普遍水资源短缺,且时空分布不均。由于我国北方,尤其是华北地区是粮食主产区,农业灌溉用水较多,20世纪80年代以来,灌溉用水增加迅速,北方河流普遍出现水危机,河道断流、地下水位下降、湿地萎缩等问题突出。

一、海河

海河流域是全国七大流域之一,多年平均降水量539 mm,地表径流量220亿 m^3,地下水资源量249亿 m^3,水资源总量372亿 m^3,人均305 m^3。流域降水时空分布不均,水资源量年际变化大,常出现连续枯水年。如丰水的1963年,海河南系30天洪量超过300亿 m^3,而枯水的1999年,流域全年地表水资源总量只有92亿 m^3,尚不能满足生活用水,之后已多次实施引黄济津应急调水。海河流域图见图2-6。

海河流域山区现已修建大型水库31座,总库容249亿 m^3,占山区面积的85%。遇干旱年份,山区径流绝大部分被水库拦蓄,水库下游几乎全年无水。根据对流域中下游5 787 km河道的调查统计,常年断流(断流时间超过300天)河段占45%,全年有水河段仅占16%。永定河卢沟桥—屈家店河段,1980年以来,只有3年汛期有少量径流,过流时间不足半月。大清河、子牙河近20年来年年断流,多年平均河道干涸300天以上。漳卫南运河系,除卫河尚有少量基流外,漳河、漳卫新河年断流280天以上。闻名于世的京杭大运河(南运河段)基本常年干涸,只有引黄时才见有水。

海河流域平原各河,除人工控制的供水渠道和污水排放沟道外,几乎全部成为季节性河流。在流域一、二、三级河流近1万km的河段中,已有40%河道长年干涸。下游河道

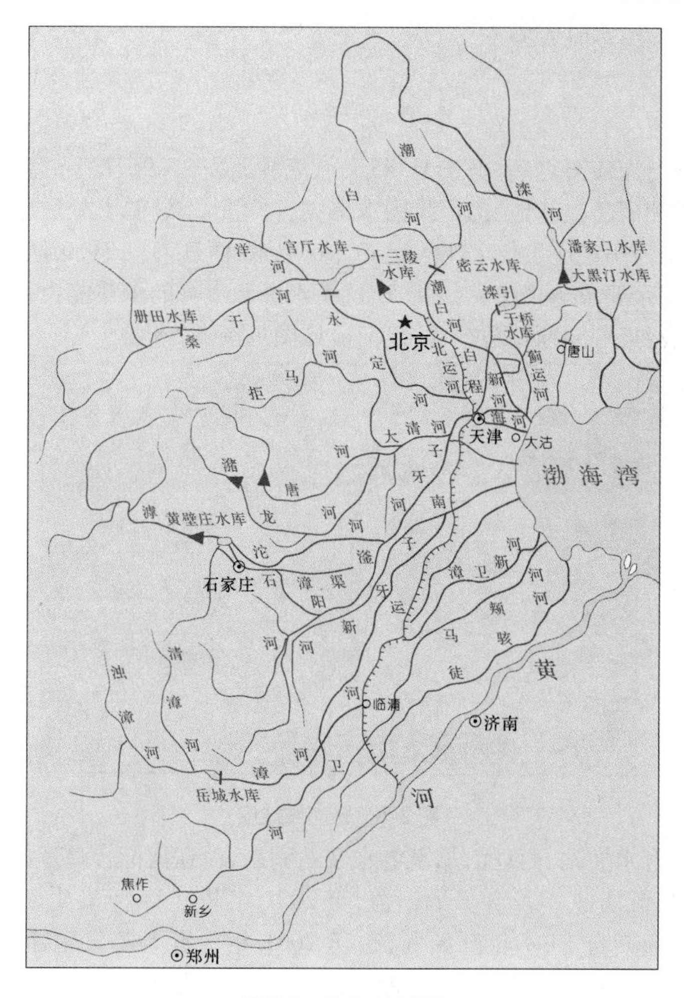

图 2-6　海河流域图

全年过水时间已由 274 天减少到 24 天，其中 17 条主要河道年均断流达 335 天，14 条河道基本常年干涸，海河干流也变成平原蓄水河道。

由于河道常年断流，致使大面积河床荒芜、沙化。永定河、漳河、滹沱河、磁河、沙河等多沙河道已成为风沙源头。由于入海水量减少，改变了水沙平衡关系，造成河道及河口淤积，河道泄洪能力急剧减小。如永定新河的泄洪能力由当年设计的 1 400 m^3/s 降至 260 m^3/s，下降了 80% 以上。

同时，为避免海水上溯，各河口相继建闸拒咸蓄淡，鱼类洄游线路被切断，渤海湾的大黄鱼等优良鱼种已基本消失，依存于河口并在咸淡水混合区产卵的蟹类生物已经绝迹，河口区生态环境遭到根本性破坏。入海水量的减少，使流域生态系统由开放式逐渐向封闭式和内陆式方向转化，河流生物物种转向低级化。

河道断流使下游地区的水资源十分紧缺，不得不大规模开采地下水，导致地下水处于严重超采状态，大面积地下水位下降，继而造成大面积地面沉降、部分基础设施受损、建筑物沉陷裂缝和海水入侵等。此外，河道径流量的日益减少，造成污径比急剧上升，处于下游地区的河北省一些地区群众因饮用污水，肝病、痢疾和癌症等发病率明显上升，家畜、家禽饮用污水后死亡现象时有发生。

二、辽河

辽河是我国七大江河之一,全长 1 345 km,流域面积 21.96 万 km^2。辽河流域是我国重要的工业基地和商品粮基地,也是我国水旱灾害严重、水资源十分贫乏地区。辽河流域水资源较少,年均河川径流量仅 134.4 亿 m^3,其中东、西辽河仅 31.9 亿 m^3。随着经济社会的不断发展,需水要求越来越大,且已超过了水资源本身的承载能力,河道断流、地下水超采、土地沙化、污染等问题日益严重,辽河流域图见图 2-7。

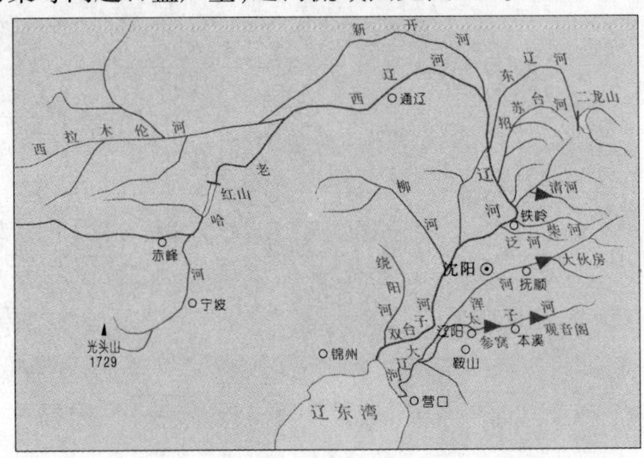

图 2-7　辽河流域图

据东辽河王奔水文站、西辽河郑家屯水文站和东、西辽河汇合口辽河干流福德店水文站统计,东辽河畅流期自 1959 年开始断流,至 2001 年共有 14 年发生断流,累计断流 469 天。辽河干流畅流期自 1994 年开始断流,至 2001 年共有 5 年发生断流,累计断流 181 天。以前尚未出现过断流的西辽河,2000、2001 年连续发生断流,分别断流 31 天和 27 天。从断流时间来看,2000 年和 2001 年辽河干流断流时间明显加长,辽河水资源问题越来越突出。

造成辽河断流的原因是多方面的,既有自然条件的限制,也有人为因素的影响。初步认为,在降水减少、径流偏枯的自然背景下,经济社会用水量的急剧增加是造成断流的决定性因素。流域水资源缺乏有效的统一调度管理,过度无序取用水则是缺水演变为断流的重要原因。东、西辽河的大量水利工程节节拦蓄,超出水资源承载能力的大量取水,大规模发展高定额的农田灌溉,也是导致辽河断流出现的主要原因。

三、塔里木河

塔里木河是中国最大的内陆河,位于中国新疆维吾尔自治区,是环塔里木盆地九大水系 144 条河流的总称,流域面积 102 万 km^2(国内流域面积 99.6 万 km^2),全长 2 437 km(见图 2-8)。目前,九大水系中,仅有和田河、叶尔羌河和阿克苏河 3 条源流及孔雀河通过抽水与塔里木河有着地表水联系,简称四源一干,总面积 24.10 万 km^2(含境外流域面积 2.24 万 km^2)。

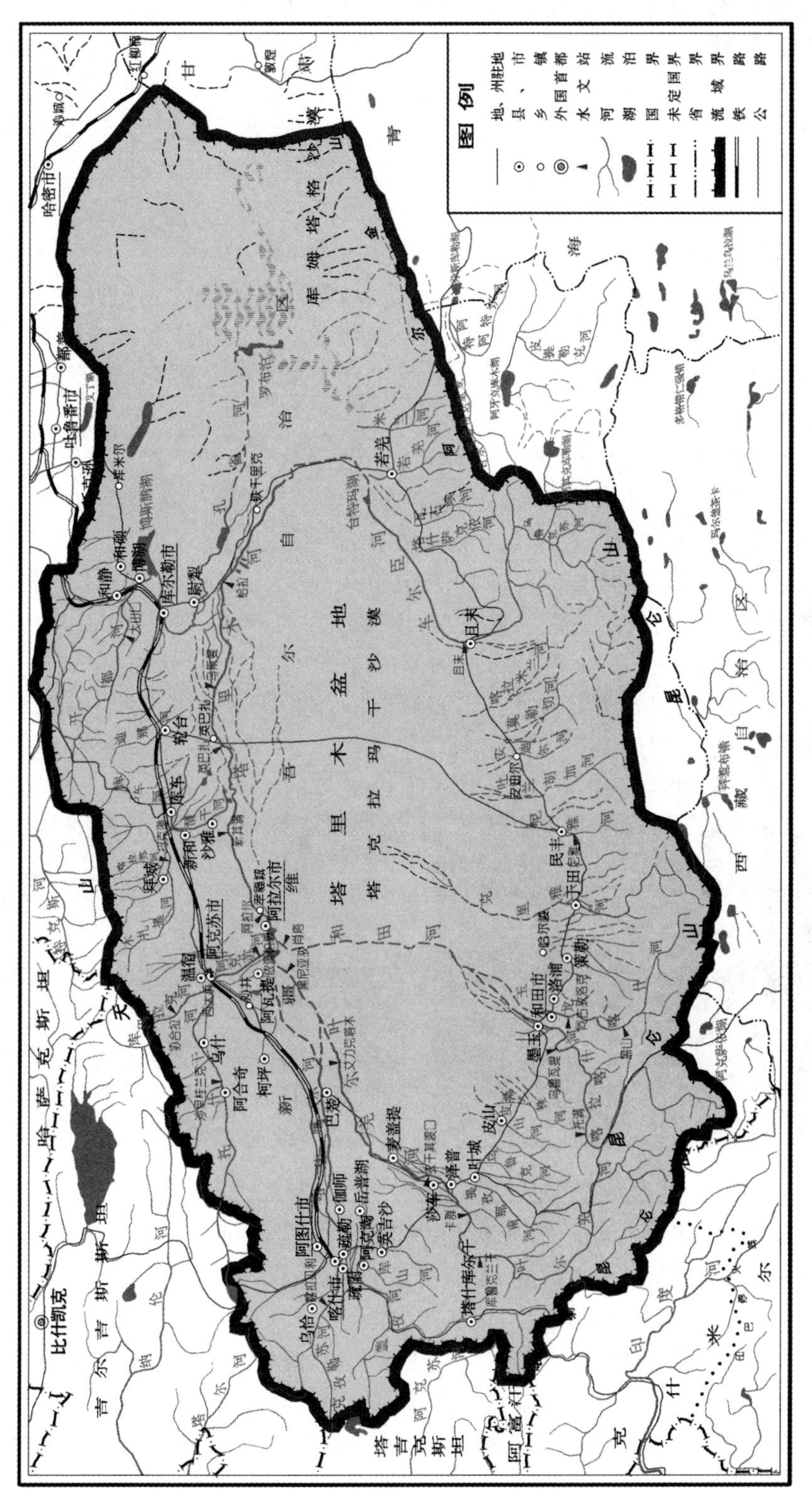

图2-8　塔里木河流域图

四源流多年平均降水量 252.4 mm,主要集中在山区,平原区年降水量只有 40 ~ 70 mm,年蒸发量 1 000 ~ 1 600 mm,属干旱地区。多年平均径流量 256.73 亿 m^3(含国外入境水量 57.3 亿 m^3),天然水资源总量 274.88 亿 m^3,基本产自山区,以冰川融雪补给为主,河川径流年际间变化不大,但年内分配不均,6 ~ 9 月来水量占到全年径流量的 70% ~ 80%。

塔里木河流域 1998 年有人口 468 万,总灌溉面积 1 330.2 万亩,粮食总产量 243.3 万 t,人均粮食 520 kg,牲畜 1 104 万头(只),国民生产总值 212.0 亿元,人均4 530 元。

塔里木河流域荒漠包围绿洲,植被种群数量少,覆盖度低,土地易遭沙化和盐碱化,水体自净能力低,生态环境脆弱。随着人口增长、流域开发加之气候变化的影响,流域水环境问题日益突出,流域水资源量与当地人口、经济社会发展和生态环境需要极不相称。这些问题主要表现为:

(1)河道断流,湖泊干涸,地下水位下降,水环境恶化。塔里木河三源流阿克苏河、叶尔羌河、和田河进入干流的水量不断减少。根据实测资料统计,20 世纪 60 年代,三源流山区来水比多年均值偏少 2.4 亿 m^3,干流阿拉尔站年径流量为 51.8 亿 m^3;20 世纪 90 年代,在三源流山区来水比多年均值偏多 10.8 亿 m^3 的情况下,阿拉尔站年均径流量却减少到 42 亿 m^3;干流下游恰拉站下泄水量从 60 年代的 12.4 亿 m^3 减少到 90 年代的 2.7 亿 m^3。塔里木河下游大西海子以下 320 km 的河道自 20 世纪 70 年代以来长期处于断流状态,尾闾罗布泊和台特玛湖于 1972 年和 1974 年先后干涸(见图 2-9、图 2-10)。下游地区地下水位下降,阿尔干附近 1973 年潜水埋深为 7.0 m,1997 年降到 12.65 m,下降了 5.65 m,井水矿化度也从 1984 年的 1.3 g/L 上升到 1998 年的 4.5 g/L。

图 2-9　塔里木河干流下游干涸的河道

图 2-10　已经沙化的台特玛湖

(2)林木死亡,自然生态系统受到严重破坏。塔里木河两岸胡杨林大片死亡(见图 2-11),上中游胡杨林面积由 20 世纪 50 年代的 600 万亩减少到目前的 360 万亩,下游其面积则由 50 年代的 81 万亩减少到现在的 11 万亩。现存的天然林木中,成、幼林比例失调,病腐残林多,生存力极差。同时,荒漠化草场、草甸草场、盐化草甸草场、沼泽化草场等各类草地也大幅度减少,上中游草场退化面积为 957 万亩,下游草场退化面积达 321 万亩。具有战略意义的下游绿色走廊濒临消亡,靠绿色走廊分隔的塔克拉玛干沙漠和库鲁克沙漠呈合拢之势。东面的库鲁克沙漠在几年间已经向绿色走廊推进了 60 km,并仍在以每年 3 ~ 4 km 的速度向西和西南方向推进,塔克拉玛干沙漠也以每年 5 ~ 10 km 的速度向绿色走廊推进，两大沙漠在局部地段已经合拢。照此发展下去，整个南疆地区生态环境将发生巨大变化，危及区域可持续发展。

2000 年 4 月 ~2002 年 11 月，利用开都河来水偏丰、博斯腾湖持续高水位的有利时机，共组织 4 次向塔里木河下游生态应急输水，从博斯腾湖共调出水量 17.92 亿 m^3，自大西海子水库泄洪闸向塔里木河下游输水 10.35 亿 m^3，两次将水输到台特玛湖，形成了近 28.74 km^2 的湖面，结束了塔里木河下游河道断流近 30 年的历史，见图 2-12。

图 2-11　塔里木河下游枯死的胡杨林

图 2-12　台特玛湖

四、黑河（东部子水系）

黑河（东部子水系亦即干流水系，下同）发源于祁连山北麓，干流全长 821 km，流域面积 11.6 万 km^2（见图 2-13）。出山口莺落峡以上为上游，河道长 303 km，面积 1.0 万 km^2，两岸山高谷深，河床陡峻，气候阴湿寒冷，植被较好，年降水量 350 mm，是黑河流域的产流区。莺落峡至正义峡为中游，河道长 185 km，面积 2.56 万 km^2，两岸地势平坦，光热资源充足，但干旱严重，年降水量仅有 140 mm，蒸发能力达 1 410 mm，人工绿洲面积较大，部分地区土地盐碱化严重。正义峡以下为下游，河道长 333 km，面积 8.04 万 km^2，除河流沿岸和居延三角洲外，大部为沙漠戈壁，年降水量只有 47 mm，蒸发能力高达 2 250 mm，气候非常干燥，干旱指数达 47.5，属极端干旱区，风沙危害十分严重。

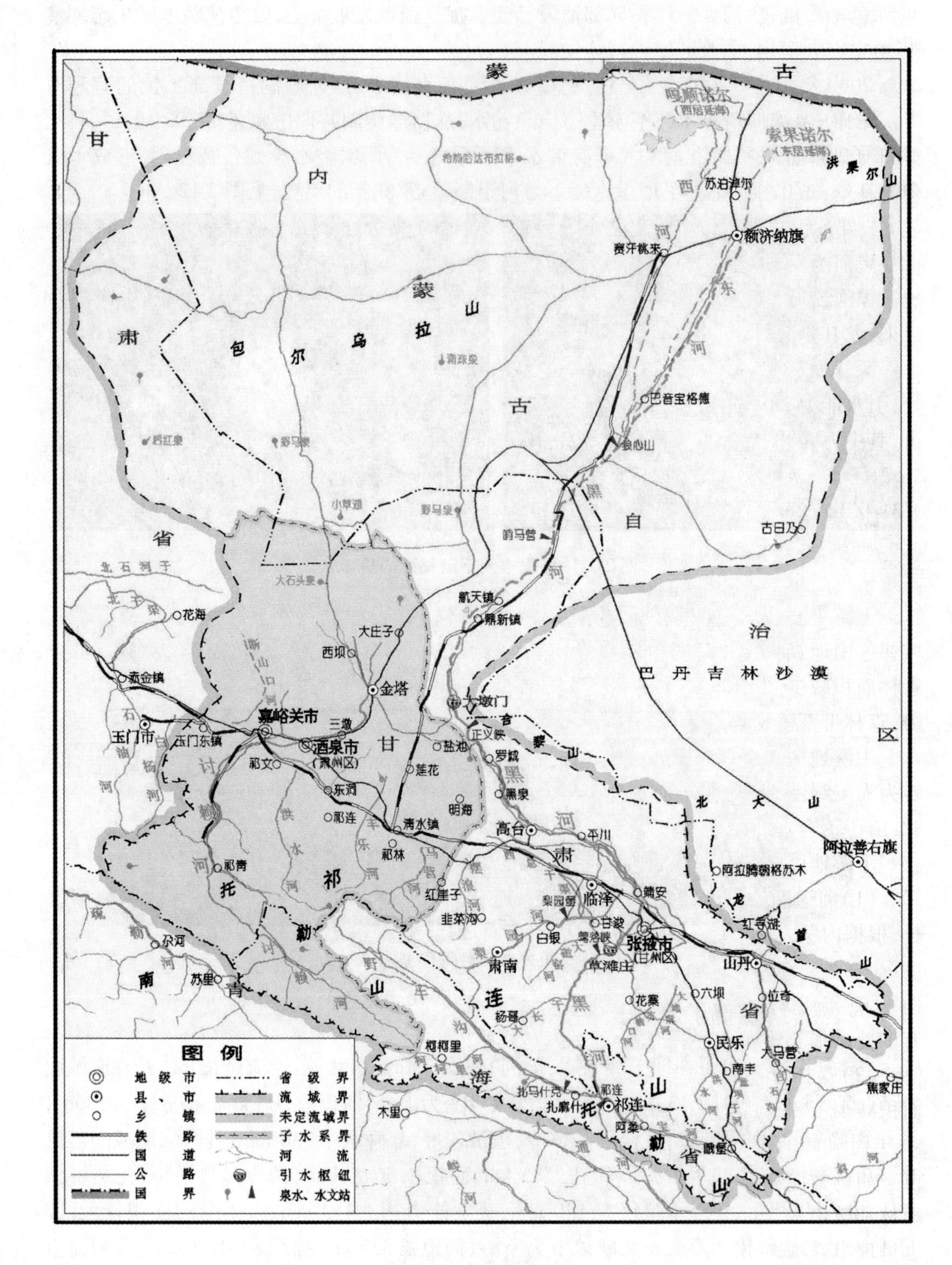

蒙
古
甘
肃
省
内
蒙
古
自
治
区
嘎顺诺尔
(西居延海)
索果诺尔
(东居延海)
苏泊淖尔
额济纳旗
赛汗桃来
包
尔
乌
拉
山
巴音宝格德
狼心山
古日乃
鼎新镇
航天镇
大庄子
西坝
金塔
大墩门
嘉峪关市
三墩
酒泉市
(肃州区)
玉门市
玉门东镇
赤金镇
花海
祁文
东洞
祁连
盐池
正义峡
罗城
黑泉
明海
清水镇
祁林
高台
平川
红崖子
临泽
梨园堡
甘浚
白银
靖安
张掖市
(甘州区)
莺落峡
草滩庄
肃南
花寨
六坝
民乐
山丹
位奇
红寺湖
阿拉腾朝格苏木
阿拉善右旗
巴丹吉林沙漠
北大山
龙首山
合黎山
祁连山
托勒
青海省
苏里
木里
柯柯里
扎麻什
祁连
阿柔
南丰
大马营
黑河
北石河子
疏勒河
讨赖河
洪水河
马营河
梨园河
图例
地级市
县、市
乡镇
铁路
国道
公路
国界
省级界
流域界
未定流域界
子水系界
河流
引水枢纽
泉水、水文站

图 2-13　黑河流域图

流域内1999年人口133.8万，其中农业人口110.8万；耕地412.9万亩，农田灌溉面积306.5万亩，林草灌溉面积85.6万亩；牲畜254万头（只），粮食总产量103.9万t，人均粮食777 kg，国内生产总值63.1亿元，人均4 709元。

黑河出山口多年平均天然径流量24.75亿 m^3，其中黑河干流莺落峡站15.80亿 m^3，梨园河梨园堡站2.37亿 m^3，其他沿山支流6.58亿 m^3。黑河流域地下水资源主要由河川径流补给，地下水资源与河川径流不重复量约为3.33亿 m^3。天然水资源总量为28.08亿 m^3，祁连山出山口以上径流量占全河天然水量的88%，是河川径流的主要来源区。

黑河为一典型的内陆河，河川径流可明显地划分为径流形成区、利用区和消失区。

黑河流域开发历史悠久，自汉代即进入了农业开发和农牧交错发展时期，新中国成立以来，尤其是20世纪60年代中期以来，黑河中游地区进行了较大规模的水利工程建设，水资源开发利用步伐加快。目前，全流域有水库58座，总库容2.55亿 m^3；引水工程66处，引水能力268 m^3/s；配套机井3 770眼，年提水量3.02亿 m^3；农田灌溉面积306.5万亩，其中万亩以上灌区24处，灌溉面积301.1万亩。城乡生活及国民经济总用水量达26.2亿 m^3（耗水量14.6亿 m^3），其中农业用水量占94%。上、中、下游现状用水分别为0.31亿 m^3、24.45亿 m^3、1.44亿 m^3。

随着人口的增加、经济的发展和进入下游水量的逐年减少，黑河流域水资源短缺的问题越来越严重，突出表现为流域生态环境恶化、水事矛盾尖锐。

上游主要表现为森林带下限退缩和天然水源涵养林草退化，生物多样性减少等。流域祁连山地森林区，20世纪90年代初森林保存面积仅100余万亩，与50年代初期相比，森林面积减少约16.5%，森林带下限高程由1 900 m退缩至2 300 m。在甘肃的山丹县境内，森林带下限平均后移约2.9 km。

中游地区人工林网有较大发展，在局部地带有效阻止了沙漠入侵并使部分沙化土地转为人工绿洲，但该地区的土地沙化总体上仍呈发展趋势，沙化速度大于治理速度。同时，由于不合理的灌排方式，部分地区土地盐碱化严重，局部河段水质污染加重。

下游地区的生态环境问题最为突出，主要问题是：

（1）河道断流加剧，湖泊干涸，地下水位下降。黑河下游狼心山断面断流时间愈来愈长，根据内蒙古自治区反映，黑河下游断流时间由20世纪50年代的约100天延长至20世纪末的近200天，而且河道尾闾干涸长度也呈逐年增加之势。西居延海、东居延海水面面积50年代分别为267 km^2 和35 km^2，已先后于1961年和1992年干涸。60年代以来，有多处泉眼和沼泽地先后消失，下游三角洲下段的地下水位下降，水质矿化度明显提高。

（2）森林生态系统遭到破坏。1958～1980年，下游三角洲地区的胡杨、沙枣和柽柳等面积减少了86万亩，年均减少约3.9万亩。另外，根据航片和TM影像资料判读，20世纪80年代至1994年，植被覆盖度大于70%的林地面积减少了288万亩，年均减少约21万亩。胡杨林面积由50年代的75万亩减少到90年代末的34万亩。现存的天然乔木林以疏林和散生木为主，林木中成、幼林比例失调，病腐残林多，生存力极差。湖盆区的梭梭林也呈现出残株斑点状的沙漠化现象。

（3）草地生态系统退化。自20世纪80年代以来，黑河下游三角洲地区植被覆盖度大于70%的林灌草甸草地减少了约78%，覆盖度介于30%～70%的湖盆、低地、沼泽草甸草地以及产量较高的4、5级草地减少了约40%；覆盖度小于30%的荒漠草地和戈壁、沙漠面积却增加了68%。草本植物种类大幅度减少，草地植物群落也由原来的湿生、中生草甸草地群落向荒漠草地群落演替。

(4)土地沙漠化和沙尘暴危害加剧。根据20世纪60年代初的航片和80年代的TM影像资料判读，下游额济纳旗植被覆盖率小于10%的戈壁、沙漠面积增加了约462 km^2，平均每年增加23.1 km^2。随着土地沙漠化面积增加，沙尘暴危害加剧，成为我国北方地区沙尘暴的重要沙源地之一。

黑河水资源供需严重失衡、生态系统严重恶化的问题引起了党中央和国务院的高度重视。自1999年以来，针对我国第二大内陆河——黑河流域生态系统严重恶化、水事矛盾突出的问题，国家决策实施了黑河水量统一调度，安排进行了较大规模的流域近期治理。通过近几年的实践，取得了明显的生态效益、社会效益和经济效益。

一是初步建立和完善水资源统一管理和生态建设与环境保护体系，在优先满足流域生活用水的同时，合理安排中下游地区的生产和生态用水，基本实现了2001～2003年近期治理目标。

二是有效增加输往黑河下游的水量，河道断流天数逐年减少。据统计，黑河下游额济纳绿洲狼心山断面断流天数，1995～1999年为230～250天，实施统一调度后，断流天数分别减少40天、70天和90天左右。

三是初步遏制了黑河下游地区生态环境日益恶化的趋势，局部地区生态环境得到改善。黑河下游东、西河及各条汊河两岸沿线、东居延海湖滨地区地下水位升幅明显。下游绿洲草场退化趋势得到有效遏制，林草植被和野生动物种类增多，覆盖度明显提高，生物多样性增加，沙尘暴发生次数明显减少。胡杨林面积由调水前的366 km^2，增加到调水后的375 km^2。胡杨树胸径生长量，调水前5年年均为2.24 mm，调水后5年年均为2.66 mm，增长明显。2004年与1998年相比，东居延海地区草地面积增加了15.6 km^2，灌木林面积增加了14.5 km^2，戈壁、沙地面积分别减少了9.99 km^2、12.92 km^2。

四是通过流域综合治理和水量统一调度，配合"总量控制、定额管理、以水定地、配水到户、公众参与、水票运转、城乡一体"的一整套运行机制和体制的建立，促进了节水型社会的建设和流域经济社会发展，水资源利用效率和效益得到提高，实现了下游生态恢复与中游地区经济社会发展的双赢。

五、石羊河

石羊河是甘肃省三大内陆河之一，自东向西由大靖河、古浪河、黄羊河、杂木河、金塔河、西营河、东大河、西大河等8条支流及多条小河、小沟汇集而成，河流长约300 km，流域总面积4.16万km^2，多年平均年径流量15.6亿m^3。

石羊河流域(见图2-14)地势南高北低，由西南向东北倾斜，分为南部祁连山区、中部走廊平原区、北部低山丘陵区及荒漠区四大地貌单元。流域属大陆性温带干旱气候，太阳辐射强、日照充足，夏季短而炎热、冬季长而寒冷，温差大、降水少、蒸发强烈、空气干燥，大致划分为南部祁连山高寒半干旱半湿润区、中部走廊平原温凉干旱区、北部温暖干旱区三个气候区。

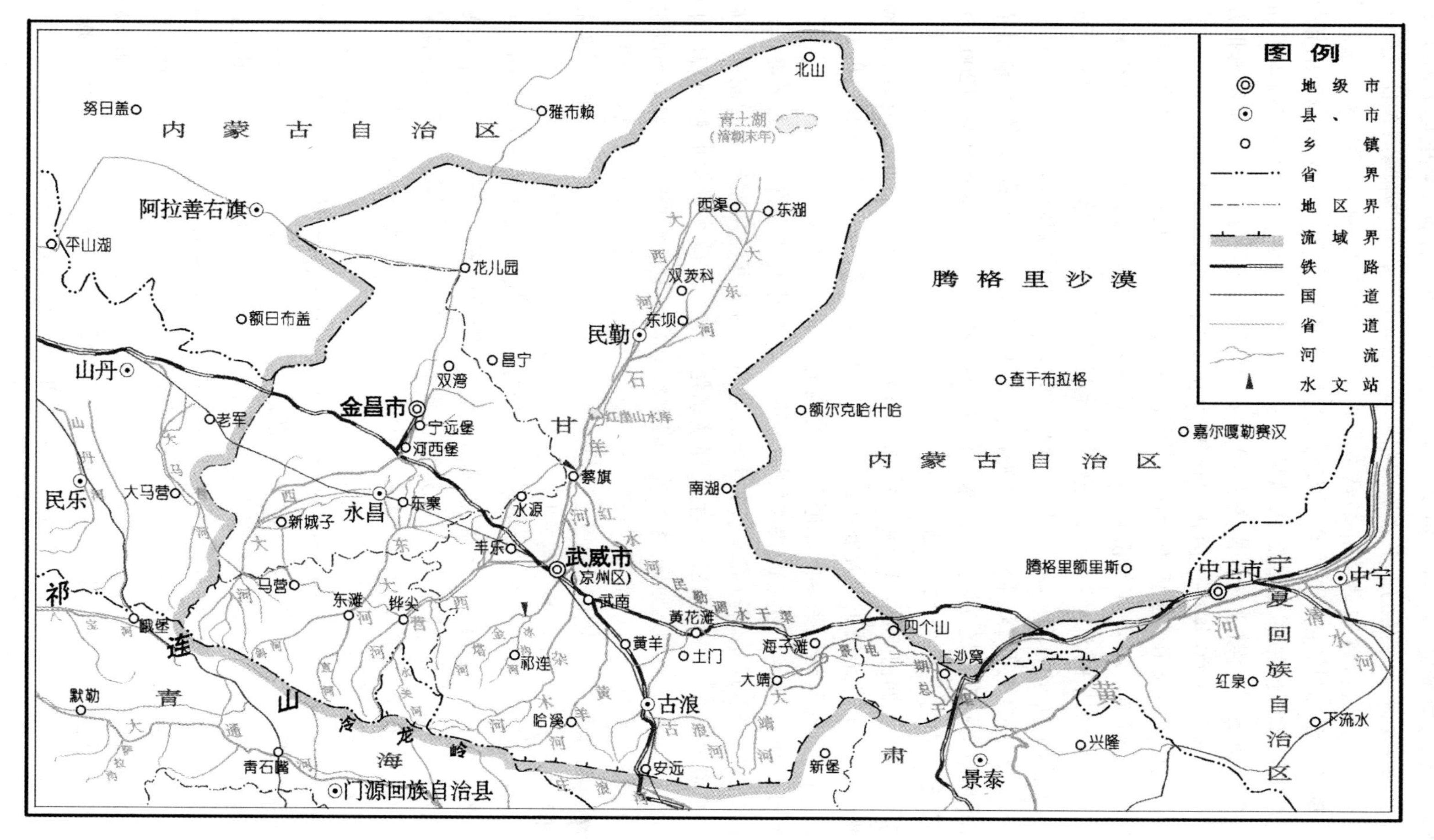
图例
地级市
县、市
乡镇
省界
地区界
流域界
铁路
国道
省道
河流
水文站
腾格里沙漠
内蒙古自治区
内蒙古自治区
宁夏回族自治区
甘
肃
祁
连
山
冷龙岭
青
海
中卫市
中宁
武威市
（凉州区）
金昌市
民勤
永昌
古浪
景泰
山丹
民乐
阿拉善右旗
门源回族自治县
青土湖
（清朝末年）
红崖山水库
北山
东湖
西渠
双茨科
东坝
努日盖
雅布赖
平山湖
花儿园
额日布盖
昌宁
双湾
宁远堡
河西堡
老军
大马营
东寨
新城子
水源
蔡旗
丰乐
马营
东滩
铧尖
武南
黄羊
黄花滩
土门
海子滩
四个山
上沙窝
大靖
祁连
哈溪
安远
新堡
青石嘴
默勒
南湖
查干布拉格
额尔克哈什哈
嘉尔嘎勒赛汉
腾格里额里斯
红泉
下流水
兴隆

图2-14　石羊河流域图

流域多年平均降水量 222 mm，流域水资源总量 16.61 亿 m^3，其中地表水资源量 15.62 亿 m^3，与地表水不重复的地下水资源量 0.99 亿 m^3。石羊河流域地表径流全部产自流域南部祁连山区，流域中部及北部基本不产流。现有水资源人均占有量仅为 744 m^3，不到全国的 1/3 和世界的 1/14，耕地亩均水量只有 300 m^3，不足全国的 1/6 和世界的 1/8，石羊河流域属于典型的资源型缺水地区。

石羊河流域耕地中有效灌溉面积高达 79.3%，历来都是甘肃甚至全国重要的种植农业基地之一。据统计，2000 年耕地面积 560.05 万亩，大小牲畜 325.3 万头（只），总灌溉面积 476.4 万亩，其中农田灌溉面积 450.0 万亩，林草灌溉面积 26.4 万亩，农业人口人均农田灌溉面积 2.55 亩。2000 年经济社会各部门总用水量 28.4 亿 m^3，其中工业用水量 1.53 亿 m^3，占总用水量的 5.4%；农田灌溉用水量 24.34 亿 m^3，占总用水量的 85.7%（其中"六河"（古浪河、黄羊河、杂木河、金塔河、西营河、东大河）中游农田灌溉用水量占"六河"中游总用水量的比例高达 89%，下游民勤县农田灌溉用水占民勤县总用水的 87.8%）；林草用水量 1.3 亿 m^3，占总用水量的 4.6%；城市生活用水量 0.64 亿 m^3，占总用水量的 2.2%；农村生活用水量 0.59 亿 m^3，占总用水量的 2.1%。

石羊河流域是河西内陆河流域经济繁荣的区域，也是甘肃省的经济发达区域之一，交通便利，物产丰富，有色金属工业及农产品加工业发展迅速。石羊河流域水资源的开发利用对国民经济的发展起到了重要的保证作用，是当地人民的母亲河。

随着人口的增加和经济社会的快速发展，流域水资源开发利用程度高达 172%，远高于黑河流域（112%）和塔里木河流域（74.5%），是西北内陆河流域水资源开发利用率最高的地区，水资源供需矛盾十分突出，生态环境恶化严重。流域水资源消耗率达 125%，地下水年超采 5.6 亿 m^3，已远远超过水资源的承载力。由于水资源开发利用不尽合理，缺乏强有力的统一管理，上、下游用水失去平衡，下游水资源锐减，被迫过量开采地下水，引起区域性地下水位下降，进而导致生态环境急剧恶化，危及下游民勤绿洲的生存，也关系到河西走廊失去保护屏障，遭受腾格里和巴丹吉林两大沙漠侵袭的问题。

史前时期石羊河流域的民勤、昌宁盆地是潴野泽，一片水乡泽园，东西长百余公里，南北宽数十公里，汉代时河水充沛，终端"潴野泽"是中国仅次于青海湖的第二大内陆湖泊。至魏晋时期，下游民勤水势减弱，而后每况愈下，到清朝后期，"潴野泽"早已分为上百个湖泊，青土湖成为石羊河的终端。新中国成立后，随着农业的发展和水利工程的修建，尾闾湖泊青土湖已完全干涸。2004 年夏天，一件让 30 万民勤人心惊胆寒、呼天抢地的事情终于发生了：石羊河断流，红崖山水库彻底干涸。这是一座始建于 1958 年的水库，总库容 9 800 万 m^3，灌溉面积近 90 万亩，被视为民勤沙漠绿洲的生命工程。2005 年 1 ~6 月，民勤出现连续的干旱天气，平均降水量只有 15.9 mm，5 月 5 日 ~6 月 26 日石羊河再次出现断流，造成民勤的东湖、西渠、收成、红水梁 4 乡镇春灌、夏灌面积减少 6.25 万亩，6 月 27 日红崖山水库库内水面面积还不到正常年份库面面积的 1/10，最深处也不超过 0.5 m，库存水量只有 150 万 m^3。

位于腾格里沙漠和巴丹吉林沙漠（见图 2-15）之间的民勤绿洲，是阻断两大沙漠汇合"握手"的重要屏障，用水主要靠石羊河入境水量和盆地内的地下水维系。由于上游祁连山区植被破坏严重，水源涵养能力大幅降低，中游用水急剧增加，致使进入民勤的地表水

量已由20世纪50年代的5.9亿m^3减少到21世纪初期的1.0亿m^3。由于自身需水规模

图2-15　巴丹吉林沙漠风光

的扩大,地下水开采量大幅增加,目前民勤盆地地下水开采量已达6.04亿m^3,超采近4.1亿m^3,地下水位持续下降,矿化度持续上升,水质恶化严重。在民勤北部及绿洲与荒漠过渡地带,随着植被覆盖度的降低,地表失去了保护层,使这一区域成为沙尘暴发生的源区,沙化面积增加,风沙危害骤增。同时,诱发区域气温的变化,干旱、大风、沙尘暴、低温霜冻、毁灭性病虫害、暴雨等不确定的灾害频发。全流域目前土地沙化面积已达2.22万km^2,已占流域总面积的53.3%,平均每年沙化面积达22.5万多亩,流沙压埋农田48万亩。由于沙化面积和荒漠草原枯死面积的逐年扩大,沙漠每年以3~4 m的速度向绿洲推进,“沙进人退”和“生态难民”现象已经出现,民勤已成为我国四大沙尘暴发源地之一。若不采取有效措施加以治理,民勤将有可能成为第二个“罗布泊”。如果民勤不保,两大沙漠合拢,将严重威胁石羊河流域生态安全,导致整个石羊河流域生态系统崩溃,不仅影响当地人民的生存和发展,而且对河西走廊乃至我国北方部分地区生态环境都将造成重大影响,有效遏制石羊河流域生态环境恶化趋势,尽早对石羊河流域实施重点治理已刻不容缓。

第三章 黄河水资源危机与对策

黄河水资源贫乏,供水区国民经济用水量急剧增加且用水效率较低,面临断流趋势加重、供需矛盾尖锐、水污染加剧、地下水超采等危机,制约流域及相关地区经济社会可持续发展,河流自身健康也受到威胁。本章主要介绍黄河水资源开发利用、水资源危机突出表现、水资源危机成因及解决对策等。

第一节 黄河水资源开发利用

一、经济社会情况

据统计,2000 年黄河流域总人口 1.097 1 亿,耕地面积 24 361.54 万亩,人均 GDP 5 984 元,农田有效灌溉面积 7 562.80 万亩,粮食产量 3 530.87 万 t,大小牲畜 8 877.77 万头。表 3-1给出了黄河流域 2000 年主要经济社会指标统计结果。

表 3-1 黄河流域 2000 年主要经济社会指标统计结果

区域	人口(万人)	耕地面积(万亩)	国内生产总值(亿元)	火核电装机容量(万 kW)	农田有效灌溉面积(万亩)	粮食产量(万 t)	牲畜(万头)
龙羊峡以上	58	113.56	23.8	0	23.94	2.97	776.01
龙羊峡至兰州	890	1 744.36	418.1	132	471.56	156.61	1 110.82
兰州至河口镇	1 529	5 097.81	1 148.9	630	2 200.77	609.13	1 792.23
河口镇至龙门	834	3 468.74	284.9	124	295.47	191.75	947.74
龙门至三门峡	4 940	10 089.76	2 717.7	1 142	2 852.14	1 394.59	2 240.06
三门峡至花园口	1 322	1 678.25	956.8	343	539.85	476.29	700.64
花园口以下	1 344	1 703.64	971.7	255	1 093.51	678.86	1 093.99
内流区	54	465.42	43.3	0	85.56	20.67	216.28
青海	438	836.69	193.0	61	263.50	69.82	1 223.78
四川	9	9.28	3.6	0	0.41	0.57	112.71
甘肃	1 788	5 222.18	732.2	298	690.67	389.87	1 365.35
宁夏	549	1 939.70	294.9	185	600.78	252.74	619.26
内蒙古	845	3 266.60	740.3	307	1 553.46	348.04	1 321.62
陕西	2 730	5 840.88	1 576.5	515	1 641.64	860.33	1 375.94
山西	2 150	4 269.79	1 176.4	611	1 228.72	543.57	1 182.13
河南	1 689	2 140.12	1 053.4	397	1 084.03	745.90	1 035.67
山东	773	836.30	794.9	252	499.59	320.03	641.31
黄河流域	10 971	24 361.54	6 565.2	2 626	7 562.80	3 530.87	8 877.77

二、供水设施和供水能力

据统计，截至2000年，黄河流域共建成蓄水工程19 025座，设计供水能力55.79亿m^3，现状供水能力41.23亿m^3；其中大型水库23座，总库容740.5亿m^3。引水工程12 852处，设计供水能力283.51亿m^3，现状供水能力223.7亿m^3；提水工程22 338处，设计供水能力68.99亿m^3，现状供水能力62.95亿m^3；建成机电井工程60.32万眼，现状供水能力148.23亿m^3。此外，还建成了少量污水回用工程和雨水利用工程。各类工程的地区分布大致为：大型水库主要分布在上、中游地区，其中中小型水库、塘堰坝、提水和机电井工程主要分布在中游地区，而引水工程多位于黄河上游和下游地区。

此外，在黄河下游，还兴建了向两岸海河、淮河平原地区供水的引黄涵闸90座，提水站31座，为开发利用黄河水资源提供了重要的基础设施。黄河下游的海河、淮河平原地区引黄灌溉面积目前已经达到了0.37亿亩。

三、2000年用水情况

2000年黄河流域平均降水量382 mm，较多年平均447 mm偏少14.5%，河川天然径流量354亿m^3，较多年平均534.8亿m^3偏少33.8%。

2000年统计各类工程总供水量506.77亿m^3，其中地表水供水量360.23亿m^3，地下水供水量145.47亿m^3，其他水源供水1.07亿m^3。总供水量中，流域内供水418.77亿m^3，流域外引黄取水88亿m^3。在向流域内供水中，地表水272.23亿m^3，占流域内总供水量的65%，地下水145.47亿m^3，占流域内总供水量的34.74%，其他供水量1.07亿m^3，占0.26%（见表3-2）。

表3-2　2000年流域内各水源供水量调查统计　（单位：亿m^3）

区域	地表水源供水量				地下水源供水量				其他水源供水量	总供水量
	蓄水	引水	提水	小计	浅层淡水	深层承压水	微咸水	小计		
青海	2.26	10.10	2.27	14.63	3.23	0.04		3.27	0.03	17.93
四川		0.11		0.11	0.02			0.02	0.01	0.14
甘肃	1.34	18.36	17.06	36.76	6.20			6.20	0.36	43.32
宁夏	0.58	72.02	7.97	80.57	3.96	1.58	0.56	6.10	0.08	86.75
内蒙古	2.20	56.43	11.98	70.61	13.13	8.96	0	22.09	0.03	92.73
陕西	8.13	14.15	6.21	28.49	24.39	7.77	0.37	32.53	0.33	61.35
山西	4.08	6.37	5.44	15.89	26.79		0	26.79		42.68
河南	2.06	15.68	2.21	19.95	28.16	4.25	0	32.41	0.05	52.41
山东	3.44	0.70	1.08	5.22	15.72		0.34	16.06	0.18	21.46
总计	24.09	193.92	54.22	272.23	121.60	22.60	1.27	145.47	1.07	418.77

在流域内用水量中,农田灌溉用水 296.50 亿 m^3,占流域内总用水量的 70.80%;工业用水(包括建筑业和第三产业用水)64.46 亿 m^3,占流域内总用水量的 15.39%;林牧渔用水 27.71 亿 m^3,占流域内总用水量的 6.62%;城镇生活用水 11.46 亿 m^3,占流域内总用水量的2.74%;农村生活用水(农村生活用水中包括牲畜用水)17.00 亿 m^3,占总用水量的 4.06%;生态用水 1.64 亿 m^3,占总用水量的 0.39%(见表 3-3)。

表 3-3　2000 年流域内分行业用水量统计　　(单位:亿 m^3)

二级区 省(区)	城镇生活	农村生活	工 业	建筑业、第三产业	农田灌溉	林牧渔	牲畜	城镇生态	总用水
龙羊峡以上	0.04	0.08	0.04	0.01	1.09	0.77	0.59	0.01	2.63
龙羊峡至兰州	1.08	0.92	9.90	0.32	19.01	2.03	0.56	0.18	34.00
兰州至河口镇	2.60	1.17	12.35	1.03	149.44	17.37	1.00	0.39	185.35
河口镇至龙门	0.36	0.75	1.75	0.10	8.03	0.82	0.52	0.05	12.38
龙门至三门峡	4.84	4.70	20.95	2.37	66.68	4.07	1.58	0.92	106.11
三门峡至花园口	1.41	1.67	8.27	0.61	15.38	0.48	0.65	0.05	28.52
花园口以下	1.08	1.86	6.07	0.52	34.54	1.30	0.78	0.03	46.18
内流区	0.05	0.05	0.16	0.01	2.33	0.87	0.12	0.01	3.60
青海	0.53	0.47	2.82	0.09	11.33	1.79	0.76	0.14	17.93
四川	0	0.01	0.01	0	0	0	0.12	0	0.14
甘肃	1.70	1.88	12.14	0.71	24.29	1.80	0.67	0.13	43.32
宁夏	0.79	0.41	4.59	0.38	71.30	8.90	0.27	0.11	86.75
内蒙古	1.30	0.61	5.36	0.43	74.51	9.37	0.88	0.27	92.73
陕西	2.97	2.68	12.89	1.12	36.96	3.27	0.84	0.62	61.35
山西	1.69	1.83	7.30	1.14	28.69	0.77	0.92	0.34	42.68
河南	1.53	2.44	9.36	0.60	36.64	0.88	0.96	0	52.41
山东	0.95	0.87	5.02	0.50	12.78	0.93	0.38	0.03	21.46
黄河流域	11.46	11.20	59.49	4.97	296.50	27.71	5.80	1.64	418.77

根据分析,2000 年黄河流域耗水(相对于黄河水系的无回归水量,下同)总量为 397.55 亿 m^3,其中地表水 296.3 亿 m^3(含流域外引黄 88 亿 m^3),地下水 101.25 亿 m^3。

四、引黄用水长系列变化情况

1950 年流域总用水量较少,1950 年后用水(含向流域外供水)增长很快。2000 年与 1950 年相比,总用水量增长了 3.1 倍,其中地表水增长了 2.8 倍,地下水增长了 3.9 倍。图 3-1 给出了 1950 年、1980 年、2000 年、2006 年引黄用水对比情况。

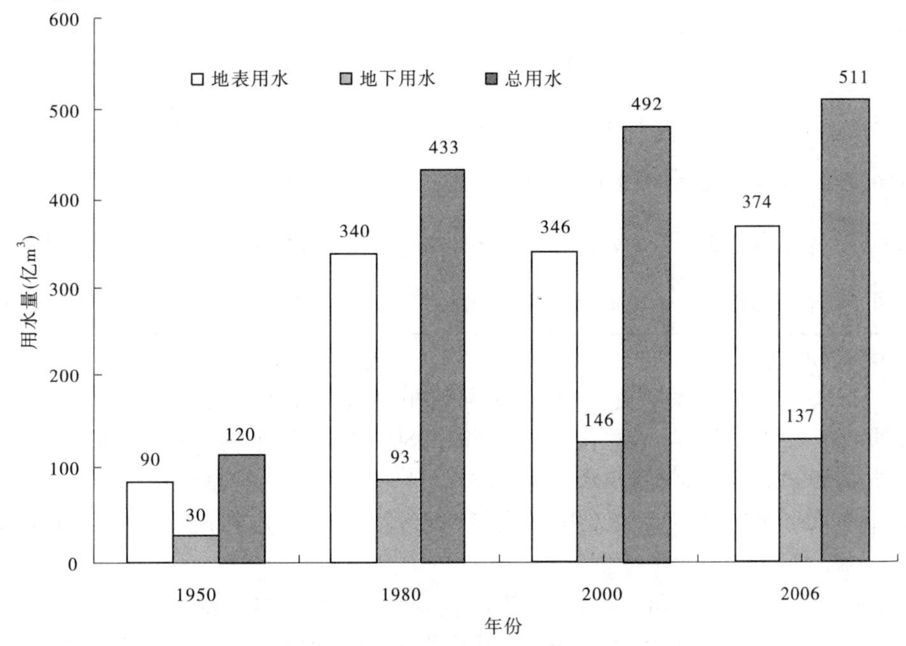

图 3-1　黄河流域不同年份用水量对比

黄河水量统一调度以来,2006 年黄河流域用水和耗水量最大,分别为 510.8 亿 m^3 和 405.0 亿 m^3。表 3-4 给出了近几年黄河流域水资源开发利用情况。

表 3-4　黄河流域水资源开发利用情况　（单位:亿 m^3）

年份	1998	1999	2000	2001	2002	2003	2004	2005	2006
地表用水	370.0	384.0	346.1	336.8	336.8	296.0	311.8	332.0	373.6
地表耗水	296.1	297.8	279.2	265.7	286.0	243.3	246.6	267.9	308.0
地下用水	127.1	132.9	145.5	137.8	135.4	133.1	132.7	133.0	137.2
地下耗水	87.7	94.0	103.6	96.6	96.2	92.3	92.2	93.9	97.0
总用水	497.1	516.9	491.6	474.6	472.2	429.1	444.5	465.0	510.8
总耗水	383.8	391.8	382.8	362.3	382.2	335.6	338.8	361.8	405.0

近 20 多年中,由于节水力度加大、用水结构调整、水资源管理加强等因素,单方水产生的国内生产总值(GDP)大幅度增加,而人均用水量自 1985 年以后基本稳定在 395 m^3

左右。这样的发展趋势与全国情况基本一致。表 3-5 是黄河流域 1980 ~ 2000 年用水量及其用水效益变化。

表 3-5　黄河流域 1980 ~ 2000 年用水量及其用水效益变化

水平年	人口（万人）	GDP（亿元）	地表用水（亿 m^3）	总用水量（亿 m^3）	人均用水量（m^3）	单方水创造的 GDP(元/ m^3)
1980	8 176.98	916.39	249.16	342.94	419	2.67
1985	8 771.44	1 515.75	245.19	333.06	380	4.55
1990	9 574.36	2 279.96	271.75	381.12	398	5.98
1995	10 185.55	3 842.75	266.22	404.61	397	9.50
2000	10 971.00	6 565.10	272.23	418.77	382	15.68

注：表中用水量不包括向流域外供水量，价格水平按 2000 年计。

根据 1956 ~ 2000 年系列资料分析，黄河河川径流多年平均耗水量 249.01 亿 m^3，其中流域外调水 68.90 亿 m^3，占总量的 27.7%；1980 ~ 2000 年平均耗水量 296.61 亿 m^3，其中流域外调水 93.41 亿 m^3，占流域总量的 31.5%。年代变化的总体情况是：20 世纪 50、60 年代用水水平相当，相对较低，70 年代稳步上升，80 年代达到顶峰，之后 90 年代趋于稳定。

从不同年代黄河流域和各省（区）耗水量变化来看，基本上都呈稳步上升趋势。例如，兰州—河口镇区间，20 世纪 50、60 年代引黄水量大致在 80 亿 m^3，90 年代上升到了 106 亿 m^3，增长了近 32.5%。山东省 50、60 年代引黄水量大致在 25 亿 m^3，90 年代上升到了 88 亿 m^3，上升了近 2.5 倍。表 3-6 给出了黄河流域地表水耗水量不同年代对比情况。表 3-7 给出了黄河流域地表水耗水量各省（区）不同时段对比情况。

表 3-6　黄河流域地表水耗水量不同年代对比情况　　（单位：亿 m^3）

时段	龙羊峡以上河段	龙羊峡—兰州河段	兰州—河口镇河段	河口镇—龙门河段	龙门—三门峡河段	三门峡—花园口河段	花园口以下河段	黄河流域	其中流域外调水
1956 ~ 1959	1.22	8.98	75.96	1.13	16.27	38.80	38.13	180.49	32.71
1960 ~ 1969	1.23	8.15	86.28	1.49	20.29	25.11	33.77	176.32	26.11
1970 ~ 1979	1.24	14.48	87.47	2.57	33.85	25.18	84.45	249.24	74.70
1980 ~ 1989	1.23	17.47	101.53	3.24	32.92	25.92	116.93	299.24	103.80
1990 ~ 2000	1.32	20.57	105.64	3.87	35.41	24.05	103.34	294.20	83.94
1956 ~ 2000	1.25	14.74	93.75	2.67	29.45	26.26	80.90	249.02	68.90
1956 ~ 1979	1.23	10.93	85.06	1.88	25.27	27.42	55.61	207.40	47.46
1980 ~ 2000	1.28	19.09	103.69	3.57	34.22	24.94	109.82	296.61	93.41

表 3-7　黄河流域地表水耗水量各省(区)不同时段对比情况　(单位:亿 m^3)

时段	青海	四川	甘肃	宁夏	内蒙古	山西	陕西	河南	山东	河北天津	黄河流域
1956～1959	5.59	0.15	7.89	24.21	50.16	8.42	6.54	51.89	25.64	0	180.49
1960～1969	5.97	0.15	8.25	29.42	54.22	10.86	8.48	32.40	26.57	0	176.32
1970～1979	7.30	0.15	16.33	29.63	53.97	14.75	19.15	38.45	69.51	0	249.24
1980～1989	8.81	0.15	20.26	30.91	64.73	14.83	18.80	40.58	100.17	0	299.24
1990～2000	10.34	0.15	21.70	34.63	65.43	12.68	23.29	36.3	88.24	1.44	294.20
1956～2000	7.93	0.15	15.97	30.61	58.88	12.83	16.59	38.25	67.46	0.35	249.02
1956～1979	6.46	0.15	11.57	28.64	53.44	12.07	12.60	38.16	44.31	0	207.40
1980～2000	9.61	0.15	21.01	32.87	65.09	13.71	21.15	38.34	93.92	0.76	296.61

图 3-2 给出了历年黄河流域上中下游地表水耗水量结果的对比，可以看出，上游用水还原量稳步上升，中下游年际间呈现突变现象(主要是河南和山东，1959 年和 1960 年)，不过总的趋势仍呈稳步上升趋势。

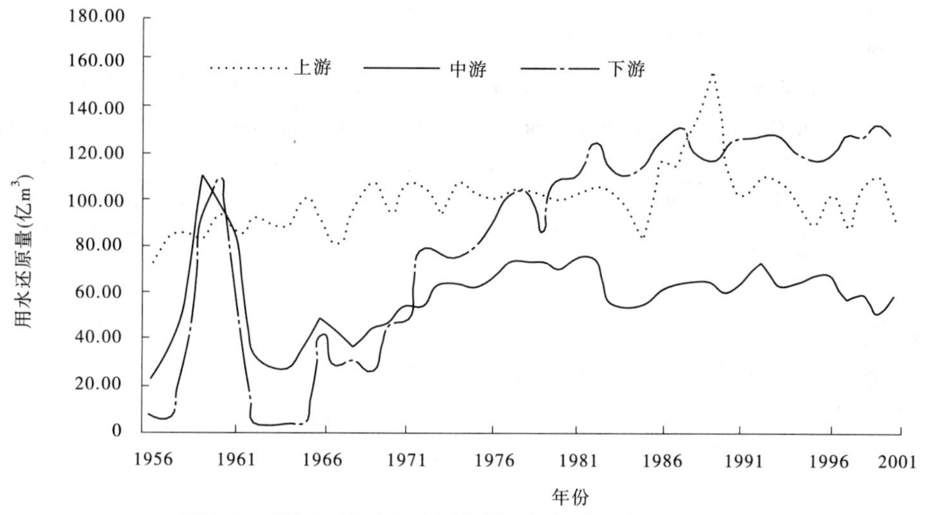

图 3-2　黄河流域地表水耗水量不同河段逐年对比情况

五、引黄省(区、市)黄河河川径流分水指标使用情况

上面利用《黄河流域水资源综合规划》第一阶段水资源调查评价成果，对 2000 年统计流域引黄用水和长系列径流耗用情况进行了分析。鉴于水资源综合规划对地表径流耗水还原仅做到 2000 年，下面将主要利用《黄河用水公报》、《黄河水资源公报》成果，分析引黄各省(区、市)分水指标使用情况。

1987 年国务院批准了黄河可供水量分配方案，明确了正常来水年份分配各引黄省(区、市)最大可以耗用的黄河河川径流指标。1999 年根据国务院授权，对黄河河川径流实施年度水量统一分配和干流水量统一调度，其基本分水原则是按照当年来水情况，实行总量控制、同比例丰增枯减。

为及时、准确反映各省(区、市)引黄分水指标使用情况,从1988年,黄委开始正式发布年度《黄河用水公报》,后改为《黄河水资源公报》。鉴于《黄河水资源公报》正式成果没有将干、支流用水数据分开统计,本次结合黄河水资源综合规划、取水许可用水统计及《黄河水资源公报》,分别估算了1998年以后各省(区、市)干流、支流引黄耗水量。

表3-8给出了统计分析的各省(区、市)1988~2004年实际引黄耗水量与国务院批准的正常来水条件下《黄河可供水量分配方案》及其细化方案(参见第四章表4-2)分配各省(区、市)的引黄耗水指标。由表3-7和表3-8可以看出,年均引黄耗水总量超分水指标的有内蒙古、山东两省(区),青海、宁夏则接近分水指标;干流年均引黄耗水超分水指标的有内蒙古、山东两省(区),干流耗水接近分水指标的有甘肃、宁夏两省(区);支流耗水超分水指标的有青海省,接近分水指标的有山东、甘肃、宁夏、内蒙古4省(区)。

表3-8 1988~2004年引黄各省(区、市)年均引黄耗水量与正常来水年份分配水量指标的对比

(单位:亿 m³)

项目		青海	四川	甘肃	宁夏	内蒙古	陕西	山西	河南	山东	河北+天津	全河
全河	87分水指标	14.10	0.40	30.40	40.00	58.60	38.00	43.10	55.40	70.00	20.00	370.0
	实际耗水	11.84	0.10	24.42	35.76	62.37	20.52	10.90	33.70	79.34	2.99	281.94
支流	支流配水	6.61	0.40	14.56	1.55	3.02	27.54	15.07	19.73	4.97	0	93.45
	实际耗水	9.30	0.10	11.91	1.20	2.13	19.19	9.57	9.36	4.76	0	67.52
干流	干流配水	7.49	0	15.84	38.45	55.58	10.46	28.03	35.67	65.03	20.00	276.55
	实际耗水	2.54	0	12.51	34.56	60.24	1.33	1.33	24.34	74.58	2.99	214.41

注:"87分水"是指"1987年国务院分水方案"。

按照总量控制、同比例丰增枯减的年度分水原则,表3-9给出了实施年度分水以来1999~2004年引黄各省(区、市)年均引黄耗水量与年度平均分水指标,其中将年度分水方案(水文年)换算成日历年,干流、支流分水指标按当年总量指标折减系数核算。

表3-9 1999~2004年引黄各省(区、市)年均引黄耗水量与年度平均分水指标的对比

(单位:亿 m³)

统计项目		青海	四川	甘肃	宁夏	内蒙古	陕西	山西	河南	山东	河北+天津	全河
总引黄耗水量	实际耗水	11.628	0.247	27.453	37.543	58.833	20.860	10.015	30.965	65.375	6.213	269.132
	分配水量	10.995	0.312	23.237	30.478	44.887	29.094	32.910	42.246	53.394	15.322	282.875
	超用水量	0.633	-0.065	4.216	7.065	13.946	-8.234	-22.895	-11.281	11.981	-9.109	-13.743
支流耗水量	实际耗水	8.726	0.247	12.65	1.116	1.481	19.857	8.657	8.192	4.6	0	65.526
	分配水量	5.155	0.312	11.129	1.181	2.313	21.085	11.507	15.045	3.791	0	71.518
	超用水量	3.571	-0.065	1.521	-0.065	-0.832	-1.228	-2.85	-6.853	0.809	0	-5.992
干流耗水量	实际耗水	2.902	0	14.803	36.427	57.352	1.003	1.358	22.773	60.775	6.213	203.606
	分配水量	5.84	0	12.108	29.297	42.574	8.009	21.403	27.201	49.603	15.322	211.357
	超用水量	-2.938	0	2.695	7.13	14.778	-7.006	-20.045	-4.428	11.172	-9.109	-7.751

1999～2004 年黄河花园口站年均天然径流量为 403.8 亿 m^3，年均分配黄河可供水量 282.875 亿 m^3，统计实际耗水 269.132 亿 m^3。按照年度分水情况，总量超分水指标的省（区）增加到 5 个，分别为青海、甘肃、宁夏、内蒙古和山东；支流超分水指标的省（区）增加到 3 个，分别是青海、甘肃和山东；干流超分水指标的省（区）增加到 4 个，即甘肃、宁夏、内蒙古和山东。通过上述对引黄各省（区、市）近几年引黄用水情况分析，枯水年份黄河分水形势是十分严峻的。

表 3-10 给出了历年各省（区、市）引黄耗水总量与年度分水指标。可以看出，一些省（区）引黄耗水总量年年超分水指标，如甘肃、宁夏、内蒙古，山东省（区）除一年未超用水指标，其他年份均超过年度分水指标，青海、河南省则出现部分年份超分水指标的情况。由此可见，控制省（区、市）引黄用水总量的任务十分艰巨。

表 3-10　历年各省（区、市）引黄耗水总量与年度分水指标对比统计（日历年）

（单位：亿 m^3）

年份	项目	青海	四川	甘肃	宁夏	内蒙古	陕西	山西	河南	山东	河北＋天津	全河
	实际耗水	12.070	0.250	25.810	41.500	66.480	20.850	9.590	34.570	84.460	3.160	298.740
1999	分配水量	12.774	0.366	25.458	33.479	49.068	31.787	36.059	46.354	59.584	16.730	311.659
	超用水量	-0.704	-0.116	0.352	8.021	17.412	-10.937	-26.469	-11.784	24.876	-13.570	-12.919
	实际耗水	13.240	0.230	27.370	37.760	59.460	21.780	9.940	31.470	63.920	7.150	272.320
2000	分配水量	10.971	0.313	23.875	31.805	45.845	29.845	34.082	43.957	55.932	16.582	293.207
	超用水量	2.269	-0.083	3.495	5.955	13.615	-8.065	-24.142	-12.487	7.988	-9.432	-20.887
	实际耗水	11.260	0.240	26.920	37.000	61.030	21.780	10.460	29.420	63.410	3.630	265.150
2001	分配水量	9.712	0.277	21.120	28.111	40.569	26.404	30.133	38.855	49.412	12.981	257.574
	超用水量	1.548	-0.037	5.800	8.889	20.461	-4.624	-19.673	-9.435	13.998	-9.351	7.576
	实际耗水	11.690	0.250	26.120	35.740	59.180	21.110	10.430	36.010	80.320	5.200	286.050
2002	分配水量	8.960	0.256	19.393	25.643	37.323	24.242	27.571	35.487	44.964	12.751	236.590
	超用水量	2.730	-0.006	6.727	10.097	21.857	-3.132	-17.141	0.523	35.356	-7.551	49.460
	实际耗水	10.890	0.250	29.170	35.590	50.460	18.730	9.600	28.250	50.570	10.060	243.570
2003	分配水量	10.721	0.298	22.312	28.758	43.957	28.215	31.443	40.058	49.661	14.905	270.328
	超用水量	0.169	-0.048	6.858	6.832	6.503	-9.485	-21.843	-11.808	0.909	-4.845	-26.758
	实际耗水	10.620	0.260	29.330	37.670	56.390	20.910	10.070	26.070	49.570	8.080	248.970
2004	分配水量	12.830	0.359	27.266	35.072	52.562	34.072	38.174	48.767	60.813	17.981	327.896
	超用水量	-2.210	-0.099	2.064	2.598	3.828	-13.162	-28.104	-22.697	-11.243	-9.901	-78.926
	实际耗水	11.628	0.247	27.453	37.543	58.833	20.860	10.015	30.965	65.375	6.213	269.132
平均	分配水量	10.995	0.312	23.237	30.478	44.887	29.094	32.910	42.246	53.394	15.322	282.875
	超用水量	0.634	-0.065	4.216	7.065	13.946	-8.234	-22.895	-11.281	11.981	-9.109	-13.742

第二节　黄河水资源危机的突出表现

图3-3给出了不同时段,黄河花园口站天然径流量、引黄耗水量和入海水量(利津站)示意图。由图可以看出,黄河河川径流的利用程度提高很快,入海水量衰减非常严重。全河引黄耗水量占花园口站天然径流量的比例由20世纪80年代的49%提高到1999~2004年的67%。入海水量占花园口站天然径流量的比例由20世纪80年代的47%减少到1999~2004年的25%。反映出黄河水资源危机已非常严重,河川径流的利用程度远远超过了国际公认的40%的警戒线。

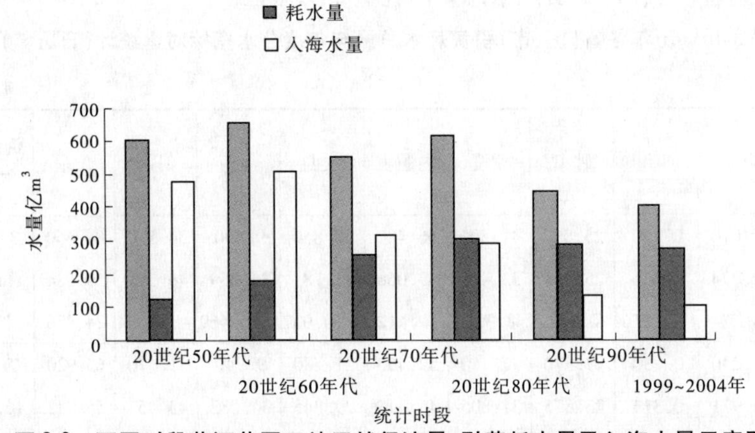

图3-3　不同时段黄河花园口站天然径流量、引黄耗水量及入海水量示意图

一、河道断流

(一)黄河下游断流情况

黄河流域资源性缺水严重,随着经济社会的迅速发展,国民经济各部门的用水量超过黄河水资源承载能力,使黄河的基本生命流量难以保证,导致下游河段频繁断流。黄河下游经常性断流始于1972年,1972~1999年的27年中,黄河下游利津站有21年发生断流,累计断流88次、1 050天,断流年份年均断流50天,断流延伸到河南境内的有5年。尤其进入20世纪90年代,年年出现断流,1997年断流最为严重,利津站断流226天,断流河段延伸至开封柳园口附近。历年断流情况统计见表3-11。

黄河干流断流有如下特点:

一是断流时间延长。利津站20世纪70、80年代断流年份平均断流分别为14天、15天,90年代特别严重,达107天。

二是年内首次断流时间提前。20世纪70、80年代首次断流一般出现在4月份,90年代提前到2月份,1998年首次出现跨年度断流。

三是断流长度增加。从20世纪70年代平均断流长度242 km到80年代达256 km,增加到90年代为438 km。

四是断流月份增加。20世纪70、80年代断流主要集中在5月、6月,90年代扩展到3~7月和10月。

五是主汛期断流时间延长。20世纪70、80年代主汛期利津站平均断流3.3天和2.3天,90年代延长到20.3天。

表3-11 黄河下游利津站历年断流情况统计

年份	断流最早日期(月-日)	7~9月断流天数(天)	断流次数	全年断流天数(天)			断流长度(km)
				全日	间歇性	总计	
1972	04-23	0	3	15	4	19	310
1974	05-14	11	2	18	2	20	316
1975	05-31	0	2	11	2	13	278
1976	05-18	0	1	6	2	8	166
1978	06-03	0	4	—	5	5	104
1979	05-27	9	2	19	2	21	278
1980	05-14	1	3	4	4	8	104
1981	05-17	0	5	26	10	36	662
1982	06-08	0	1	8	2	10	278
1983	06-26	0	1	3	2	5	104
1987	10-01	0	2	14	3	17	216
1988	06-27	1	2	3	2	5	150
1989	04-04	14	3	19	5	24	277
1991	05-15	0	2	13	3	16	131
1992	03-16	27	5	73	10	83	303
1993	02-13	0	5	49	11	60	278
1994	04-03	1	4	66	8	74	380
1995	03-04	23	3	117	5	122	683
1996	02-14	15	6	122	14	136	579
1997	02-07	76	13	202	24	226	704
1998	01-01	19	16	114	28	142	449
1999	02-27	1	3	6	36	42	—

六是黄河中游也面临断流的危险。1997年6月28日黄河干流头道拐站出现了有记载以来的最小流量(6.9 m^3/s),2001年7月黄河干流吴堡站、龙门站和潼关站也出现了历史上最小流量,分别为25 m^3/s、31 m^3/s 和0.95 m^3/s,黄河上中游河段也面临着断流的危险。

(二)主要支流断流情况

严重缺水形势导致黄河大部分一级支流也出现了严重的断流现象,如汾河、渭河、伊洛河、沁河、大汶河、金堤河、文岩渠、大黑河、大夏河、清水河等。沁河的武陟站、伊河的龙门站、汾河的河津站、延河的甘谷驿站等都多次出现断流。1997 年渭河的华县站发生了有观测资料以来的首次断流。

汾河从 1980 年到 2000 年的 21 年中,河津站年年发生断流,累计断流 55 次,累计断流 902 天,断流年份年均断流 43 天,断流河段最大长度 120 km,从汾河口延伸到柴庄站附近。1995 年断流最为严重,河津站断流 102 天。

渭河陇西—武山河段从 1982 年开始发生断流,到 2000 年累计断流 44 次,累计断流 754 天,断流年份年均断流 84 天,断流河段最大长度 29 km;甘谷—葫芦河口河段从 1982 年开始发生断流,到 2000 年累计断流 43 次,累计断流 205 天,断流年份年均断流 16 天,断流河段最大长度 46 km;葫芦河口—藉河口河段从 1995 年开始发生断流,到 2000 年累计断流 8 次,累计断流 100 天,断流年份年均断流 17 天,断流河段最大长度 20 km。

伊河从 1993 年开始发生断流,到 2000 年累计断流 16 次,累计断流 89 天,断流年份年均断流 18 天,断流河段最大长度 40 km,从伊洛河交汇处延伸到龙门镇站附近。1997 年断流最为严重,龙门镇站断流 40 天。

沁河从 1980 年到 2000 年的 21 年中,年年发生断流,累计断流 49 次,累计断流 2 867 天,断流年份年均断流 137 天,断流河段最大长度 12.3 km,从沁河口延伸到武陟站附近。1997 年断流最为严重,武陟站断流 272 天。

另外,黄河的其他支流,如大夏河、清水河、大黑河、金堤河、文岩渠、大汶河等也相继出现了断流情况,具体情况见表 3-12。主要支流径流量大幅度减少和断流,进一步加剧了黄河干流用水的紧张形势。

表 3-12 1980～2000 年黄河主要支流断流情况统计

河流名称	1980～2000 年发生断流的年数	最长断流河段位置	最长断流河段长度(km)	累计断流次数(次)	累计断流天数(天)	断流年份年均断流天数(天)	断流统计站
汾河	21	柴庄站—入黄口	120	55	902	43	河津站
伊洛河	5	龙门镇站—伊洛河交汇处	40	16	89	18	龙门镇站
沁河	21	武陟站—入黄口	12.3	49	2 867	137	武陟站
金堤河	20	濮阳县—范县	51.9	56	2 649	132	
文岩渠	15	朱付村—大车集	41	51	755	50	
大汶河	15	北望—入湖口	109	30	1 518	101	戴村坝站
大夏河	6	双城—红水河口	12.5	54	1 186	198	
清水河	9	清水站以上 3 km	4	48	440	49	
大黑河	21	美岱水文站—入黄口	48	46	2 327	111	美岱站
渭河	9	陇西—武山	29	44	754	84	
	13	甘谷—葫芦河口	46	43	205	16	
	6	葫芦河口—藉河口	20	8	100	17	

二、地下水超采

(一)地下水可开采量

地下水可开采量是指在可预见的时期内,通过经济合理、技术可行的措施,在不引起生态环境恶化的条件下允许从含水层中获取的最大水量。

黄河流域多年平均浅层地下水(矿化度<2 g/L)可开采量为137.51 亿 m^3,其中平原区为119.39 亿 m^3。黄河流域平原区地下水可开采量(矿化度<2 g/L)模数分布情况见插页彩图。

(二)地下水超采状况及其分布

黄河流域地下水利用量1980 年为93.3 亿 m^3,2000 年为145.5 亿 m^3,增加52.2 亿 m^3,增加了56.0%。地下水的大量开采,造成部分地区地下水位持续下降,形成大范围地下水降落漏斗,产生一系列地质环境灾害。

根据初步统计,现状黄河流域存在主要地下水漏斗区65 处,甘肃、宁夏、内蒙古、陕西、山西、河南、山东等省(区)均有分布,其中陕西、山西两省超采最为严重,分别存在漏斗区34 处和18 处。黄河流域2000 年地下水超采约11.2 亿 m^3,其中陕西、山西两省超采量分别约为2.1 亿 m^3 和5.4 亿 m^3;漏斗区面积达到5 923.9 km^2,其中陕西、山西两省范围分别达到975.3 km^2 和2 728.0 km^2,范围最大的漏斗区为涑水河盆地,漏斗区面积达到912 km^2。陕西省渭南市金城区岩溶水降落漏斗中心地下水埋深达362 m。从流域的漏斗性质看,既有浅层地下水漏斗,也有深层地下水漏斗,并存在浅层深层均超采的复合型漏斗,详见表3-13。

表3-13　黄河流域主要地下水降落漏斗统计

省(区)	数量(个)	漏斗区面积(km^2)	2000 年超采量(万 m^3)
甘肃	3	384.6	397.6
宁夏	4	532.1	
内蒙古	1	130.0	6 094.3
陕西	34	975.3	20 490.8
山西	18	2 728.0	54 335.2
河南	1	910.0	29 745.2
山东	4	263.9	720.0
合计	65	5 923.9	111 783.1

从各省(区)看,甘肃省有平凉的城川漏斗区、庆阳的董志肖金漏斗区和定西的西寨漏斗区等,其中庆阳西峰市的董志肖金漏斗区范围最大。陕西省的宝鸡、咸阳、西安、渭南等地均存在较多的地下水漏斗,部分漏斗在20 世纪80 年代初已经形成,漏斗性质有浅层、深层、混合型;咸阳等部分城区出现复合型漏斗,恢复较为困难,已经造成不可估量的损失和影响。其中,西安市城区漏斗和北郊漏斗,漏斗区面积分别达到159.5 km^2 和

278.5 km^2。山西省的太原、晋中、吕梁、临汾等地市较大的地下水漏斗有近 20 个，漏斗范围普遍较大，如临汾市涑水河盆地和运城河谷地带的地下水漏斗区面积分别达 912 km^2 和 655 km^2。山西省的地下水漏斗的另一特点是形成年代较早，大部分漏斗在 20 世纪 80 年代初已经存在，个别漏斗如太原市的西张地下水漏斗和晋中市的介休地下水漏斗 1965 年就已形成。另外，宁夏银川市，内蒙古的呼和浩特市，河南省的武陟、温县、孟县，山东省的莱芜等地也存在不同程度的地下水漏斗。

(三)地下水开发利用产生的环境地质问题

地下水的过度开发利用，形成大面积地下水降落漏斗，造成地面沉陷，影响地面建筑物。部分超采区由于地下水位下降，地表废污水下渗进而污染地下水，由于地下水补给和排泄都相当困难，一旦造成污染，就很难恢复，使地下水资源丧失利用功能，给缺水地区造成更大的水源危机。

浅层地下水的补给和排泄条件一般比深层承压水好，所以浅层地下水的恢复可通过限制地下水开采，通过降水入渗自然补给；也可采取人工回灌措施，直接利用地表水补充地下水。但对深层承压水而言，采取自然补给和人工回补措施都非常困难，大部分地下水超采区基本无法恢复以前的状态。因此，应严格限制超采深层地下水，防止深层地下水漏斗的形成。

三、水质恶化

(一)水质现状

黄河流域地处我国中部干旱、半干旱、半湿润地区，水资源贫乏。20 世纪 90 年代以来，随着流域经济社会的快速发展，生产和生活用水量急剧增加，由于利用效率低，每年废污水排放量不断增多。加之农田灌溉排水等面源污染，造成黄河水质日趋恶化。

根据 2000 年黄河流域河流水质现状评价结果，评价河长 29 649.9 km 中水质达到和优于地面水环境质量Ⅲ类标准的河长 15 855.7 km，占评价河长的 53.5%；水质劣于地表水Ⅲ类标准的河长 13 794.2 km，占评价河长的 46.5%，其中 22.9% 的河长水质为劣Ⅴ类。黄河干流污染主要集中在上游的宁蒙河段及中下游，支流主要是渭河、汾河、洛河、沁河等水资源开发利用相对集中的区域，尤其城市河段和工业较发达区域的局部地区污染严重。黄河流域水质最好的是龙羊峡以上区间，评价河长 5 029.4 km 中水质全部达到和优于地面水环境质量Ⅲ类标准；其次是龙羊峡—兰州区间，水质达到和优于地面水环境质量Ⅲ类标准的河长为 86.8%。水质最差的是花园口以下区间，91.2% 的河长水质未达到Ⅲ类，其中 41.0% 的河长水质劣于Ⅴ类；其次是兰州—河口镇区间以及龙门—三门峡区间，劣于Ⅲ类水质河长比例为 63.1%、63.3%，其中 40.8%、34.8% 的评价河长水质劣于Ⅴ类。黄河流域 9 个省(区)中，青海省河流水质较好，评价河长中 94.2% 水质达到和优于地面水Ⅲ类标准；水污染最严重的是山东省，水质劣于Ⅲ类标准的河长占评价河长的比例为 86.4%，其余省(区)劣于Ⅲ类标准的河长的比例依次为山西(67.6%)、内蒙古(65.1%)、河南(63.7%)、陕西(60.5%)、宁夏(55.0%)、甘肃(44.0%)。局部地区污染严重的省(区)分别是宁夏、河南、山西、山东等省(区)，评价河长中劣于Ⅴ类水质的河长比例分别为 41.3%、39.5%、36.9%、33.0%。由于河流水质污染，湖泊水库水质和营养状态也不容乐观。评价的3个湖泊水质均已受到污染,其中2个污染严重,已丧失水域功能。评价的33个水库中1/3的水库水质都劣于Ⅲ类,进行营养状态评价的10个水库中有6个为富营养。2000年是新中国成立以来黄河第二个严重枯水年份,花园口站汛期最大流量仅为773 m^3/s,为历年同期最小,由于黄河干流水量调度的实施,2000年黄河没有出现断流,但水污染形势严峻。

黄河流域水功能区达标比例较低。2000年,评价589个水功能区,达标率仅为47.7%,水质现状与目标要求存在较大差距。各类水功能区中保护区全年期达标率较高,为73.8%,其余依次是农业用水区(51.6%)、保留区(51.1%)、饮用水源区(48.1%)、工业用水区(42.1%)、渔业用水区(37.5%)、缓冲区(32.0%)、过渡区(28.3%)、景观娱乐用水区(26.7%)。花园口以下区间水功能区达标情况最差,达标率为26.1%。流域各省(区)达标比例依次为青海(76.3%)、甘肃(53.8%)、四川(50.0%)、河南(48.2%)、陕西(47.1%)、内蒙古(43.8%)、宁夏(37.0%)、山西(34.0%)、山东(27.6%)。在评价的29个集中饮用水水源地中,合格水源地15个,合格供水量占52.4%,供水合格率较低,个别水源地污染严重,水源地供水水质不合格多是由于工业、生活等人为污染造成。

据2004年《中国环境统计年报》,黄河流域废水排放量达39.5亿t,比2000年增加了13.8亿t,主要污染物COD年排放量已占到全国排放总量的13.3%。

(二)水污染形势

近10年来,黄河流域水污染呈不断加剧的趋势。“八五”期间每年排入黄河的废污水量不超过38亿t;进入“九五”以来,每年排入黄河的废污水量都在41亿t以上。1990~2000年的10年中,流域内废污水量从32.6亿t增至42.2亿t,大约增长了29.4%。根据96个重点水质测站长期监测资料分析,目前黄河流域主要污染项目浓度上升趋势明显。其中总磷、氯化物、总硬度、高锰酸盐指数、氨氮等项目呈上升趋势的测站占测站总数的40%以上,总磷、氯化物测站数甚至高达60%以上。兰州至河口镇区间、龙门至三门峡区间以及花园口以下区间水质污染趋势最为严重,其影响水质类别的主要污染项目如氨氮、化学需氧量(COD)等,上升趋势特别明显,呈上升趋势的测站占测站总数的40%以上,部分区间高达70%~75%。从各省(区)来看,内蒙古、陕西、山东等省(区)水质污染趋势较强,重点污染项目氨氮、高锰酸盐指数等呈上升趋势的站所占比例一般都在40%以上,有些项目甚至高达75%以上。值得注意的是,水库污染趋势比河流更为严重,主要污染项目总硬度、高锰酸盐指数、生化需氧量、氨氮等上升趋势均大于河流站,3/4的测站总磷浓度呈上升趋势。

四、供水危机

(一)供水危机及突出表现

1.水资源供需矛盾加剧

由于河道外生产生活用水的大幅度增加,使本就呈现资源性缺水的黄河难以承载各部门的用水需求,河道内生态环境用水难以保证。黄河下游利津站1980~1989年平均实测径流量为285.8亿 m^3,1990~2000年为132.4亿 m^3,其中2000年为48.6亿 m^3,而1997年仅为18.6亿 m^3,下游河道出现了严重的断流危机。

黄河断流使下游及河口地区工农业生产和居民生活用水出现困难。如 1997 年黄河下游发生罕见的断流现象,利津站有 11 个月发生了 13 次断流,累计断流达 226 天,断流河段长达 704 km。长时间断流造成豫、鲁、冀 3 省部分城市生活和工业用水多次发生危机,下游以黄河为主要水源的东营、滨州、德州、青岛、沧州等地人民生活用水频频告急,各地虽然采取了抽取死库容及开采含氟量大大超标的地下水予以补充,但仍不能满足供水需要,被迫采取限水措施,定时定量供应,给人民群众的生活造成了较大的影响。由于缺水,河南省濮阳市中原化肥厂一度停产,胜利油田 200 口油井被迫关闭,沿黄两岸引黄灌区农作物受旱面积达 2 000 万亩。其中,山东省 200 万亩农田作物绝产,粮食减产 27.5 亿 kg,棉花减产 5 000 万 kg。据不完全统计,仅山东省直接损失的工农业产值就达 135 亿元。为减轻断流危害,自 20 世纪 70 年代以来,黄河河口地区陆续修建了一批平原水库,提高了抗御断流影响的能力。断流时间较短时,对河口地区的用水影响较小;当断流时间较长并超出平原水库调蓄能力时(如 1992 年、1995 年和 1997 年),对泺口以下河段特别是河口地区的工农业生产和居民生活用水都会产生不良影响。

由于统一调度和小浪底水库的调节作用,确保了黄河不断流,但黄河流域水资源供需矛盾依然突出。

2. 对河道生态系统造成较大的危害

黄河下游的频繁断流和入海水量的减少造成下游引水困难,供需矛盾加剧,水质污染加重,对下游湿地和生物多样性的维持构成威胁。黄河一旦断流,还会破坏沿黄的生态环境,不利于生物多样性和湿地的保护。同时,河道内水量的减少使黄河纳污能力下降,进一步加剧水质恶化,造成黄河的缺水性质更加复杂,除资源性缺水和工程性缺水外,更呈现出水质性缺水。另外,长期的河道断流,将使河流功能下降,河流生命难以维系。

破坏了生态平衡,恶化了水环境。河口地区长期处于断流或小流量状态,河道萎缩,地下水得不到充足的淡水补给,加重了河口地区的海水入侵,使盐碱化面积增大。断流也使黄河三角洲湿地水环境条件失衡,严重威胁到湿地保护区的水生生物、野生植物和鸟类的生存,同时使渤海 10 余种洄游鱼类不能正常繁衍生息,导致河口湿地生态环境系统的退化和生物多样性的减少。同时,在河道内流量减小的情况下,水体自净能力降低,而在河道断流时,废污水仍源源不断地排入黄河,污染物在河道内大量积存,造成复流时水质严重恶化。

3. 河道淤积加重,加大了防洪难度和洪水威胁

进入 20 世纪 90 年代,尽管黄河来沙量减少,但由于进入下游的水量大幅度衰减和径流过程变化,致使输沙用水得不到保证,水沙关系不协调的现象更加严重,造成下游河道泥沙淤积加重。加之长时间发生断流,且主汛期断流时间延长,使泥沙大部分淤积在主槽,造成主河槽萎缩,平滩过流能力减小,河道排洪能力下降。80 年代,下游漫滩流量还有 6 000 m^3/s 左右,到 21 世纪初,局部河段减少到不足 1 800 m^3/s。由于主河槽淤积加重,形成了“小洪水、高水位、大漫滩”的不利局面,增加了防洪的难度和洪水威胁。而且由于输沙水量被挤占,黄河悬河形势已蔓延至上中游河段。2002 年以来,虽经多次调水调沙冲刷主槽,下游河槽最小过洪能力仍仅有 3 700 m^3/s,难以满足泄放中常洪水的需要。

(二)供水安全形势越来越严峻

黄河是我国西北、华北地区的重要水源。黄河流域水资源短缺问题突出,水量的短缺也决定了流域大部分河流水环境低承载力的基本特性,使有限的、宝贵的水资源更易受到污染的威胁。黄河以占全国2%的水资源量承载了全国近10%的污染物量,致使多年来黄河水质状况急剧恶化,水污染问题日益突出,对黄河供水安全已构成严重威胁。黄河水污染趋势发展迅速。据统计,1980年黄河流域城镇工业和生活废污水排放量21.7亿m^3,流域主要河流总体水质状况良好,干流水质均可满足地表水环境质量Ⅲ类标准的要求,河流污径比小于5%,河流水资源和水环境的再生净化能力可得到基本维持。进入20世纪90年代以后,在流域经济快速发展的同时,造成了日趋严重的水污染问题,饮用水水源地功能难以得到保证。受河流上游污染影响,目前黄河干流石嘴山至河口镇河段、潼关至三门峡河段和花园口以下河段,几乎所有城市集中式饮用水水源地水质都不合格。

根据2000年对黄河流域的取水口供水水质状况调查评价,按照《地表水环境质量标准》(GB 3838—2002),符合或优于Ⅲ类水质的供水量占24%,超过Ⅲ类水质的供水量占76%。2000年黄河流域总供水272.22亿m^3,不合格率为42.6%。其中,生活供水、工业供水、农业供水不合格率分别为35.5%、33.8%和43.7%,这说明黄河流域地表水供水水质与供水安全的要求存在一定差距,水污染突发事件时有发生,供水安全形势不容乐观。

1999年3月开始实施黄河干流水量统一调度和管理以来,使自20世纪70年代以来连续20多年频繁断流的黄河实现了连续枯水年份不断流,有效协调和保证了下游黄河两岸的生活、生产用水,使黄河下游地区生态环境得以明显改善。但由于黄河水资源总量匮乏,供需矛盾突出问题长期存在,加上防止河道断流的机制和手段非常脆弱,河道断流的潜在威胁依然存在。

第三节　黄河水资源危机的基本原因

黄河水资源危机形成的原因是多方面的,既有水资源贫乏致使流域资源性缺水的根本原因,又有经济社会用水增长过快、水资源统一管理相对滞后的重要社会原因。

一、黄河水资源贫乏

黄河流域面积占国土面积的8.3%,人口占全国的8.7%,耕地面积占全国的13.3%,但黄河多年平均天然径流仅占全国的2.2%,流域内人均、亩均河川径流量分别为487 m^3和220 m^3,仅占全国人均、亩均的23%和15%。若再考虑向流域外供水任务,则人均、亩均水量更少。

1990~2002年黄河进入长达13年的连续枯水段,平均天然径流量仅为多年均值的74%,无疑加剧了黄河水资源危机形势。

二、引黄用水量增加过快

随着沿黄地区工农业生产的不断发展,引黄耗水量迅速增加。20世纪50年代年均耗水量为120亿m^3,到了90年代,仅统计的年均耗水量已增加到300亿m^3左右,加上其他未控人类活动因素的影响,实际耗水量更大,部分省(区)引黄耗水量超过了分配耗水指标。黄河河川径流的开发利用程度已超越其承载能力。

三、流域水资源管理手段薄弱

黄河水资源贫乏,引黄用水需求增加迅速,上中下游各地区、各部门用水矛盾十分突出。在授权流域管理机构实施黄河水量统一调度之前,流域管理机构对黄河干流已建的大型水库及主要引水工程缺乏系统有效且可操作的实时调度和监督管理权,在全河用水高峰期(又恰至黄河处于年内枯水期),灌溉、供水、发电和防凌之间的矛盾十分突出。1994年取水许可管理制度在全流域普遍开展,但由于制度不健全,特别是没有建立取水许可总量控制管理制度,加之在取水许可管理中对于违规取水行为管理手段的缺位,难以充分起到对全河用水规模进行有效控制的作用。1999年启动了全河水量统一调度,但对于像黄河这样大的河流进行统一调度,国内外没有先例,调度管理机制和制度只能在探索中逐步完善。在其初期,主要依靠的是行政和工程手段,且行政手段不健全,缺乏有效的法律手段,技术手段落后,尽管统一调度在一定程度上遏制了省(区)超计划用水的势头,地区间、部门间用水矛盾有所缓解,避免了黄河干流断流的再次发生,但断流危机依然存在,部分省(区)超计划用水的现象仍难以避免,地区间、部门间用水矛盾在一定条件下还可能激化。2006年,国务院先后出台了《取水许可和水资源费征收管理条例》、《黄河水量调度条例》,将从制度层面加强了流域水资源统一管理手段,但条例的落实到位尚需一定的时间。

四、用水效率不高

农业灌溉是引黄用水大户,占全河引黄用水的80%以上。由于大部分灌区为老灌区,资金投入不足,灌区工程不配套,管理粗放,用水浪费,效益不高。据统计,现状引黄灌区中,达到节水标准的灌溉面积仅占总灌溉面积的20%,灌溉水利用系数只有0.4左右。单方水粮食产量0.71 kg,用水效率低下,农业产量不高。我国当前粮食作物的单方水产量约为1.1 kg。山东桓台县1997~1998年实施综合节水措施后,利用率已提高到2.02 kg/m^3。而以色列通过节约用水和高效用水,1998年利用效率为2.6 kg/m^3。与这些先进地区和全国的平均水平相比,黄河流域用水效率存在较大差距。

2000年,黄河流域万元GDP用水量为674 m^3,不仅低于全国平均水平的615 m^3,更远低于国际先进水平。黄河流域万元GDP用水量约为日本的29.3倍,韩国的8.5倍,差距较大。

五、来水年内分配不均而黄河中下游水库调节能力不足

黄河来水年内分配不均,干流水库调节作用是保证黄河不断流的关键措施。目前,黄河干流调蓄能力较强的大型水库有龙羊峡、刘家峡、万家寨、三门峡、小浪底等5座,总库容536亿 m^3,调节库容约300亿 m^3。但是,已建的三门峡水库由于受库区淤积和潼关高程的限制,只能进行有限的调节,一般年份在2~3月结合防凌最大蓄水量仅14亿 m^3,远不能满足下游引黄灌溉用水要求。小浪底水库长期有效库容51亿 m^3,可起到一定程度

的调节作用。但仅靠三门峡和小浪底水库，中游干流河段的水库调节能力仍显不足，尤其是河口镇至龙门区间的晋陕峡谷缺乏可调节径流的控制性水利枢纽工程。

第四节　解决黄河水资源危机的对策

随着黄河流域经济的发展和人口的增长，水资源供需矛盾将会越来越突出。从长远来看，黄河流域自身水资源难以完全满足黄河流域及相关地区持续增长的用水需求，需要实施"南水北调"西线跨流域调水加以解决。从近期来看，则要依靠大力开展节约用水、强化水资源统一管理等综合措施加以解决。

一、建设水权秩序

针对目前黄河流域分水过于宏观（表3-14为1987年国务院批准的正常来水年份《黄河可供水量分配方案》），难以满足流域水资源管理的需要，需不断完善流域分水方案，推进省（区）内部水量分配工作，完善取用水权分配与管理工作制度，逐步建立完善的黄河水权分配和管理体系。

表3-14　黄河可供水量分配方案（南水北调工程生效前）

省（区）	青海	四川	甘肃	宁夏	内蒙古	陕西	山西	河南	山东	河北+天津	合计
年耗水量（亿 m^3）	14.1	0.4	30.4	40.0	58.6	38.0	43.1	55.4	70.0	20.0	370

（一）完善流域水量分配

通过编制《黄河流域水资源综合规划》，研究黄河水与外调水、地表水与地下水、黄河干流与支流的水资源配置方案。在此基础上，进一步完善流域水量分配方案。

（1）细化1987年国务院批准的黄河可供水量分配方案。明确干、支流分水指标，研究编制枯水年份分水方案；研究制定黄河地表水与地下水统一分配方案。

（2）制定南水北调生效后的黄河水与外调水统一分配方案。

（二）推动省（区）内部水量分配工作

目前，在引黄各省（区）中，只有宁、蒙两自治区结合水权转换工作的开展，由自治区政府颁布了自治区内部水量分配方案。根据黄河水资源供需形势发展、管理的需要以及水权制度建立的要求，需尽快推动其他省（区）根据各自获得的黄河水量指标，制定并由省级人民政府颁布实施本省（区）水量分配方案。

（三）研究建立黄河水权分配和管理制度

在流域水量分配、省（区）内部水量分配以及现有取水许可制度的基础上，研究并建立黄河水权分配和管理制度，建立流域水量分配和调整机制，明确分水的原则，界定水权的类型、用水优先顺序及期限，建立水权登记与审批制度、有偿使用制度、水权转让制度等，明确水权所有者的权利和义务等。

二、加强黄河水资源的统一管理与调度

（一）加强以总量控制为核心的流域取水许可管理

总量控制是黄河水资源管理的重要内容，也是取水许可管理的一项重要管理制度。黄委开展取水许可总量控制管理起步较早，要在总结以往工作经验的基础上，按照《取水许可和水资源费征收管理条例》的要求，逐步完善总量控制管理的各项具体制度，建立流域与区域相衔接的取水总量控制管理机制。

一是确立如下原则：在无余留水量指标的省（区），原则上不再审批新增用水指标项目，确需新上用水项目的，必须经水权转换获得取水指标。

二是建立黄河取水许可总量控制指标体系。由流域管理机构负责及时汇总流域许可水量情况，发布流域各省（区）取水许可总量控制指标使用和余留水量指标信息。

三是建立流域与省（区）取水许可审批与发证信息统计渠道和发布平台，实现流域与区域取水许可管理信息的互通共享。

四是明确流域管理机构和地方各级水行政主管部门在取水许可总量控制管理中的职责和权限，有效协调流域与区域在取水许可总量控制管理中的关系。

为此，需要落实、完善和建立如下管理制度：取水许可审批、发证统计和公告制度，实现取水许可审批发证资料的共享，为实施流域和省（区）总量控制提供全面准确的信息；建立取水许可审批、发证监督检查和处罚制度，防止瞒报、不报取水许可审批发证情况、越权审批等现象的发生；流域至各级行政区域总量控制与定额管理制度，防止取水失控和促进节约用水。

（二）强化黄河水量统一管理与调度，确保黄河不断流

1. 实现黄河干流与重要支流水量的统一调度

在加强黄河干流水量统一调度的同时，依据《黄河水量调度条例》，逐步实施跨省（区）支流及黄河重要一级支流的水量调度工作。按照总量控制原则，由黄委协商有关省（区）省级水行政主管部门，确定支流省际断面及入黄控制断面的流量控制指标，全面实现黄河水量的统一调度。

2. 进一步完善黄河水量调度协调机制

将目前已形成的以水量调度协调会议为主要形式的水量调度协调机制制度化和规范化，明确水量调度协调会议的组织方式、参加单位、职责和权限，最终形成协调有序的黄河水量调度协调机制。协商解决水库群蓄水及联合调度、水调与电调的关系处理、省（区）间及部门间的用水矛盾、年度水量分配及调度方案的编制等重大问题。

3. 落实水调责任

逐步健全水量调度行政首长负责制度。落实省（区）行政首长关于省际断面下泄流量和水质目标要求的责任，确保省际断面下泄流量和出境水质。为此，需要建立水量调度责任追究制度。对违反水量调度指令的各级行政首长和相关管理人员进行必要的行政和经济处罚，加强水量调度指令执行力度。

研究建立违反水量调度指令的各项处罚和补偿制度。通过对违反水量调度指令的省（区）和单位进行处罚（包括经济处罚），用以保护和弥补其他省（区）和单位以及河流生

态用水权益和所受损失。

健全黄河水量调度突发事件应急反应机制。修订完善《黄河水量调度突发事件应急处置规定》,并制定配套管理办法,规范突发事件的处置。

4. 加强控制性骨干水库、取退水口和外来水源的调度管理

按照电调服从水调的原则,将干支流已建、在建和规划新建的控制性骨干水库纳入黄河水量统一调度,形成黄河水量调度的工程调节体系。

在黄河下游引黄涵闸远程监控系统建设的基础上,加快上中游引黄工程远程监控系统建设,利用此系统,对干流主要取水口实施远程监视、监测或监控。

(三)实行多种水源的联合配置与调度

按照地表水和地下水联合运用、统一配置的原则,流域管理机构在进行黄河地表水年度水量分配和调度时,要充分考虑地下水的利用。各省(区)在用水、配水过程中,根据年度分配的地表水量指标,以及地下水监测情况,联合配置和使用黄河地表水和地下水。

加强地下水开发利用的管理。在地下水开发利用程度高的地区,如汾渭盆地,要控制地下水的开采规模,划定地下水的禁采区和限采区;在地下水较为丰富的宁蒙灌区和下游引黄灌区,要鼓励合理开发利用地下水,实行地表水和地下水的联合运用和配置。

统筹考虑黄河水量和外调水的配置,实行外来水和黄河水的统一分配和调度。

三、建设节水型社会

积极开展节水型社会建设,提高黄河水资源的利用效率和效益,是缓解黄河水资源供需矛盾、实现经济社会及生态环境可持续发展的有效途径。开展节水型社会建设必须树立科学发展观,以水权、水市场理论为指导,以提高水资源利用效率和效益为核心,以体制、机制和制度建设为主要内容,以节水型灌区建设为重点,以科学技术为支撑,在重视工程节水的同时,突出经济手段的运用,切实转变用水方式和观念。

(一)体制完善和制度建设

1. 在加强流域水资源统一管理的同时,推进行政区域水资源管理体制改革

进一步加强流域水资源统一管理,强化行政区域水资源的管理和监督,实行各种水源来水的联合调度、水量水质的统一管理,统筹涉水事务,推行水务一体化管理体制改革。

2. 实行用水总量控制与定额管理相结合的制度

(1)在明晰水权的基础上,结合年度来水情况,加强流域和行政区域年度水量分配和调度管理,逐级明确省(区)、市(县)直到各用水户的用水指标,建立用水总量控制指标体系,实行用水总量控制。

(2)积极推动省(区)开展行业用水定额的编制,结合国家行业用水标准,建立流域水资源定额管理指标体系。

(3)严格执行水资源规划、建设项目水资源论证、取水许可、水量调度、计划用水制度,保证总量控制和定额管理的实现。

3. 鼓励公众参与,促进节水社会化

通过各种形式,让公众了解政策的制定和实施情况,民主参与决策。积极培育和发展用水者组织,参与水权、水量分配和水价制定。用水者组织实行民主决策、民主管理、民主

监督。

(二)加强以灌区为主的节水改造,提高水资源利用效率

农业是引黄用水大户,当前农业用水效率较低,灌溉水利用系数只有0.4左右,用水效益不高。由于农业占用了大量宝贵的黄河水资源,阻碍了经济结构和用水结构的优化。因此,无论从经济社会的可持续发展,还是从加强水资源管理、促进节约用水的角度,大力开展引黄灌区的节水改造是黄河流域节水型社会建设的重点。

引黄灌区节水改造采取工程措施与非工程措施相结合,节水改造的重点区域是宁蒙灌区、汾渭盆地和下游豫鲁平原,节水改造的重点灌区是30万亩以上的大型引黄灌区。

在进行灌区节水改造的同时,加强工业和城市生活节水工作。要求新建工业项目采用先进适用的节水治污技术,力争实现零排放,逐步淘汰耗水大、技术落后的工艺和设备。加快城市供水管网建设,积极推广节水型器具。促进废污水的处理回用,提高城市污水利用率。

近期重点是落实《黄河近期重点治理开发规划》所确定的节水目标,使节水灌区占引黄灌区总面积的比例由2000年的20%提高到2010年的64.3%,灌溉水利用系数由0.4左右提高到0.5以上;大中城市工业用水的重复利用率由40%~60%逐步提高到75%。

(三)合理调整经济结构,大力发展循环经济

沿黄省(区)国民经济和社会发展要充分考虑黄河水资源的承载能力,进行科学的水资源论证,合理确定本地区经济布局和发展模式;在缺水地区,限制高耗水、重污染产业,大力发展循环经济。

农业发展要结合黄河水资源供需形势,大力开展种植结构的调整,限制水稻等高耗水作物,发展用水少、效益高的经济作物,做到种植结构的调整有利于农民增收和节约用水。

根据《宁夏回族自治区黄河水权转换总体规划》,在保持灌区面积不变、灌水定额不变的情况下,通过调整种植结构,规划将水稻种植面积由2002年的134万亩调整至100万亩,粮食作物、经济作物、林草种植面积的比例由74:16:10调整到70:17:13,可节水4.32亿m^3。根据《内蒙古自治区黄河水权转换总体规划》,2000年粮食作物与经济作物种植比例为7:3,农田、草地、林地面积比例为8.3:0.7:1,如将粮食作物与经济作物种植比例调整为6:4,农田、草地、林地面积比例调整为6:2:2。经测算,可节水2.41亿m^3。由此可见,种植结构调整可产生明显的节水效果。

(四)完善政策法规,形成长效节水机制

1.通过水权流转和水市场建设,促进节水型社会建设

在宁蒙水权转换试点的基础上,继续加强和完善水权转换制度建设,扩大水权转换实施范围。在条件成熟的地区,开展水市场试点建设,研究建立水市场的运行机制和市场规则,实现水权转换的市场化运作。通过市场手段,促进长效节水激励机制的形成,引导水资源向节约高效领域配置。

2.制定强制节水措施和优惠节水政策

通过法规和制度建设,强制执行行业用水定额,推广节水器具,强制部分行业采用回用水,鼓励使用非常规水源。

各级政府可制定优惠的投融资和税收政策，鼓励开展节水工程建设和节水技术的推广。

鉴于黄河流域大部分处于我国中西部地区，经济发展水平低，灌区节水改造任务繁重，中央和各级地方政府应继续加大对引黄灌区的节水投资力度，积极拓宽融资渠道。

四、建设南水北调西线工程

黄河流域水资源总量不足，难以满足流域及相关地区经济社会可持续发展和维持黄河健康生命的需要。根据《黄河的重大问题及其对策》的研究成果，在进一步强化水资源管理、高效节约用水的前提下，正常来水年份，2010 年、2030 年和 2050 年黄河流域分别缺水 40 亿 m^3、110 亿 m^3 和 160 亿 m^3，枯水年份，缺水更严重。因此，为解决黄河缺水问题，维持黄河健康生命，尽快实施外流域调水势在必行。

目前比较明确的跨流域调水入黄方案，一是利用南水北调西线工程增加黄河水量；二是利用已经开工的南水北调东线和中线工程相机向黄河补水；三是正在进行研究论证的调水方案，如引江济渭入黄等。相比较而言，从根本上缓解了黄河水资源供需矛盾，协调了黄河水沙关系，西线调水工程具有不可替代的作用。

根据 2002 年国务院批复的《南水北调工程总体规划》和西线项目建议书编制阶段开展的研究成果，西线调水工程规划从大渡河、雅砻江、通天河向黄河调水，调水规模为 170 亿 m^3，其第一期工程布局规划见插页彩图。其主要供水对象可分为两大部分：一部分为河道内用水，用于补充黄河干流河道内生态环境水量，包括生态基流和河道输沙用水；另一部分向河道外供水，包括重点城市和能源重化工基地的生活、生产用水，并为重点生态建设区供水。

考虑西线调水工程建设难度和维持黄河健康生命阶段目标，可本着“由小到大，由近及远，由易到难”的思路，分期实施。如西线调水工程能在 2010 年前后开工，2020 年左右实现阶段通水目标，向黄河调水 80 亿～90 亿 m^3，将极大地缓解黄河水资源的供需矛盾，黄河水沙不协调的矛盾将得到有效改善。

五、全方位、强有力的保障措施

（一）经济保障措施

（1）征收水资源费，建立水资源有偿使用制度。按照《取水许可和水资源费征收管理条例》的要求，在流域内全面实行水资源有偿使用制度，进一步完善水资源费征收管理制度。

（2）提高引黄水价，促进节水用水。根据目前引黄灌区水价普遍偏低，起不到促进节约用水的作用，要进一步提高引黄水价。尽快将农业引黄水价达到供水成本，工业和生活用水价格按照满足建设及运行成本（包括水资源费），获得合理利润的原则核定。

逐步推行基本水价和计量水价相结合的两部制水价，实行阶梯式水价，对超计划和超定额用水实行加价的累进计价制度。

改革渠系末端水价征收，杜绝乱收费和搭车收费现象，减轻农民负担。

(二)加强基础设施建设和科技手段的应用,提高黄河水资源统一管理与调度的科技水平

(1)完善的流域水资源监测网络。对干支流重要河段控制断面水文测站设备进行更新改造,提高其在小流量、低水位情况下的测验精度,使之适应黄河水量调度的需要;建设数字化水文站,实现水情信息的快速测报。完善流域水量和水质(含地下水)监测体系,建立沿黄灌区及滩区引、退水监测网。

(2)在"数字水调"一期工程的基础上,开展后续"数字水调"工程建设,建成黄河水情、旱情、墒情和引退水信息的自动监测系统,引黄涵闸的远程控制系统,径流预报模型系统、水量调度方案编制和水量调度评估业务处理系统、水量调度会商系统等,最终实现黄河水量调度的现代化和信息化。

(3)建设黄河水资源管理的业务处理平台,实现在线进行取水许可、水权转换的申请与审批,水资源管理、水量调度和水质信息发布。

(三)完善和加强法律手段,保障黄河水资源统一管理的顺利实施

依据《黄河水量调度条例》和《取水许可和水资源费征收管理条例》,尽快制定流域配套管理办法,抓紧开展《黄河法》的立法工作,最终形成以《黄河法》、《黄河水量调度条例》、《取水许可和水资源费征收管理条例》为核心的,完善且涵盖黄河水权管理、水量调度、水资源保护在内的流域水资源管理法规体系。

第二篇　黄河水资源统一管理与保护

第四章　黄河水资源统一管理

黄河水资源管理是一个复杂的管理系统,由于黄河水资源以流域为单元进行补给循环的自然属性,丰枯变化大的河川径流特性,以及黄河水资源供需矛盾突出、地区间和部门间用水矛盾尖锐,决定了必须对黄河水资源实行以流域为单元的统一管理。本章主要介绍水资源监测调查、规划管理、供水管理、初始水权建设、水权转换管理,以及水量调度等水资源统一管理内容。

第一节　水资源监测与调查

一、监测机构

黄委下属单位黄委水文局,是黄河流域水文行业的主管部门,其前身是国民政府黄河水利工程总局水文总站,1949 年由西安军事管制委员会接收并于当年移交黄委。目前,黄河水文系统的机构运行实行水文局、基层水文水资源局、水文水资源勘测局(水文站)三级管理模式。初步形成了站网布局合理、测报设施精良、基础工作扎实、技术水平先进、队伍素质优良的健康发展格局。

黄委水文局下属有 6 个基层水文水资源局,分别是上游水文水资源局、宁蒙水文水资源局、中游水文水资源局、三门峡水文水资源局、河南水文水资源局、山东水文水资源局。基层水文水资源局下属设有水文测站。

二、主要职责

黄河水文担负着黄河流域水文站网规划、水文气象情报预报、干支流河道与水库及滨海区水文测验、水质监测、水资源调查评价以及水文基本规律研究等工作,在黄河治理与开发、防汛与抗旱、水资源管理与保护及生态环境建设中发挥着重要的基础作用。其主要职责是:

(1)按《中华人民共和国水法》(以下简称《水法》)等有关法律法规赋予流域机构的职责,组织制定流域性的水文站网规划。

(2)负责部属水文站网的建设与管理,流域内水文站网的调整与审批,协助水利部水文局负责流域内水文行业管理。

(3)组织拟定全流域水文管理的政策、法规和水文发展规划及有关水文业务技术规范标准制定。

(4)负责黄河水文水资源调查评价及水资源、泥沙公报编制发布。

(5)向流域内政府和国家防总提供防灾减灾决策的有关水文方面的技术支持,组织指导流域水文测验、情报和预报工作。

(6)负责流域水文测验、资料整编、水文气象情报预报和水文信息发布,全面收集流域水文水资源基本数据,负责流域水文资料审定。

(7)研究黄河水沙变化规律,为黄河治理、开发、防汛抗旱、水资源调度管理等提供水文资料数据和分析成果。

三、水资源监测站网体系与测验方式

(一)站网体系

水文站网是在一定地区,按一定原则,由适当数量的各类水文测站构成的水文资料收集系统。

黄河流域水文测站共分为4类,即基本站、实验站、辅助站和专用站。由基本站组成的基本水文站网,按观测项目可划分为流量站网、水位站网、泥沙站网、雨量站网、水面蒸发站网、水质站网和地下水观测井网。黄河流域基本水文站网的任务是按照国家颁发的水文测验规程,在统一规划的地点,系统地收集和积累水文资料。

黄河上第一个水文站设立于1915年,大规模的水文站网建设开始于中华人民共和国成立以后。1956年全流域第一次统一进行水文站网规划,1961年、1963～1965年、1977～1979年、1983年又进行了4次较大规模的调整和补充,已形成了比较完整的水文站网体系。

目前,黄河流域共布设基本水文站451处、水位站62处、雨量站2 357处、蒸发站169处,水库河道滨海区设立淤积测验断面700余处。流域水文站网密度为2 330 km^2/站,其中河源区最稀,为9 727 km^2/站;三门峡至花园口区间最密,为1 326 km^2/站。雨量站站网密度为326 km^2/站,河源区最稀,为8 231 km^2/站;三门峡至花园口区间最密,为140 km^2/站。

黄河流域的水文站网由流域机构与省(区)分别管理。截至2006年底,黄委直管水文站135处,其中基本水文站116个,渠道站17个,专用站2个;委属水位站50个,其中基本站38个,专用站12个;委属雨量站763处,其中委托雨量站644个;委属蒸发实验站37处。

(二)测验方式

目前,流量测验方式主要有4种:自动化或半自动化重铅鱼测流缆道、半自动化吊箱测验缆道、机动或非机动测船、电波流速仪或浮标法。此外,条件较好的个别重要站使用ADCP开展流量测验。水位观测基本采用由黄委水文局自行研制的HW-1000系列非接触式超声波水位计,并配合基本水尺观测。雨量监测基本采用自记或固态存储方式。

（三）存在的主要问题

黄河流域水文站网发展至今已有90多年，站网建设基本走上了按一定的规划原则、全面而有计划的发展道路。随着黄河流域经济社会的发展，人类活动必然影响着水文情势的变化。因此，黄河防洪、水资源管理与调度等方面对水文资料的需求也发生了变化，新的形势对水文站网提出了“高层次、高质量服务”的新要求。随着形势的发展，新的问题也将不断出现，主要有以下几个方面：

1. 站网结构亟待优化

由于目前的站网密度偏稀且分布不合理，代表性差，特别是水资源监测站网不完善、管理体制不统一，难以适应新的治黄形势。

2. 受水利工程影响的测站水沙还原分析误差大

为了控制洪水造成的灾害，同时提高水资源的利用率，在流域内修建了大量的坝库工程，拦蓄了洪水泥沙，使坝库下游水文站实测的水沙过程在数量和时程分配上发生了很大的改变。目前，水文站观测资料只能反映来水来沙的实况，难以准确定量分析人类活动的影响程度，也难达到还原计算的目的。

3. 测验手段落后

目前，黄河水文在测报技术、手段、方法等方面科技含量较低，信息化程度不高，尤其在黄委对水资源实行统一管理以来，低水测验设施、水资源测报技术手段等与水资源统一管理的要求不相适应。

四、水资源调查评价

水资源调查评价是水资源开发利用、管理和保护的基础，在联合国召开的世界水会议中指出：“没有可利用的水资源数量和质量的评价，就不可能对水资源进行合理的开发和管理。”我国《水法》中也规定了开发利用水资源必须进行综合科学考察和调查评价的内容。还规定“全国水资源的综合科学考察和调查评价，由国务院水行政主管部门会同有关部门统一进行”，在法律上保证了水资源调查评价的组织实施。水资源调查评价的主要目的是摸清水资源的现状和人类活动影响下的发展变化情况及趋势预估，为合理开发利用和管理、保护水资源提供科学的决策依据。黄河流域水资源调查评价是流域水资源综合规划的基础和依据之一，是水资源综合规划的重要组成部分。

水资源调查评价主要是针对水量、水质进行评价。水资源量评价包括水汽输送、降水、蒸发、地表水资源、地下水资源、总水资源评价。水资源质量评价包括河流泥沙、天然水化学特征、水污染状况的评价。目前，我国已进行了两次全国水资源调查评价。

第一次全国水资源调查评价于1986年完成，将全国划分为10个一级区，在一级区的基础上，又划分了77个二级区，有的流域和省（区）进一步细分到三级区和四级区。黄河流域在第一次全国水资源评价中被列为第Ⅳ个一级区，内部又划分了7个二级区，分别为：兰州以上干流区、兰州—河口镇区间、河口镇—龙门区间、龙门—三门峡干流区间、三门峡—花园口干流区间、黄河下游和黄河内流区，采用资料为1956～1979年系列。

第二次全国水资源评价于2004年完成，黄河流域采用资料为1956～2000年系列，根据黄河流域水资源统一规划要求，将黄河流域划分为8个二级区、29个三级区、44个四级区,共182个计算单元。8个二级区分别为:龙羊峡以上地区、龙羊峡—兰州区间、兰州—河口镇区间、河口镇—龙门区间、龙门—三门峡区间、三门峡—花园口区间、花园口以下地区及黄河内流区。第二次黄河流域水资源调查评价工作过程中,分析应用了1 204个雨量站、377个蒸发站、266个水文站,共近20万站的年资料和大量地下水动态观测资料,调查收集了大量工农业生产和生活用水、水文地质、均衡试验、排灌试验、地表水和地下水污染调查等大量基础资料。

第二次黄河流域水资源调查评价主要成果如下:

(1)黄河流域1956~2000年多年平均降水量447.1 mm,其中6~9月占61%~76%。主要分布在黄河中游的三门峡—花园口区间、龙门—三门峡区间以及黄河下游地区,黄河上游兰州—河口镇区间降水最少。

(2)黄河流域1980~2000年平均水面蒸发量随地形、地理位置等变化较大。兰州以上地区、兰州—河口镇区间、河口镇—龙门区间、龙门—三门峡区间、三门峡—花园口区间、花园口以下黄河冲积平原平均水面蒸发量分别为790 mm、1 360 mm、1 090 mm、1 000 mm、1 060 mm、990 mm。

黄河流域水面蒸发量的年内分配随各月气温、湿度、风速变化而变化。全年最小月蒸发量一般出现在1月或12月,最大月蒸发量出现在5~7月。

(3)黄河流域1956~2000年多年平均地表水用水还原水量249亿m^3,多年平均河川天然径流量568.6亿m^3(实测加还原计算结果);多年平均地表水资源量594.4亿m^3,主要分布在黄河上游的龙羊峡以上地区和中游的龙门—三门峡区间,黄河内流区地表水资源量最少。

(4)黄河流域1980~2000年地下水资源量(矿化度<2 g/L)多年平均为377.6亿m^3,其中山丘区265.0亿m^3,平原区154.6亿m^3,山丘区与平原区重复计算量42亿m^3;黄河流域多年平均地下水可开采量137.2亿m^3。

(5)黄河流域1956~2000年多年平均分区水资源总量706.6亿m^3,其中地表水资源量594.4亿m^3,降水入渗净补给量112.2亿m^3;多年平均水资源总量637.3亿m^3,其中河川天然径流量534.8亿m^3,降水入渗净补给量102.5亿m^3。

(6)黄河流域多年平均水资源可利用量406.3亿m^3,其中地表水可利用量324.8亿m^3,水资源可开发利用率57%。

(7)黄河流域地表水矿化度介于256~810 mg/L之间,总硬度介于162~325 mg/L之间。

2000年黄河水质现状评价结果,水质达到优于Ⅲ类标准的河长占总评价河长的53%,水质劣于Ⅲ类标准的河长占评价河长的47%。黄河流域水质优于Ⅳ类标准的水库库容约占总评价库容的72%,劣于Ⅳ类标准的水库库容约占总评价库容的28%。黄河流域基本没有优于Ⅳ类水的湖泊,劣于Ⅳ类水的湖泊面积约占湖泊总评价面积的75%,流域内湖泊均处于富营养水平。

(8)黄河流域浅层地下水水质评价面积19.62万km^2(占黄河流域总面积的25%,占地下水评价面积的25%),浅层地下水水质评价面积中的地下水资源量173.68亿m^3。其中,Ⅱ、Ⅲ、Ⅳ、Ⅴ类水质区面积分别为0.66万km^2、9.51万km^2、3.23万km^2、6.22万km^2,Ⅱ、Ⅲ、Ⅳ、Ⅴ类水质水资源量分别为14.30亿m^3、72.43亿m^3、39.09亿m^3、47.86亿m^3。

第二节　规划管理

规划管理分规划的组织编制、规划的审批、规划实施的监督管理三个环节。黄委作为流域管理机构,在规划中的主要职责是负责流域水资源综合规划、重要跨省(区)支流规划和专业规划的组织编制、技术协调、规划的报批、规划实施的监督管理和规划的修订。

一、以往规划管理中存在的主要问题

由于黄河的特殊性及其在国民经济发展中的重要地位,国家历来重视黄河治理开发规划的编制工作。但在规划管理中也存在着一些问题,主要是:

(1)重规划编制,轻监督管理。监督管理的薄弱和缺位,造成规划与具体实施的脱节,规划的实际效果受到削弱,违反规划的现象时有发生,严重干扰了流域水资源开发利用和管理保护的秩序,如一些地方和部门违反规划兴建水电站、灌区和供水工程。

(2)规划的指导思想和内容不能适应水资源开发利用形势变化,规划的指导作用受到影响。"重开发、轻管护"是以往规划中普遍存在的问题,规划建设的不少水源工程和新的灌区,缺少水资源管理与保护的内容,造成水资源开发利用过度,不少供水工程和灌区设计规模偏大,水源难以保证,上下游及不同部门间争水现象严重。

(3)没有形成完整的规划体系,一些专业规划和支流规划缺位。如渭河作为黄河最大的一级支流,至今还没有正式批复的水资源综合规划,渭河也成为水问题最为突出的一条支流。

(4)流域规划与区域规划、部门规划间的关系没有完全理顺,在一些地方和部门将区域规划、部门规划凌驾于流域规划之上,造成规划实施的混乱。

二、转变规划编制的指导思想,加强规划对水资源开发利用和管护的指导作用

规划的过程就是水资源管理的决策过程,规划的成果是水资源管理决策的结果。不同阶段的规划成果反映了不同阶段黄河水资源开发利用面临的任务、人们对黄河水资源的认识水平以及解决这些问题的指导思想。从1955年国家批准第一个《黄河综合利用规划》到20世纪70年代,规划的主要指导思想是为满足国民经济发展对黄河水资源的需求,寻求解决供水水源的途径,规划了大量的水资源开发利用工程;80年代黄河水资源供需矛盾日渐凸现,规划中开始注意控制黄河水资源开发利用的规模,在对黄河可供水量研究的基础上,按照以供定需的原则,合理安排工程规模,《黄河治理开发规划》的修订与《黄河水中长期供求计划》的编制就是这一指导思想下的产物;1999年开展的黄河重大问题研究和《黄河近期重点治理开发规划》的编制,规划的重点从水资源的开发利用转向水资源的合理配置、高效利用和有效管理与保护方面,提出了"开源节流保护并举,节流为主,保护为本,强化管理"的黄河水资源开发利用与管理保护的基本思路,既为今后黄河水资源管理和保护工作指明方向,也明确了今后规划编制的指导思想和原则。

三、强化规划编制工作，初步建立了较为完整的规划体系

自20世纪90年代以来，针对黄河水资源开发利用面临的新问题和新形势，黄委加强了流域水资源规划编制工作，特别是开展了一些对黄河水资源配置、节约和保护产生重大影响的一些规划编制工作，初步形成了较为完整的黄河水资源规划体系。

在综合规划方面，完成了《黄河治理开发规划》的修订、《黄河近期重点治理开发规划》的编制等。目前正在编制的《黄河流域水资源综合规划》，是近期开展的重要专业规划之一，规划将在对黄河流域水资源及其开发利用、水质状况进行调查评价的基础上，对2030年前的黄河水资源开发利用、节约、配置和保护做出总体安排。

在专业规划编制方面，完成了《黄河流域水中长期供求计划》、《黄河流域缺水城市供水水源规划》、《南水北调西线工程规划》、《黄河流域水资源保护规划》、《黄河流域及西北内陆河水功能区划》等。目前正在开展《南水北调西线一期工程受水区规划》的编制。南水北调西线工程相关规划编制的开展，将对工程的尽快上马、从根本上缓解黄河水资源供需矛盾、协调黄河水沙关系起到重要的作用。

在支流规划编制方面也取得了显著成绩，已完成了《大通河水资源利用规划报告》、《沁河流域水资源利用规划报告》、《渭河流域综合治理规划》等的编制工作。目前正在开展《沁河流域水资源利用规划》的修订及《湟水流域水资源规划》的编制等。

四、规范规划的编制，加强规划实施的管理

1988年，新中国第一部《水法》颁布，首次确立了水资源规划的法律地位。2002年修订后的新《水法》，规划的法律地位又进一步得到加强，并细化了不同规划的编制和审批程序及权限，流域规划管理得到加强，规划的实施也明显好转。一是严格了规划的编制、审批和修订程序，保证了规划编制的有序进行；二是加强了规划之间的协调，减少了规划之间的矛盾；三是加强了规划编制工作，陆续开展了一系列具有重大影响的规划编制；四是加强了规划实施的监督管理，建立了较为完善的项目审批制度，确保了新建项目的规划依据，树立了规划的权威。

第三节　黄河初始水权建设

水权管理的前提和基础是明晰初始水权，初始水权明晰的基础是开展流域和行政区域水量分配工作。初始水权的建设包括三个方面的工作：一是流域水量分配；二是依据流域水量分配方案，开展省(区)内部水量分配工作；三是依据水量分配方案，在总量控制的前提下，明确取用水户的初始水权。目前，黄河流域在这三个方面的工作均取得显著进展，初步形成了流域水权分配和管理体系框架，对全国水权体系的建设具有一定的借鉴意义。

流域水量分配方面，1987年国务院批准了南水北调工程生效前正常年份黄河可供水量分配方案，将370亿m^3的黄河可供水量分配到引黄各省(区、市)。1998年，经国务院批准，原国家计委和水利部颁布实施了《黄河可供水量年度分配及干流水量调度方案》，对黄河可供水量分配方案进行了细化。这是流域水权管理的基础。

省（区）内部水量分配方面，根据1987年国务院批准的黄河可供水量分配方案，宁夏回族自治区、内蒙古自治区结合目前正在进行的黄河水权转换试点工作，开展了自治区内部黄河水量分配，在征求黄委意见后，已由自治区政府颁布实施。

取水户初始水权登记和审批方面，根据《水法》和水利部的授权，黄委和引黄省（区）各级水行政主管部门按照管理权限对辖区内直接从黄河干支流或地下水取水的，实行取水许可制度。用水户通过向黄委或地方水行政主管部门提出申请，并缴纳水资源费后，取得取水权。并由黄委按照国务院批准的黄河可供水量分配方案，对引黄各省（区）的黄河取水实行总量控制。

黄委在建立和完善流域水权分配和管理体系的过程中，起到了组织推动和监督的作用。

一、流域水量分配和管理

（一）黄河可供水量分配方案的编制和批复

20世纪80年代初，黄河流域水资源供需矛盾凸现，省际间、部门间用水矛盾突出，黄河下游断流日趋频繁。在此背景下，开展流域初始水权分配提到了议事日程。为此，黄委开展了《黄河水资源开发利用预测》研究。研究以1980年为基础，采用了1919年7月～1975年6月56年系列《黄河天然年径流》成果，对1990年和2000年两个规划水平年进行了供需预测和水量平衡分析，提出了南水北调生效前黄河可供水量配置方案。该方案将370亿m^3的黄河可供水量分配给流域内9省（区）及相邻的河北省、天津市，并分配给河道内输沙等生态用水210亿m^3。1987年该方案得到国务院批准（见表3-14），使黄河成为我国大江大河首个进行全河水量分配的河流。

黄河可供水量分配方案具有以下特点：

第一，该方案考虑了黄河最大可能的供水能力，但仍难以满足各省（区）的用水需求。方案编制过程中已考虑了大中型水利枢纽兴建的可能性及其调节作用，分河段进行了水量平衡，提出的370亿m^3的可供水量，达到了正常来水年份黄河最大可能的供水能力。其间黄河流域及相邻省（区）预测提出1990年的工农业需用黄河河川径流量为466亿m^3，2000年为747亿m^3，已超过黄河自身的河川径流总量，使水资源有限的黄河难以承受。

第二，该分水方案预留了210亿m^3的河道输沙等生态环境水量。这对于减缓下游河道淤积、保持河道正常的排洪输沙能力以及维持河道良性的水生态和水环境具有重要作用。

第三，该分水方案分配各省（区）的水量指标，是指正常来水年份各省（区）可以获得的最大引黄耗水指标，该指标包含了干、支流在内的总的引黄耗水量。方案所称耗水量是指引黄取水量扣除回归黄河干、支流河道水量后剩余的那部分水量，即相对黄河而言实际损失而无法回归河流的水量。

第四，尽管国务院批准的分水方案，形式上非常简单，但在方案编制的过程中，进行了大量细致的分河段水量平衡演算，协调了干、支流用水和不同部门的用水需求，给出了干、支流和不同部门的配水指标，见表4-1和表4-2。这一细化的配水方案至今在黄河水资源管理中仍具有一定的指导意义。

表 4-1 引黄各省(区、市)干支流配水指标 (单位:亿 m^3)

省(区、市)	青海	四川	甘肃	宁夏	内蒙古	陕西	山西	河南	山东	河北+天津	合计
干流	7.49	0	15.84	38.45	55.58	10.46	28.03	35.67	65.03	20.0	276.55
支流	6.61	0.40	14.56	1.55	3.02	27.54	15.07	19.73	4.97	0	93.45
合计	14.1	0.4	30.4	40.0	58.6	38.0	43.1	55.4	70.0	20.0	370.0

表 4-2 黄河流域不同水平年工农业需耗水量

断面	农业		城市生活、工业需耗水量(亿 m^3)	总需耗水量(亿 m^3)
	有效灌溉面积(万亩)	需耗水量(亿 m^3)		
兰州以上	454	22.9	5.8	28.7
河口镇以上	1 951	118.8	8.3	127.1
三门峡以上	3 523	189.5	32.9	222.4
花园口以上	4 051	210.7	37.9	248.6
利津以上	5 551	291.6	78.4	370.0

注:供水保证率为农业 75%,工业、城市生活用水 95%。

(二)流域水量分配的意义和作用

一是为流域水权分配体系的建立奠定了基础,同时也为协调省(区)用水矛盾和对全河用水实施总量控制提供了依据。

二是推动并为后期实施的流域水资源统一管理创造了有利条件,对于合理布局水源工程,促进各省(区)计划用水和节约用水起到了重要作用。

三是黄河水量分配的组织、协调和审批模式,为其他跨省(区)河流进行水量分配提供了可以借鉴的经验。黄河水量分配方案由流域管理机构承担方案的编制准备工作,省(区)政府及其有关部门参加,国务院有关业务部门负责征求相关方面意见并组织协调,最终由国务院批准,既体现了我国水资源国家所有这一基本原则,同时又兼顾了省(区)利益,发挥了流域管理机构的组织协调作用。黄河水量分配的组织、协调和审批模式与 2002 年新修订的《水法》是一致的。

四是首次使引黄各省(区)明确了自己引黄用水的权益,成为各省(区)制订国民经济发展计划的基本依据。

(三)黄河可供水量分配方案的局限性及其完善

尽管 1987 年国务院批准的黄河可供水量分配方案,首次明确了引黄各省(区)的分水指标,但也存在如下的局限性,影响了分配方案的可操作性:

(1)方案仅列出了正常来水年份各省(区)年分水额度,没有给出不同来水年份各省(区)分配的水量指标。

(2)方案只有年分水总量指标,没有给出年内分配过程。

(3)黄河可供水量分配方案仅对黄河河川径流进行了水量分配,对地下水没有进行分配,不利于地下水开发利用的管理和控制。

黄河可供水量分配方案的上述局限性加上没有配套的监督管理办法,使1987年批准的黄河可供水量分配方案长期难以落实,部分省(区)超指标用水现象严重,黄河河道内输沙等生态环境用水受到挤占,下游断流现象不但没有得到遏制,反而愈演愈烈。针对上述问题,自1997年开始,黄委开展了枯水年份黄河可供水量分配方案的编制,提出了"丰增枯减"的年度分水原则和年度分水方案的编制办法,并通过对不同年代各省(区)年内实际引黄过程的变化分析及其与设计引黄过程的对比研究,编制了正常来水年份黄河可供水量年内分配方案(见表4-3),并经国务院同意,由原国家计委、水利部于1998年以计地区[1998]2520号"国家计委、水利部关于颁布实施《黄河可供水量年度分配及干流水量调度方案》和《黄河水量调度管理办法》的通知"颁布实施。通过上述研究,解决了枯水年份及年内各月分水面临的问题,成为编制年度分水方案和干流水量调度预案的基本依据。但对于干、支流分水和地表水与地下水联合分配的问题仍有待研究。

正常年份年内分水方案反映了近期引黄用水需求的变化,非汛期11月至次年6月引黄用水需求量较大,成为年内水量配置和用水控制的关键时段。

(四)黄河可供水量分配方案的实施

黄河可供水量分配方案只是从宏观上明确了各省(区)可以使用的最大引黄耗水指标,由于引黄用水需求很大,如何将其加以落实则是流域水资源权属管理的关键。

落实黄河可供水量分配方案涉及三个方面的问题:

一是将分配省(区)的引黄耗水指标分配到省(区)内不同的行政区域,目前流域内内蒙古、宁夏两自治区开展了此项工作。

二是将分配各省(区)的引黄耗水指标进一步分配到各具体用水户,取水许可制度的实施已经实现了这一任务,并通过加强取水许可总量控制和监督管理,保护其他用水户的合法权益不受损害。

三是协调年度和年内不同时段河道内生态用水及不同省(区)、部门用水的权力,实现这一任务的主要措施是实施黄河年度水量分配和干流水量调度。黄委在1997年进行枯水年份水量分配研究过程中,就同步开展了《黄河水量调度管理办法》的制定,明确了水量调度的范围、任务、目标、调度权限等。实践证明,在自1999年开始实施黄河年度水量分配和干流水量调度以后,超计划用水和河道内生态用水被挤占的现象有了很大的改观,流域分水的落实有了保障。

二、省(区)内部水量分配

省(区)内部水量分配是黄河水权体系中的一个重要环节,与流域水量分配一样,在省(区)内部同样需要明确不同行政区域引黄用水的权利和义务。结合正在开展的黄河取水权转换试点工作,流域内内蒙古、宁夏两自治区自2004年开始分别开展了自治区内部水量分配工作。

(一)开展省(区)初始水权分配的必要性

内蒙古、宁夏两自治区位于黄河上游,引黄用水需求较大,引黄用水已经超过分水指

表4-3　正常来水年份黄河可供水量年内分配方案

（单位：亿 m^3）

省(区、市)	7月	8月	9月	10月	11月	12月	1月	2月	3月	4月	5月	6月	7～10月	11月～次年6月	全年
青海	1.763	1.733	0.850	1.292	2.235	0.167	0.167	0.167	0.791	1.144	1.969	1.822	5.638	8.462	14.1
四川	0.034	0.034	0.033	0.034	0.033	0.034	0.034	0.030	0.034	0.033	0.034	0.033	0.135	0.265	0.4
甘肃	4.043	3.222	1.839	2.326	3.344	0.371	0.371	0.334	2.468	2.639	4.843	4.600	11.430	18.970	30.4
宁夏	6.594	3.438	0.969	1.029	3.886	0.092	0.092	0.092	0.092	3.282	11.436	8.998	12.030	27.970	40.0
内蒙古	8.623	2.492	7.392	11.395	0.517	0.535	0.535	0.483	0.535	0.827	14.383	10.883	29.902	28.698	58.6
陕西	3.952	4.408	1.782	2.386	3.450	2.907	2.466	1.877	4.341	4.112	2.405	3.914	12.528	25.472	38.0
山西	4.458	5.669	2.940	0.756	3.060	2.237	2.041	1.197	6.210	5.749	4.814	3.969	13.823	29.277	43.1
河南	5.582	6.773	4.487	3.656	1.551	1.053	1.163	4.100	6.593	5.872	6.759	7.811	20.498	34.902	55.4
山东	2.562	3.640	6.111	5.467	2.170	5.320	1.309	4.340	12.390	13.307	9.289	4.095	17.780	52.220	70.0
河北+天津	0	0	0	0	5.000	5.167	5.167	4.666	0	0	0	0	0	20.000	20.0
合计	37.611	31.409	26.403	28.341	25.246	17.883	13.345	17.286	33.454	36.965	55.932	46.125	123.764	246.236	370.0
各月所占比例(%)	10.2	8.5	7.1	7.7	6.8	4.8	3.6	4.7	9.0	10.0	15.1	12.5	33.4	66.6	100.0

标。为此,经黄委同意,2003 年首先在内蒙古、宁夏两自治区开展了水权转换试点工作。在两自治区实施水权转换,首先遇到的一个问题是各行政区域有多少引黄用水指标,其中又有多少指标可以进行转换。

黄委在推动水权转换的试点工作中,已经预见到解决这一问题的重要性,故在制定《黄河水权转换管理实施办法(试行)》中,明确提出了水权明晰的原则,并规定开展水权转换的省(区)要制订初始水权分配方案。两自治区在具体组织开展水权转换试点时,也认识到开展此项工作的重要性。需要说明的是,依据当时对于水量分配的认识水平,将流域分水和省(区)内部水量分配称之为初始水权分配。现在看来,目前国内对水量分配是否可称为初始水权分配仍在讨论中而尚无定论,本书仍依当时试点工作之称谓,曰初始水权分配。

鉴于部分省(区)引黄耗水量已经超过了分配指标,同时考虑到随着沿黄省(区)经济社会的发展,引黄用水需求会进一步提高,将会有更多的省(区)面临引黄水量指标紧缺的局面。在此情况下,若黄河水资源总量不增加,实施水权转换则是解决新增用水需求的有效途径。同时,随着各省(区)剩余水量指标的减少,省(区)内部不同行政区域间、部门间争水矛盾也将更加突出。因此,进行省(区)内部不同行政区域之间的初始水权分配是十分迫切和必要的。

(二)省(区)内部水量分配工作的推动和分水方案的颁布实施

鉴于水量分配在水权转换中的重要性,在水权转换试点初期,黄委多次向宁夏、内蒙古两自治区人民政府和水利厅提出开展此项工作的要求。为确保分配结果符合黄河可供水量分配方案和水资源开发利用与管理的总体要求,黄委在制定的《黄河水权转换管理实施办法(试行)》中规定,省级人民政府水行政主管部门应会同同级发展计划主管部门,根据黄河可供水量分配方案和已审批的取水许可情况,结合本省(区、市)国民经济与社会发展规划,将耗水指标分配到各市(地、盟)或以下行政区域,在征求黄委意见后,由省级人民政府批准。

两自治区人民政府按照《黄河水权转换管理实施办法(试行)》的规定,安排自治区水利厅及发展和改革委员会组织方案编制,编制过程中协调了相关市(地、盟)人民政府的意见,并按规定征求了黄委的意见,最终自治区政府以黄河初始水权分配的名义发文颁布实施。

在推动宁夏、内蒙古两自治区开展省(区)内部水量分配的同时,鉴于越来越多的省(区)面临引黄水量指标紧缺的形势,目前黄委正在推动其他引黄省(区)开展此项工作。

(三)分配原则及分配方案

进行水量分配,关键是确定好分配原则。对此,水利部有关部门、黄委和两自治区水利厅进行了大量研究工作,基本取得共识,两自治区在分配时基本遵循了以下共同原则。

1. 生活用水需求优先的原则

以人为本,优先满足人类生活的基本用水需求。

2. 需求优先的原则

保障水资源可持续利用和生态环境良性维持,维系生态环境需水优先;尊重历史和客观现实,现状生产用水需求优先;遵循自然资源形成规律,相同产业布局与发展,水资源生成地需求优先；尊重价值规律，在同一行政区域内先进生产力发展的用水需求优先、高效益产业需水优先；维护粮食安全，农业基本灌溉需水优先。

3. 依法逐级确定原则

根据水资源国家所有的规定，按照统一分配与分级管理相结合，兼顾不同地区的各自特点和需求，由各级政府依法逐级确定。

4. 宏观指标与微观指标相结合原则

根据国务院分水指标，逐级进行分配，建立水资源宏观控制指标；根据自治区用水现状和经济社会发展水平，制定各行业和产品用水定额，促进节约用水，提高用水效率，并为合理制订分配方案提供依据。

同时宁夏根据自身排水多的特点提出了"实行引水量、耗水量、排水量三控制原则"。

上述分配原则，可以为其他省（区）进行水量分配提供借鉴。

根据上述原则，两自治区将国务院分水指标分配到了市（地、盟）一级（见表 4-4 和表 4-5），其中宁夏将各市干、支流水量指标分开进行了明确规定，内蒙古则将干、支流水量指标合并分配到各市（地、盟）。宁夏在将水量指标明晰到各市的同时，还明确规定了各市干、支流"三生"（生活、生产和生态）的分水额度；另外，对于引扬黄灌区不同来水情况下的取水和耗水指标也进行了明确规定。总体来看，宁夏的分配方案比较详细，可操作性也更强。

表 4-4　内蒙古自治区初始水权分配　（单位：亿 m^3）

阿拉善盟	乌海市	巴彦淖尔市	鄂尔多斯市	包头市	呼和浩特市	合计
0.5	0.5	40.0	7.0	5.5	5.1	58.6

注：各市（地、盟）包括当地支流水。

表 4-5　宁夏回族自治区各市黄河初始水权分配　（单位：亿 m^3）

地市	干流						支流				总计			
	生活	工业	农业+生态			小计	生活	工业	农业+生态	小计	生活	工业	农业+生态	总计
			引黄水量	扬黄水量	小计									
银川市	0.2		9.5	0.155	9.655	9.855					0.2		9.655	9.855
石嘴山市	0.15	0.35	3.79	0.315	4.105	4.605					0.15	0.35	4.105	4.605
吴忠市		0.362	5.6	3.034	8.634	8.996	0.075	0.06	0.35	0.485	0.075	0.422	8.984	9.481
中卫市			4.14	1.247	5.387	5.387	0.045	0.03	0.15	0.225	0.045	0.03	5.537	5.612
固原市				0.789	0.789	0.789	0.18	0.21	1.9	2.29	0.18	0.21	2.689	3.079
农垦系统			3.00	0.30	3.30	3.30							3.30	3.30
其他			0.73		0.73	0.73							0.73	0.73
全区合计	0.35	0.712	26.76	5.84	32.6	33.662	0.3	0.3	2.4	3	0.65	1.012	35	36.662

注：1. 表内分配耗水量为多年平均值；

2. 该表不包括引水口至田间的输水损失量 3.338 亿 m^3，该部分水量计入各级渠道。

三、引黄取用水权的分配和管理

在我国，完善的水权管理制度正在构建中。1993 年开始实行的取水许可制度是目前我国对水资源使用权实施管理的一项基本制度，在此基础上不断进行完善，将形成具有中国特色的水权管理制度。1988 年出台的新中国第一部《水法》，首次明确规定了取水许可制度，1993 年国务院颁布了《取水许可制度实施办法》，规范了取水许可制度的实施，2002 年新修订的《水法》进一步提升了取水许可制度的法律地位，将其作为水资源管理的基本法律制度。在总结取水许可制度实施经验的基础上，2006 年国务院颁布了《取水许可和水资源费征收管理条例》，取代了原《取水许可制度实施办法》，取水许可制度进一步完善。

依据《水法》和《取水许可和水资源费征收管理条例》的规定，取水人获得取水权必须具备两个条件：一是向具有管辖权的流域管理机构或地方水行政主管部门提出申请，经审查符合有关规定要求；二是缴纳水资源费。符合上述两个条件的，由取水许可发证机关颁发取水许可证，获得取水权，并接受发证机关或其委托机构的监督管理。

（一）黄河取水许可管理权限

按照流域统一管理与行政区域管理相结合的原则，根据水利部授权（见表 4-6），黄委

表 4-6　黄委实施取水许可管理的河段及限额

项目	水系	河流	指定河段	取水限额		审批发放取水许可证部门	备注
				工业与城镇生活（万 m^3/日）	农业（m^3/s）		
大江大河	黄河	黄河	干流河源至托克托（头道拐水文站基本断面）	8.0 以上（地下水 2.0 以上）	15.0 以上	黄委	包括在河道管理范围内取地下水
	黄河	黄河	干流托克托（头道拐水文站基本断面）至入海口	全额	全额	黄委	包括在东平湖（含大清河）的取水和在河道管理范围内取地下水
跨省、自治区河流	黄河	大通河	干流	5.0 以上（地下水 2.0 以上）	10.0 以上	黄委	
	黄河	渭河	干流	8.0 以上（地下水 2.0 以上）	10.0 以上	黄委	
	黄河	泾河	干流	5.0 以上（地下水 2.0 以上）	10.0 以上	黄委	
	黄河	沁河	干流紫柏滩以上	5.0 以上（地下水 2.0 以上）	10.0 以上	黄委	
			干流紫柏滩以下	全额	全额	黄委	
省际边界河流	黄河	金堤河	干流北耿庄至张庄闸	全额	全额	黄委	
跨省、自治区行政区域的取水	黄河	干支流	全流域	全额	全额	黄委	
由国务院批准的大型建设项目的取水	黄河	干支流	全流域	全额	全额	黄委	包括地下水
其他直接管理河段	黄河	洛河	故县水库	全额	全额	黄委	

对黄河头道拐以下干流取水(含在河道管理范围内取地下水)实施全额管理;对头道拐以上干流河段及重要跨省(区)支流的取水实行限额管理,管理限额为干流农业取水在15 m^3/s以上,工业与城镇生活日取水8万m^3以上,跨省(区)支流农业取水在10 m^3/s以上,工业及城镇生活日取水在5万m^3以上(渭河日取水在8万m^3以上)。并按照国务院批准的《黄河可供水量分配方案》,对沿黄各省(区)的黄河取水实行总量控制。

在上述范围之外的取水由地方水行政主管部门按照省(区)内部的管理授权,实行省、市、县三级管理,上级水行政主管部门负责对下级水行政主管部门实施取水许可管理情况进行监督管理。

(二)黄河取水许可制度实施情况

黄委开展取水许可工作比较早,为取得取水许可管理的经验,早在《取水许可制度实施办法》颁布前的1992年,黄委即与内蒙古自治区和包头市水利部门共同组织了包头市黄河取水许可试点工作,向24个取水户颁发了黄河取水许可证。国务院《取水许可制度实施办法》出台后,为配合水利部制定对流域管理机构取水许可管理授权文件,黄委开展了大规模的引黄取水工程调研工作。1994年5月,水利部发布"关于授予黄河水利委员会取水许可管理权限的通知"(水利部水政资[1994]197号)后,黄委全面启动取水许可制度。

1994年,黄委制定了《黄河取水许可实施细则》,规范了黄河取水许可的申请、审批程序,明确了监督管理的主要内容,为取水许可的正式实施奠定了基础。随后对管理权限范围内的已建取水工程进行了登记和发证,这项工作于1996年上半年基本完成。至此,在黄河流域正式确立了取水权分配和管理制度,结束了引黄用水无序的局面。此后,黄河取水许可工作的重点逐渐转向取水许可的监督管理和总量控制方面。按照总量控制的原则,黄委先后于2000年和2005年集中进行了二次换发证工作。

根据第二次换证情况,黄委共发放取水许可证371份,许可年取水总量267.702 4亿m^3(不含非消耗性发电过机水)。其中,地表水334份,许可年取水量267.007 3亿m^3(黄河干流306份,许可年取水量258.467 3亿m^3,黄河支流28份,许可年取水量8.54亿m^3);地下水37份,许可年取水量0.695 1亿m^3(黄河干流27份,许可年取水量0.573 5亿m^3,黄河支流10份,许可年取水量0.121 6亿m^3)。

由于原《取水许可制度实施办法》对于水电站是否需要发放取水许可证缺乏明确规定,导致水电站是否需要纳入取水许可管理存在歧义。2006年《取水许可和水资源费征收管理条例》出台后,黄委明确水力发电等河道内非消耗用水作为取水许可管理的重点。目前,已对龙羊峡、李家峡、公伯峡、尼那、苏只、刘家峡、盐锅峡、八盘峡、大峡、小峡、青铜峡、沙坡头、万家寨、天桥、三门峡、故县等16座水电站发放了取水许可证。

沿黄各省(区)在《取水许可制度实施办法》颁布后,均实施了取水许可制度,制定了相应的管理办法。实施取水许可制度最早的是省内缺水严重的山西省,早在《水法》颁布前的1982年,经省人大常务会批准,省政府发布了《山西省水资源管理条例》,在该条例中规定凡开发利用水资源的单位,需报告当地水资源主管部门批准,领取开发和使用许可证。

（三）总量控制管理

取水许可实行总量控制与定额管理相结合的制度。因黄河水资源贫乏，流域及相关地区引黄用水需求大，水资源供需矛盾十分突出，故在黄河流域实施取水许可总量控制管理起步较早。2000年，黄委即按照总量控制管理的要求，对管理权限内的取水许可证进行了全面换发。2002年，黄委制定出台了《黄河取水许可总量控制管理办法》，这是我国首个规范取水许可总量控制管理的流域性文件，2005年首次按照该办法的要求，黄委进行了第二轮换证工作。

1. 黄河取水许可总量控制指标体系的构成

总量控制管理的目的是确保审批某一流域或行政区域内的总水量额度（指消耗性用水）不得超过该流域或行政区域可利用的水资源量。因此，实施总量控制首先需要明确总量控制的指标。

由于总量控制分为流域总量控制（以省级行政单元进行控制）、省（区）内部总量控制和各用水户的总量控制。故黄河取水许可总量控制指标是由流域总量控制指标、省（区）总量控制指标以及各取用水户总量控制指标构成的指标体系。

流域总量控制指标、省（区）总量控制指标和各用水户总量控制指标之间的关系是：流域总量控制指标明确了流域各省（区）用水额度总量，是制定省（区）总量控制指标的基础，省（区）内部不同行政区域总量控制指标的总和不得超过流域总量控制指标所分配的该省（区）用水额度；省（区）总量控制指标又是明确用水户总量指标的基础，在同一行政区域内各用水户总量控制指标之和不得超过省（区）总量控制指标所规定的该行政区域总量控制指标。

2. 黄河取水许可总量控制指标体系建设现状

流域或行政区域总量控制指标通过流域或行政区域分水加以明确，而取用水户总量控制指标通过技术论证和取水许可审批加以明确。

如前所述，早在1987年黄河就已经有了国务院批准的分水方案，即南水北调生效前正常来水年份《黄河可供水量分配方案》，明确了各引黄省（区、市）在正常来水年份可以分配的最大耗水指标。因此，在流域层面已经有了总量控制指标，但由于该方案不够细化，需要进一步明确各省（区）黄河干流、支流总量控制指标及重要支流的总量控制指标，目前黄委正在着手开展此项工作。

需要说明的是，在黄河取水许可审批中，除批准取水量外，还明确了相当于回归水量的退水量和退水水质要求，即同时批准了取用水户的耗水量。故分配各省（区）的耗水指标可直接用于黄河取水许可总量控制管理中，控制批准某省（区）取水的总耗水量。也可将其换算成取水量，间接用于取水许可总量控制管理，即某省（区）取水总量控制指标＝分配各省（区）的耗水指标＋核算的该省（区）近几年年均退水总量。由于取、耗水关系随着用水结构的调整和节水措施的运用，处于不断变化中，需要定期核算取水总量指标，最好是用近几年或上一个有效期内的平均退水数据。故在黄河取水许可总量控制管理中，既可按耗水总量进行控制，也可按取水总量进行控制，但两者需要很好地协调和衔接。省（区）总量控制指标体系建设较为滞后，目前除宁夏、内蒙古两自治区已经由自治区政府批准的自治区内部黄河水量分配方案外，其他省（区）仍在进行技术方案的编制。

取水许可制度已实施了十多年,目前几乎所有的引黄取用水户都已领取了取水许可证,明确了水权指标。因此,在黄河取水许可总量控制指标体系建设方面,流域层面和取用水户层面已经有了相对完善的总量控制指标,但在行政区域层面还比较薄弱,在一定程度上影响了总量控制的深入实施。

3. 黄河取水许可总量控制管理的工作流程

在黄河取水许可总量控制管理中,取水许可总量控制指标和余留水量指标的核算是关键,核定指标的前提是准确掌握和分析相关用水信息和许可审批信息。其中,引黄取、退水信息主要用来分析计算各省(区)黄河取水总量控制指标,取水许可审批水量信息主要用于核算各省(区)余留水量指标。其工作流程如图 4-1 所示。

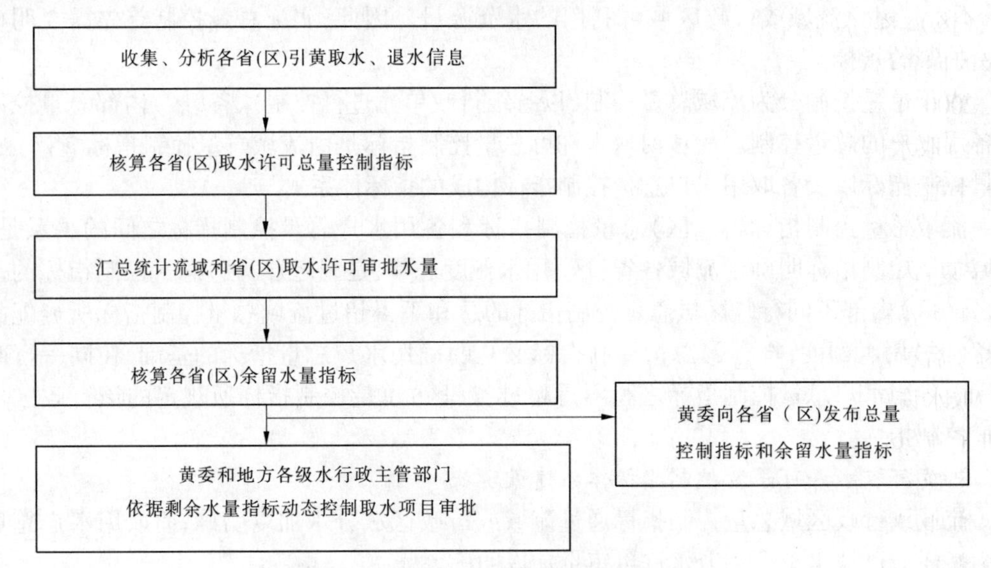

图 4-1　流域取水许可总量控制管理流程

在一个有效期内,取水许可总量控制指标应是固定的,但由于取水项目的审批是动态的,即余留水量指标是随着项目审批和许可水量指标的变更、许可证的吊销而不断变化。因此,取水许可总量控制是一个动态的管理过程,需要及时汇总和掌握最新的取水许可审批情况。按照水利部的授权,黄河取水许可审批实行分级审批,因此,在总量控制管理中,取水许可审批水量信息的互通和共享是十分重要的。

黄河取水许可总量控制管理的责任主要在作为流域管理机构的黄委和省级水行政主管部门。其中,黄委主要负责核定和发布流域各省(区)取水许可总量控制指标和余留水量指标,并负责控制管理权限范围内引黄取水项目的审批。省级水行政主管部门按照黄委发布的总量控制指标和余留水量指标,在及时汇总掌握本省(区)已审批水量情况的基础上,控制本省(区)管理权限范围内取水项目的审批总量。

4. 黄河取水许可总量控制管理实施情况

黄河水资源供需矛盾日益突出,用水竞争加剧,为防止黄河取水许可审批的失控,黄委自 2000 年以来,将总量控制作为取水许可管理的重点,结合年度水量分配和调度,着手研究黄河取水许可总量控制问题。

一是加强了历史用水资料的统计、汇总和分析工作。1988 年,黄委正式编制《黄河用水公报》,1997 年改为《黄河水资源公报》,并建立了引黄用水资料的统计渠道,结合黄河分水特点制定公报、编制技术大纲。

二是制定了《黄河取水许可总量控制管理办法》,提出了总量控制的原则和方法,规定了取水许可审批发证的统计制度,并严格了取水许可审批,规定:①无余留取水许可指标;②连续两年实际耗水超过年度分水指标;③超指标审批或越权审批、发证并不及时纠正;④省(区)未按规定报送黄河取水许可审批发证资料等 4 种情况下,暂停受理、审批该省(区)新增取水申请。

按照总量控制管理办法的规定,黄委严格实施取水许可审批工作,凡无余留水量指标的省(区),暂停新增取水项目的审批。同时,加强对省(区)取水许可审批发证情况的收集,并及时向省(区)通报黄委审批发证情况,以建立黄河取水许可审批发证信息的交流机制。

2000 年和 2005 年,黄委共进行了两次取水许可换发证工作,利用换发证的时机,对省(区)取水许可总量控制指标进行了核定。特别是 2005 年换发证,根据各省(区)引黄耗水率增加的现实,黄委核减了总的许可水量,调整了部分取水口的许可水量。

通过对省(区)取水总量控制指标和已审批、许可总水量指标的重新核定和比较分析,宁夏、内蒙古、山东三省(区)已无黄河地表水剩余取水指标,河南省已无干流黄河地表水剩余指标,青海、甘肃两省实际引黄耗水已经超过年度分水指标。这 6 个省(区)将成为今后黄河取水许可总量控制的重点。

取水许可总量控制管理制度的实施,在一定程度上抑制了引黄用水需求的过度增长,促进了省(区)开展计划用水和节约用水工作。

尽管已经启动了黄河取水许可总量控制管理,但在实施过程中也面临着一些问题,需要尽快加以解决。一是省(区)总量控制指标体系尚未建立,省(区)总量控制管理工作还十分薄弱;二是取水许可审批发证统计上报制度尚未建立,目前流域机构对省(区)审批发证情况不完全掌握。这些问题严重影响了黄河取水许可总量控制管理的实施。

5. 开展建设项目水资源论证审查工作,提高取水权分配的科学性

根据 2002 年原国家计委和水利部联合颁布实施的《建设项目水资源论证管理办法》的规定,黄委实施了建设项目水资源论证制度。根据本办法的授权,黄委负责水利部授权其审批取水许可(预)申请的建设项目及日取水量 5 万 t 以上大型地下水集中供水水源地的建设项目水资源论证审查工作。

为使该项制度发挥应有的作用,黄委开展了如下三方面工作:

(1)制定《黄河流域建设项目水资源论证管理办法》,规范建设项目水资源论证工作。

(2)组建黄委水资源论证专家队伍。目前,黄委已有 31 位专家列入水利部水资源论证评审专家库中,他们在黄委组织进行的建设项目水资源论证报告书审查中发挥了重要作用。

(3)建立黄委系统内部的水资源论证队伍。黄委系统内部设有不少的科研和规划设计单位,拥有大量的科技人员,长期从事黄河研究和规划设计工作,对黄河水资源开发利用情况十分熟悉,积累有大量的第一手资料,从事黄河流域建设项目水资源论证工作具有先天的优势。为发挥这些单位在水资源论证工作中的作用,黄委积极组织有实力的单位

申报水资源论证资质，进行技术人员培训。目前，已有 4 家单位取得水资源论证甲级资质，8 家单位取得乙级资质。

目前，黄委已对 38 个建设项目水资源论证报告书进行了审查，其中不少建设项目通过水资源论证报告书的审查，项目取用水更加合理，节水减污措施更加到位。水资源论证工作已经成为取水许可审批不可缺少的一个环节，为取水许可审批提供了坚实的技术支撑。

第四节　水权转换管理

水权转换属于特定条件下水权的二次分配，目前我国尚没有完善的法律制度规定。为积极探索经济手段在黄河水资源管理中的作用，支持地方经济社会的可持续发展，黄委自 2003 年积极开展了水权转换试点工作，积累了一定的管理经验，制定并出台了全国首个水权转换管理办法，为国家水权转换制度的建立和在全国的开展提供了有益经验。

一、开展黄河水权转换的必要性

（一）引黄用水需求的迅速增加，致使部分省（区）新增引黄建设项目面临无用水指标的局面

根据黄河取水许可审批情况和近几年实际引黄耗水量统计资料，部分省（区）如宁夏、内蒙古、山东已无地表水余留水量指标，河南省已无干流地表水余留水量指标。从近几年实际引黄耗水量看，青海、甘肃、宁夏、内蒙古、山东已经超过年度分水指标。在南水北调工程生效前，黄河水资源总量不会增加，这些省（区）新增引黄建设项目面临着无水量指标的局面，项目难以立项。水资源短缺已经成为引黄地区经济社会发展的主要制约因素。如何解决无余留水量指标省（区）新增引黄建设项目的用水需求，成为黄河水资源宏观配置管理中需要研究解决的问题。

（二）用水结构不合理

由于历史的原因，农业仍为引黄用水大户，现状农业用水约占全部引黄用水的 80%，宁夏、内蒙古两自治区更高，达 97% 左右。据调查，现状引黄灌区灌溉水利用系数只有 0.3 ~ 0.4，节水灌区仅占引黄灌区的 20%，造成农业用水效率低下。农业用水占用大量宝贵的黄河水资源，与沿黄地区工业化和城市化进程的发展极不协调，不从根本上优化和引导引黄用水结构的调整，引黄地区经济社会的持续高速发展将受到严重制约。

（三）经济社会发展宏观布局的调整需要进行水权的再分配

随着国家西部大开发战略、西电东送战略的实施以及各省（区）根据各自发展条件所进行的经济社会发展宏观布局的调整，客观上要求在总量控制的前提下，省（区）内部水权在地区配置上需要进行适当的调整，以满足经济社会发展的需要。如宁夏、内蒙古两自治区为充分发挥本地区的资源优势，规划了自治区能源基地的建设。宁夏沿黄地区规划建设工业项目集中在宁东能源重化工基地。到 2020 年，宁东煤田将形成年产 7 460 万 t 原煤的大型矿区，建成总装机容量 1 500 万 kW 的大型坑口火电厂和生产 690 万 t 煤炭间接液化煤基二甲醚、甲醇等化工产品的能源重化工基地，总需水量 4.208 亿 m^3，近期需水

约 1.8 亿 m^3。内蒙古规划的能源项目大多集中在鄂尔多斯市，根据内蒙古报送的《鄂尔多斯市南岸灌区水权转让可行性研究报告》，该市将兴建 16 家大型工业项目，拟用水量 2.22 亿 m^3。在水资源宏观配置格局已经基本形成的情况下，要适应经济社会发展整体布局的调整，水权的再分配问题也必将提上议事日程。

(四)在现有水权制度框架体系下，难以很好地解决水权再分配所面临的问题

在现有的水权制度框架下，解决水权的二次分配问题只有采取如下两种方式：

一是通过行政方式，核减或调整现有用水户的分配水权，以满足新增用水户的需求。采用这一方式的弊端在于无法保证现有用水户的合法权益，不能激励用水户采取节约用水的措施，在具体实施中也将遇到很大的阻力。

二是突破已有的分水指标，即在各省(区)分配的黄河可供水量指标外，再额外增加新的水量指标，其后果必然是挤占黄河河道内生态环境用水，严重危及黄河健康生命，不符合国家对水资源管理的目标。

二、创新与变革——黄河水权转换制度的建立

水权转换的基本思路是：在不增加用水的前提下，通过水权的合理转移，提高水资源的利用效率和效益，实现水资源可持续利用与经济社会可持续发展的双赢。既然在现有的水权制度下不能解决水权的二次分配问题，而又有客观需要，根据水利部治水新思路，黄委自 2002 年以来开始了水权转换制度的研究工作，制定了《黄河水权转换管理实施办法(试行)》和《黄河水权转换节水工程核验办法(试行)》。制度建设的内容包括：

(1)明确水权转换的范围。鉴于黄河水权转换仍处于起步阶段，相应的监管措施还需要完善，明确黄河取水权转换暂限定在同一省(区)内部。

(2)规定水权转换的前提条件。开展水权转换的省(区)应制订初始水权分配方案和水权转换总体规划，确保水权明晰和转换工作有序的开展。

(3)确立水权转换的原则。包括总量控制、水权明晰、统一调度、可持续利用、政府监管和市场调节相结合。

(4)界定出让主体及可转换的水量。明确水权转换出让方必须是依法获得黄河取水权并在一定期限内拥有节余水量或者通过工程节水措施拥有节余水量的取水人。这一措施确保了水权转换的合法性及可转换水量的长期稳定性。

(5)规定水权转换的期限与费用。兼顾到水权转换双方的利益和黄河水资源供求形势的变化，明确水权转换期限不超过 25 年。水权转换总费用包括水权转换成本和合理受益，具体分为节水工程建设费用、节水工程和量水设施的运行维护费用、更新改造费用及对水权出让方必要的补偿等。

(6)建立水权转换的技术评估制度。要求进行水权转换必须进行可行性研究，编制水权转换可研报告和建设项目水资源论证报告书，并通过严格的技术审查，从技术上保证水权转换的可行性。

(7)明确水权转换的组织实施和监督管理职责。水权转让涉及政府、企业、农民用水户、水管单位等多个主体，影响面广，必须加强政府在水权转让工作中的宏观调控作用。明确流域管理机构、省(区)人民政府、水行政主管部门、水权转换双方在水权转换实施过

程中的职责。

(8)规定暂停省(区)水权转换项目审批的限制条件。如省(区、市)实际引黄耗水量连续两年超过年度分水指标或未达到同期规划节水目标的、不严格执行黄河水量调度指令的、越权审批或未经批准擅自进行黄河水权转换的等。

(9)规定节水效果的后评估制度。要求水权转换节水项目从可研、初设阶段就必须提出方案,在设计施工过程中要重视监测系统的建设,从水权的分级计量、地下水变化、节水效果和生态环境等方面进行系统全面监测,长期跟踪出让方水量的变化情况,为后评估提供可靠的基础数据。

通过上述制度建设和制定相应的管理办法,确保了黄河水权转换在起步阶段就步入规范化管理,黄河水权转换的核心制度已初步形成。

三、黄河水权转换试点工作进展情况

黄委首批正式批复了宁夏、内蒙古两自治区水权转换试点项目共有5个,其中内蒙古2个,分别为内蒙古达拉特发电厂四期扩建工程、鄂尔多斯电力冶金有限公司电厂一期工程;宁夏3个,分别为宁夏大坝电厂三期扩建工程、宁东马莲台电厂工程、宁夏灵武电厂一期工程。5个试点项目共新增黄河取水量8 383万 m^3,对应出让水权的灌区涉及内蒙古黄河南岸灌区、宁夏青铜峡河东灌区和河西灌区,3个灌区共需年节水量9 833万 m^3。详细情况见表4-7。

表4-7　黄河水权转换试点项目基本情况

序号	建设项目	装机容量(MW)	新增年取水量(万 m^3)	对应的节水措施(km)	工程总投资(万元)	年节约水量(万 m^3)
1	达拉特发电厂四期扩建工程	4×600	2 043	衬砌南岸灌区总干渠55 km(22+000~77+000)	8 640.89	2 275
2	鄂尔多斯电力冶金有限公司电厂一期工程	4×330	1 880	衬砌南岸灌区总干渠42 km(77+000~119+000)	8 847.38	2 173
3	宁夏大坝电厂三期扩建工程	2×600	1 500	衬砌青铜峡河东灌区汉渠干渠32 km(4+078~36+078)和灵武市的8条支斗渠共17.8 km	4 932.7	1 800
4	宁东马莲台电厂工程	4×300	1 850	衬砌青铜峡河西灌区惠农区干渠25 km(84+660~109+660)、平罗县和惠农县的13条支斗渠共32.2 km	5 760.9	2 145
5	宁夏灵武电厂一期工程	2×600	1 110	衬砌河西灌区唐徕渠干渠13.82 km,支斗渠245.65 km,增开地下水112万 m^3	4 464	1 440
合计		7 320	8 383	衬砌干渠167.82 km,支斗渠295.65 km	32 645.87	9 833

在黄委指导下，两自治区开展了节水工程建设工作，并成立了水权转换领导和协调机构，制定了水权转换实施办法及水权转换资金使用管理办法。领导和协调组织的成立及相关管理办法的制定，确保了两自治区水权转换工作的顺利进展。

截至2006年底，5个试点项目对应的灌区节水改造工程累计到位资金2.324亿元，其中宁夏3个试点项目到位资金0.724亿元，内蒙古2个试点项目到位资金1.6亿元。内蒙古鄂尔多斯电力冶金有限公司电厂一期工程已完成灌区节水工程建设并通过黄委核验，达拉特发电厂四期扩建工程和宁夏灵武电厂一期工程基本完成了灌区节水工程建设，其中宁夏灵武电厂一期工程灌区节水工程已经自治区水利厅的验收，但尚未经黄委核验，宁夏大坝电厂三期扩建工程、宁东马莲台电厂工程灌区节水工程建设仍在进行中。

目前，黄委和宁夏、内蒙古两自治区水利厅正在对水权转换实施情况进行总结和后评估。

四、开展黄河水权转换工作的意义

一是探索出了一条干旱缺水地区解决经济发展用水的新途径。水资源短缺是这些地区经济社会发展的主要制约因素，但由于行业用水的不均衡性，工业和城市发展新增用水需求有可能通过水权有偿转换的方式获得，从而解决了制约经济社会快速发展的瓶颈。

二是找到一条实现黄河水资源可持续利用与促进地方经济社会可持续发展双赢的道路。黄河水权转换是在不增加用水的情况下，满足新建项目的用水需求，既可实现黄河水资源管理目标，又促进了地方经济社会的发展。

三是大规模、跨行业的水权转让，提高了水资源的利用效率和效益，优化了用水结构，实现了区域水资源的优化配置，并为推动区域水市场的形成创造了条件。黄河水权转换一方面通过对农业灌溉工程进行节水改造，节约农业用水；另一方面在项目审查时要求新建工业项目采用零排放的新技术，以提高工业用水效率，同时采取农业有偿出让水权，达到了促进节约用水的目的。在强化节水的同时，运用市场规则，通过水权交易，大规模、跨行业调整引黄用水结构，引导黄河水资源有序的由水资源利用效率与效益较低的农业用水向水资源利用效率与效益较高的工业用水转移，实现了同一区域内不同行业之间水资源的优化配置，并为将来建立正式的水市场创造了条件。

四是建立了符合市场规律的节水激励机制。通过将节余水权的有偿转让，促进了农业节水工作的开展，拓宽了农业节水资金新渠道，改变了过去主要依靠国家投入和农民投劳的农业节水投入模式。

五是为国家水权转换制度的建立和具体实施提供了一定的可供借鉴的实践经验。这些经验包括：初始水权的明晰及省(区)初始水权分配方案的形式；所建立的水权转换制度及水权转换行为的规范方式，包括水权转换的范围、出让方主体及可转换水量的界定、水权转换期限及费用、水权转换的程序、水权转换的限制条件、水权转换的技术评估等；提供了水权转换实施的组织经验，包括发挥政府在水资源优化配置中宏观调控作用，水权转换的监督管理，节水工程建设及水权转换资金的管理等。

第五节　供水管理与水量调度

一、供水管理

黄河供水管理包括广义和狭义两个层面。广义层面，黄河流域水资源的管理与调度均属黄河供水管理的范畴。本节所述，乃狭义的黄河供水管理，主要包括供水工程管理、供水计划管理、水费征收等内容。目前，由于受地域和传统管理体制的限制，黄委供水管理的重点仅在黄河下游河段。

（一）供水管理的组织结构及职责

根据国务院《水利工程管理体制改革实施意见》，黄委供水体制改革已于 2006 年 6 月底全部完成。目前，黄委黄河下游引黄供水管理体系由黄委供水局、山东供水局、河南供水局，以及山东、河南下设的供水分局、引黄水闸管理所三级组织机构构成。黄委供水局担负着引黄供水生产、成本费用核算和供水工程的统一管理等工作。

河南、山东两省的供水分局是河南、山东黄河河务局供水局的分支机构，隶属于所在市黄河河务局管理，为准公益性事业单位。主要职责包括：负责辖区内引黄供水的生产和管理；执行水行政主管部门的水量调度指令；根据省局供水局授权，与用户签订引黄供水协议书，及时完成辖区内引黄供水订单的汇总上报，负责辖区内引黄供水计量、水费计收；负责辖区内引黄供水工程管理、供水工程日常维修养护计划与更新改造计划的编报和实施；负责本分局及所属闸管所人员管理；负责本分局成本核算、预算的编报和实施；按照防汛责任制要求，做好辖区内引黄供水工程范围内的防汛工作等。

闸管所直接对相应供水分局负责，并接受供水分局的领导和管理。

（二）供水工程管理

黄河下游供水涉及河南、山东、河北及天津，干流共有地表水取水口 92 个。取水口许可取水量 97.59 亿 m^3，设计取水流量 3 611 m^3/s。其中，河南段有地表水取水口 31 个，设计取水流量 1 461 m^3/s；山东河段有地表水取水口 61 个，设计取水流量 2 150 m^3/s。

黄河下游引黄涵闸均为 1974 年以后竣工，最多有 16 孔，最少为 1 孔，绝大多数为涵洞式涵闸，启闭机有螺杆式、卷扬机和移动式 3 种。长期以来，黄河下游引黄涵闸一直沿用传统的管理和监测方法，每天测报一次，测验精度差，管理难度大。2002 年以来，黄河下游开展了大规模的引黄涵闸远程监控系统建设。该系统的建设利用了现代化的传感器技术、电子技术、计算机网络技术，大大提高了引黄涵闸管理的自动化水平，供水工程也实现了从传统管理向现代化管理的转变。

目前，黄河下游的所有取水口均归黄委供水部门直接管理。闸管所直接对相应供水分局负责，并接受供水分局的领导和管理。闸管所是黄河下游引黄取水口的基层管理单位，负责辖区内引黄供水的生产和管理，执行水行政主管部门的水量调度指令，负责辖区内引黄供水工程的运行观测、维修养护等日常管理工作。

（三）水费征收管理

水费的征收管理是黄河供水管理的重要内容。目前，黄河的水价制定和征收工作主要按照2003年7月国家发展和改革委员会、水利部联合印发的《水利工程供水价格管理办法》执行。

目前,水费的征收管理在组织上一般分三层:水行政主管部门、水管单位、乡村组织。水费的收取方式有直接收取和间接收取两种:直接收取水费比较简单,就是由供水经营者直接对用户收取水费;间接收取水费是供水经营者委托第三方向用水户收取水费。为保证供水的公平,供水经营者与用水户要按照国家有关法律、法规和水价政策签订供用水合同,甲、乙双方承担相应的法律责任。

水费的使用和支出。水管单位从事开展供水生产经营过程中实际消耗的人员工资、原材料及其他直接支出和费用,直接计入供水生产成本;供水生产经营过程中发生的费用,包括销售费用、管理费用、财务费用计入当期损益;水费支出还包括职工福利费支出、应缴纳的税金支出、水资源费支出、净利润的再分配支出等。

二、水量调度

1998年12月原国家计委、水利部联合颁布实施了《黄河可供水量年度分配及干流水量调度方案》和《黄河水量调度管理办法》,授权黄委统一管理和调度黄河水量。经过数年的调度与实践,目前黄河水量调度工作已经建立起较为完善的水量调度管理运行机制,合理运用技术、经济、工程、行政、法律等手段,使黄河水资源管理和调度的水平得到较大提高,特别是近年来水量调度信息化的建设更是进一步提升了黄河水量调度工作的科技含量,取得了显著效果并受到社会各界的广泛关注。总体来说,目前的黄河水量调度实施全流域水量统一调度、必要时实施局部河段水量调度和应急水量调度等。

(一)全流域水量统一调度

按照1998年原国家计委、水利部联合颁布的《黄河水量调度管理办法》和中华人民共和国第472号国务院令《黄河水量调度条例》规定,国家对黄河水量实行统一调度,黄委负责黄河水量调度的组织实施和监督检查工作。黄河水量调度从地域的角度包括流域内的青海、四川、甘肃、宁夏、内蒙古、山西、陕西、河南、山东9省(区),以及国务院批准的流域外引用黄河水量的天津、河北两省(市)。从资源的角度包括黄河干支流河道水量及水库蓄水,并考虑地下水资源利用。

全流域水量统一调度的工作内容主要包括:调度年份黄河水量的分配,月、旬水量调度方案的制订,实时水量调度及监督管理等工作。

(二)局部河段水量调度

由于黄河供水区域较大,各河段用水需求和水文特性各不相同,因此在遵循全流域水量统一调度原则的基础上,在特定时间需要进行局部河段的水量调度。局部河段的水量调度主要是针对该河段的用水特点或特殊的水情状况,根据实际需要对黄河干流的局部河段或支流实施相对独立的水量调度。如在有引黄济津或引黄济青等任务时,为保证渠首的引水条件,可以对相关河段上游实施局部的水量调度,以保证引水。在宁蒙灌区或黄河下游灌区的用水高峰期,当用水矛盾突出时,也可以实施局部河段的水量调度。

局部河段的水量调度工作主要包括:水量调度方案编制、实时水量调度及协调、监督检查等。

(三)应急水量调度

应急水量调度是指在黄河流域,或某河段,或黄河供水范围内的某区域出现严重旱情,城镇及农村生活和重要工矿企业用水出现极度紧张的缺水状况,或出现水库运行故障、重大水污染事故等情况可能造成供水危机、黄河断流时,黄委根据需要进行的水量应急调度。

按照规定,在实施应急水量调度前,黄委应当商11省(区、市)人民政府以及水库主管部门或者单位,制订紧急情况下的水量调度预案,并经国务院水行政主管部门审查,报国务院或者国务院授权的部门批准。在获得授权后,黄委可组织实施紧急情况下的水量调度预案,并及时调整取水及水库出口流量控制指标,必要时,可以对黄河流域有关省、自治区主要取水口实施直接调度。

应急水量调度还包含为满足生态环境需要进行的短期水量调度工作。

第五章　水环境保护

水环境保护是水资源管理的重要内容。本章回顾了黄河水环境保护机构沿革及主要职责，重点介绍了黄河水环境监测和水功能区划工作，并对黄河水环境保护、监管及水量水质统一管理予以了阐述。

第一节　黄河水环境保护机构

黄河流域水资源保护局是负责黄河流域水资源保护的机构，由1975年国务院环境保护领导小组和原水利电力部批准建立的黄河水源办公室演变而来，是黄委的单列机构，受水利部、国家环境保护总局双重领导。

一、机构沿革

1975年3月24日《国务院环境保护领导小组、水利电力部关于迅速成立黄河水源保护管理机构的意见》([75]水电环字第3号)，要求迅速成立黄河水源保护管理机构，着手调查研究黄河水污染情况，起草有关污染防治意见。同时要求，组织有关水文站，有重点、有步骤地开展水质监测工作，会同有关地区和部门逐步建立和健全黄河水系水质监测网。1975年6月20日黄委正式成立黄河水源保护办公室。1978年5月27日，经原水利电力部批准，建立了黄河水源保护科学研究所和黄河水质监测中心站。1980~1995年黄河水源保护办公室与黄委水文局合署办公，实行一套工作班子、两块牌子。1984年黄河水源保护办公室更名为水利电力部、城乡建设环境保护部黄河水资源保护办公室，1990年更名为黄河水资源保护局；1992年更名为水利部、国家环保局黄河流域水资源保护局，1994年水利部要求分别设立黄委水文局和黄河流域水资源保护局。2002年，流域机构改革，明确黄河流域水资源保护局为黄委单列机构，将黄河流域水环境监测中心更名为黄河流域水环境监测管理中心。

黄河流域水资源保护局局机关内部设有监督管理处，下属单位有黄河水资源保护科学研究所、黄河流域水环境监测管理中心、黄河上游水资源保护局、黄河宁蒙水资源保护局、黄河中游水资源保护局、黄河三门峡库区水资源保护局、黄河山东水资源保护局。

二、主要职责

自黄河流域水资源保护机构成立以来，根据各时期水资源的实际工作需要，职责也相应进行过多次调整。2002年，黄委根据流域机构改革的要求，明确黄河流域水资源保护局的主要职责为：

(1)负责《中华人民共和国水法》、《中华人民共和国水污染防治法》等法律、法规的贯彻实施；拟订黄河流域水资源保护、水污染防治等政策和规章制度并组织实施；指导流域内水资源保护工作。

(2)组织黄河流域水功能区的划分。按照有关规定,对流域水功能区实施监督管理。

(3)组织编制流域水资源保护规划并监督实施;指导和协调流域各省(区)水资源保护规划的编制。负责编制流域内水资源保护中央投资计划并监督实施。

(4)根据授权,审查水域纳污能力,提出限排污总量意见并监督实施。负责发布黄河流域水资源质量状况公报。

(5)负责流域内重大建设项目的水资源保护论证的审查。负责取水许可的水质管理工作。

(6)根据流域水资源保护和水功能区统一管理要求,指导、协调流域内的水质监测工作;负责拟订流域水环境监测规范、规程、技术方法和省界水体水环境质量标准。

(7)开展流域水污染联防;协调流域内省际水污染纠纷,调查重大水污染事件,并提出处理意见。

(8)负责黄河水资源保护管理的现代化建设,组织开展水资源保护科研成果的应用和国际交流与合作。

(9)按照规定或授权,负责管理范围内水资源保护国有资产监管和运营;负责黄河水资源保护资金的使用、检查和监督。

(10)完成上级交办的其他工作。

多年来,黄河流域水资源保护局紧紧围绕各项职能的实施,加强发展与建设,其规划、管理、监测、科研等能力迅速提高,综合实力显著增强,并利用自身优势,积极为社会提供服务,收到了良好的社会效益、经济效益和环境效益。

第二节　黄河水环境监测

水质监测是水资源保护最重要的基础工作和技术支撑。黄河流域水质监测工作的发展过程,代表了我国流域机构水质监测的发展历程。黄河流域水质监测,通过编制流域重点省(区)界河段和重点水功能区监测站网规划,加强水质监测和信息管理能力建设,重点加强省(区)界河段和水功能区监测、评价工作,提高了突发性水污染事件应急处理能力,逐步形成了“常规监测与自动监测相结合、定点监测与机动巡测相结合、定时监测与实时监测相结合,加强并完善监督性监测”的水质监测新思路和新模式。

一、监测目标

水质监测为水资源保护监督管理提供全方位的技术服务,是新形势下对水质监测提出的更高要求。围绕职能转变,黄河流域水资源保护部门对水质监测提出了“从单一的、具体的水质监测中解脱出来,以服务于水功能区管理、入河污染物总量控制、取水许可及省(区)界水质监督需要为宗旨,发挥流域监测中心的组织、协调、规划、指导作用,健全黄河水质监测管理体制,建立黄河水质监测技术体系,进一步提升监测能力,探索和完善水质监测新模式”的工作目标。近年来,以服务管理为宗旨,以提高监测质量为核心,高质量完成各类监测任务,满足了多层次管理需要;以自动站建设和实验室自动化改造为契机,提升黄河水质监测的科技含量;以前期技术研究成果、技术法规为基础,进一步统一黄河监测技术标准;以"三条黄河"建设为动力,加速水质监测现代化和信息化进程;以健全流域监测管理制度,实行以监测程序规范化管理为手段建设现代化的黄河水质监测新体系,为黄河水资源保护监督管理提供强有力的技术支持。

二、监测新模式

2002 年,黄河水质监测工作紧随黄河水资源保护职能转变和工作重心的调整,及时调整了工作思路。按照确保质量、力求创新、全面提高、巩固发展的总体要求,提出建立"常规监测与自动监测相结合、定点监测与机动巡测相结合、定时监测与实时监测相结合,加强和完善监督性监测"的水质监测新模式。旨在通过建立水质水量统一监测的水质监测体系,实现对水资源质量的全面监测,做到对水污染抓得住、测得准、报得快。

三、水质监测体系

黄河流域水环境监测工作在我国七大流域机构中起步较早,早在 20 世纪 50 年代,黄河系统就开展了水化学方面的水质分析工作。1977 年开始,黄河水源保护办公室接替流域各省(区)卫生部门在黄河进行的水污染监测工作,1978 年建立了黄河流域水质监测网络,水质监测工作随之在黄河干流及主要支流入黄口全面展开。

黄河流域水利部门水质监测站网经过 4 次大的规划和优化调整。目前,黄河流域已建成了较为完整的多功能水质监测网络体系。黄委和沿黄各省(区)水利部门已实施监测的断面 257 个,其中流域机构负责省界、黄河干流、重要支流入黄口监测,其他由各省(区)水利部门负责。黄委直管的监测断面(一些断面为多功能断面)68 个,按其功能分类:省界水体水质监测断面 30 个,供水水源地监测断面 13 个,常规监测断面 58 个。水功能区水质监测断面 67 个,用于水量调度监测断面(一些断面为多功能断面)12 个。同时,还在河源地区设立了背景断面,在黄河国家重要控制断面花园口和潼关建设了两座自动监测站。通过固定断面监测、流动巡测和自动监测,基本掌握了黄河水系的水质状况。除上述监测断面外,黄委还根据需要设置了一批专用监测断面,实行不定期监测。这些专用监测断面包括:针对取水许可布设的水质监测断面,针对陆域污染源入河影响和控制布设的入河排污口监测断面,针对水资源调查评价要求布设的监测断面,针对黄土高原流失区布设的面源污染监控断面,针对宁蒙灌区农业排退水布设的面源污染监控断面,针对引黄济津布设的专用监测断面等,形成了重点突出、功能齐全、管理规范的黄河水利系统水质监测体系。

根据黄河干流水量统一调度的需要,在黄河干流水量调度河段上开展了水质旬测和水质预估工作;配合流域外调水任务,于 2000 年开始引黄济津水量调度水质旬测工作。每年对黄河干支流水资源质量进行评价,并向上级主管部门、流域各省(区)水行政主管部门及环保部门提供黄河流域重点河段、省界河段、重要供水水源地、水量调度河段等水质信息,定期(年、月、旬)或不定期地发布水质公报、通报、简报等。这些工作都为水资源保护管理和水污染防治工作提供了大量的水质信息和决策依据。

四、水质监测能力

目前,黄河系统水质监测实验室经过新建或扩建,基本满足监测工作的需要。2002年、2003年,以流域水环境监测中心建设为重点,引进了水质自动监测站、移动实验室和一批大型先进分析仪器,建成了适应多沙河流的黄河花园口、潼关自动监测站。

流域水环境监测中心和基层水环境监测中心装备了进口气相色谱—质谱仪、气相色谱仪、原子吸收分光光度计、全自动流动分析仪、原子荧光光度仪、现场测试仪、微波消解仪等先进的分析仪器设备。2004年,流域水环境监测中心引进和再开发了国外先进的实验室信息管理系统(LIMS),基本实现了实验室信息采集与处理的自动化。

经过30多年的建设,黄河水质监测基本上具备了现代化的分析测试手段,已从初始单一的水化学分析,扩展到地表水、地下水、污水、大气、噪声、土壤、农作物、食品等8大类样品的监测分析工作。

五、水质监测规划

为加强水资源的统一管理,根据水利部要求,黄委于1997年开始开展了黄河流域水环境监测站网规划编制工作,2000年完成了《黄河流域(片)水质监测规划报告》。该规划充分考虑了与水资源保护规划、水文发展规划以及其他相关规划的协调性。

(一)省界水体水质监测站网规划

根据1997年《黄河流域省界水体水质监测站网规划》,共规划省界监测断面55个,在2002年编制的《黄河流域(片)水质监测规划》中又补充22个,两次共规划省界监测断面77个,其中黄河干流14个,支流58个,还有5个规划布设在影响省界水质的排污口上。

省界水体水质监测从1998年5月开始实施,根据当时省界河段水污染的实际情况确定了21个水质断面实施监测,至2002年增至30个水质断面,其中黄河干流14个水质断面,支流16个水质断面。这些断面分别为:玛曲、大河家、下河沿、乌达桥、乌苏图、喇嘛湾、吴堡、龙门、潼关、三门峡、小浪底坝下、花园口、高村、利津、民和、享堂、后大成、辛店、延川、呼家川、河津、蒲州、吊桥、双桥、坡头、解村、上亳城、五龙口、电厂桥、台前桥。监测频次为每月1次,特殊情况时适当增加测次。

监测项目为:水位、流量、气温、水温、pH值、悬浮物、溶解氧、高锰酸盐指数、化学需氧量、五日生化需氧量、亚硝酸盐氮、硝酸盐氮、氨氮、总氰化物、砷化物、挥发酚、六价铬、氟化物、汞、镉、铅、铜、锌、总磷等24项。

(二)黄河流域水质站网规划

《黄河流域(片)水质站网规划》(2002年编制)中的黄河流域水质站网规划,包括青海、甘肃、宁夏、内蒙古、山西、陕西、河南、山东等省(区),涉及黄河干流、一级支流及污染严重的二、三级支流和湖库。规划监测断面969个(不包括国家重点考核的入河排污口168个断面和自动监测站29个)。目前,黄河流域现有水质监测断面314个,规划新增水质断面655个,水质自动监测站29个,另外,挑选了168个重要入河排污口为国家重点考核的入河排污口。

按分级管理的原则将监测断面分为国家级和省(区)级两类(不含自动监测站),其中黄河流域规划国家级监测断面430个,规划省(区)级监测断面539个。

按水体功能类型分为地表水、地下水、大气降水3种类型。黄河流域规划的地表水监测断面682个,地下水223个,大气降水64个。

本次水质站网规划,计划分三个阶段实施:2005年黄河流域实施监测断面达到702个,新增加388个;2010年实施监测断面达到917个,新增加215个;2020年实施监测断面达到969个,新增加52个。黄河流域各类水质监测站规划情况见表5-1。

表5-1 黄河流域各类水质监测站网规划统计

水体类型	水质断面(点)分类	站网分级	规划断面(点)数	现有断面(点)数	新增断面(点)数	阶段实施断面(点)数		
						2005年	2010年	2020年
地表水	水质	国家级	289	176	113	72	34	7
		省(区)级	393	64	329	185	116	28
		小计	682	240	442	257	150	35
	入河排污口	流域区级重点	168		168	168		
	自动监测	国家级	11		11	11		
		省(区)级	18		18	7	6	5
		小计	29		29	18	6	5
地下水	水质	国家级	104	36	68	44	15	9
		省(区)级	119	37	82	47	27	8
		小计	223	73	150	91	42	17
大气降水	水质	国家级	37		37	37		
		省(区)级	27	1	26	3	23	
		小计	64	1	63	40	23	

本次规划能够较好地与水功能区和水文站结合,基本可满足黄河流域水资源开发、利用与保护管理的需要。

黄河流域水质站网由黄河流域水资源保护局和青海、甘肃、宁夏、内蒙古、山西、陕西、河南、山东8省(区)分别实施。黄河流域水资源保护局负责黄河干流和主要支流把口断面的地表水水质监测以及管辖范围的地下水、大气降水的监测;各省(区)负责其他河流、湖泊、水库的地表水监测和管辖区域的地下水、大气降水的水质监测。

第三节 黄河水功能区划

水功能区划是指为满足水资源合理开发和有效保护的需求,根据水资源的自然条件、功能要求和开发利用现状,按照流域综合规划、水资源保护规划和经济社会发展的要求,在相应水域按其主导功能划定并执行相应质量标准的特定区域。“水功能区”的概念于20世纪末正式界定，并于2000年在全国范围内开展区划工作。水功能区划不仅是现阶段水资源保护规划的基础，而且也是今后水资源保护监督管理的出发点和落脚点，是实现水资源合理开发利用、有效保护、综合治理和科学管理的极其重要的基础性工作，对国家实施经济社会可持续发展具有重大意义。

一、区划工作情况

水功能区划是《水法》赋予水利部门的一项重要职责。2000年2月，水利部印发“关于在全国开展水资源综合规划编制工作的通知”（水资源[2000]158号），要求针对全国所有水域划分水功能区，作为规划的基础和今后水资源保护管理的重要依据。

2000年3月21日，黄河流域（片）水资源保护规划工作会议在郑州召开，会议讨论通过了《黄河流域水资源保护规划工作大纲》和《黄河流域水功能区划技术细则》，统一了技术要求，明确了任务分工和工作进度。水功能区划方案初步形成后，流域机构与各省（区）对区划方案反复讨论，形成区划成果，经多次修改、完善，于2002年1月通过了水利部组织的审查。

在此基础上，水利部根据国家和流域水资源的管理重点，选择主要和重要的水域形成《中国水功能区划（试行）》，于2002年4月要求各流域机构和各省、自治区、直辖市水利（水务）厅（局）认真组织实施。经过一年多的试行，在征求全国各省、自治区、直辖市人民政府及各部、委意见的基础上，水利部于2003年8月、2004年10月和2005年8月对《中国水功能区划》及重要江河水功能区划进行三次校核修订，正待上报国务院。

截至2005年初，黄河流域青海、四川、宁夏、内蒙古、陕西、河南6省（区）政府已正式批复本省（区）的水功能区划，其他省（区）正在申报或审批过程中。

二、区划目的与意义

黄河流域地处干旱、半干旱地区，水资源贫乏，水资源人均占有量低于全国平均水平。随着经济社会的快速发展和人民生活水平的不断提高，对水资源量和质的需求也在提高，供需矛盾日益突出。与此同时，废污水大量排放，使水体受到不同程度的污染，水生态环境恶化。因此，维护水资源的可持续利用，保障流域经济社会可持续发展已成为迫切任务。

在水功能区划的基础上，通过水功能区管理，可逐步实现水资源优化配置、合理开发、高效利用、有效保护的目的，促进经济社会的可持续发展。

三、指导思想

以水资源与水环境承载能力为基础，以合理开发和有效保护水资源为核心，以遏制水污染和水生态恶化、改善水资源质量为目标，结合区域水资源开发利用规划及经济社会发展规划，从流域（片）水资源开发利用现状和未来发展需要出发，根据水资源的可再生能力和自然环境的可承载能力，科学合理地划定水功能区，促进经济社会和生态环境的协调发展，以水资源的可持续利用保障经济社会的可持续发展。

四、区划原则

(1)尊重水域自然属性原则。
(2)统筹兼顾、突出重点的原则。
(3)现实性和前瞻性相结合的原则。
(4)便于管理、实用可行的原则。
(5)水质水量并重、水资源保护与生态环境保护相结合的原则。
(6)不低于现状功能的原则。

五、区划范围

黄河流域水功能区划范围包括黄河干流水系及支流洮河水系、湟水水系、窟野河水系、无定河水系、汾河水系、渭河水系、泾河水系、北洛河水系、洛河水系、沁河水系和大汶河水系中流域面积大于100 km^2 的河流，开发利用程度较高、污染较重的河流，以及向城镇供水的河流、水库。

黄河流域湖泊包括宁夏回族自治区的沙湖、内蒙古自治区的乌梁素海、山东省的东平湖。

六、区划体系

水功能区划分采用两级体系即一级区划和二级区划。一级区划是从宏观上解决水资源开发利用与保护的问题，主要协调地区间用水关系，长远考虑可持续发展的需求；二级区划主要协调用水部门之间的关系。

水功能区划分级分类系统见图5-1。

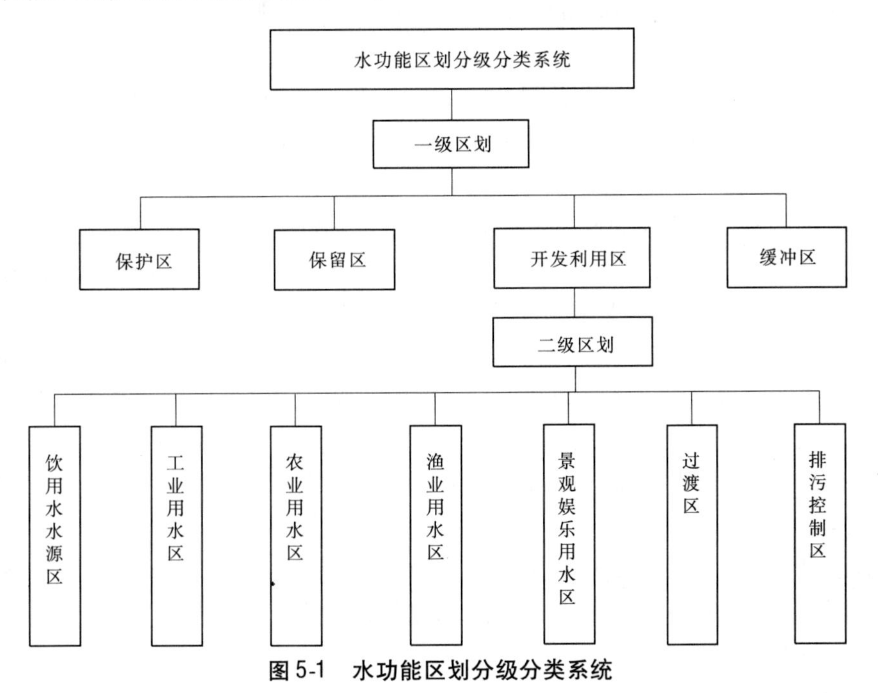

图5-1　水功能区划分级分类系统

(一)一级区划

一级区划分为保护区、保留区、缓冲区、开发利用区。

1. 保护区

保护区指对水资源保护、自然生态及珍稀濒危物种的保护有重要意义的水域。保护区分为源头水保护区、自然保护区、生态用水保护区和调水水源保护区4类。

2. 保留区

保留区是指目前开发利用程度不高,为今后开发利用和保护水资源而预留的水域。

3. 缓冲区

缓冲区是指为协调省(区)际间用水关系,或在开发利用区与保护区相衔接时,为满足保护区水质要求而划定的水域。缓冲区分为边界缓冲区和功能缓冲区。

4. 开发利用区

开发利用区主要指具有满足城镇生活、工农业生产、渔业或游乐等需水要求的水域。

(二)二级区划

二级区划是对一级区的开发利用区进一步划分,分为饮用水水源区、工业用水区、农业用水区、渔业用水区、景观娱乐用水区、过渡区、排污控制区。

1. 饮用水水源区

饮用水水源区是指满足城镇生活饮用水需要的水域。水质标准根据水质状况和需要分别执行《地表水环境质量标准》(GB 3838—2002)Ⅱ、Ⅲ类水质标准。

2. 工业用水区

工业用水区是指满足城镇工业用水需要的水域。水质标准执行《地表水环境质量标准》(GB 3838—2002)Ⅳ类水质标准,或不低于现状水质类别。

3. 农业用水区

农业用水区是指满足农业灌溉用水需要的水域。水质标准执行《地表水环境质量标准》(GB 3838—2002)Ⅴ类水质标准,或不低于现状水质类别。

4. 渔业用水区

渔业用水区是指具有鱼、虾、蟹、贝类产卵场、索饵场、越冬场及洄游通道功能的水域,养殖鱼、虾、蟹、贝、藻类等水生动植物的水域。珍贵鱼类及鱼虾产卵场执行《地表水环境质量标准》(GB 3838—2002)Ⅱ类水质标准,一般鱼类用水区执行Ⅲ类水质标准。

5. 景观娱乐用水区

景观娱乐用水区是指以满足景观、疗养、度假和娱乐需要为目的的水域。人体直接接触的天然浴场、景观、娱乐水域执行《地表水环境质量标准》(GB 3838—2002)Ⅲ类水质标准,人体非直接接触的景观、娱乐水域执行Ⅳ类水质标准。

6. 过渡区

过渡区是指为使水质要求有差异的相邻功能区顺利衔接而划定的水域。水质标准以满足出流断面所邻功能区水质要求选用相应的水质控制标准。

7. 排污控制区

排污控制区是指接纳生活、生产污废水比较集中的水域。

七、区划成果

(一)一级区划

黄河流域水功能一级区划涉及黄河流域9省(区),12个水系见插页彩图。对271条河流和3个湖泊的重点水域进行了一级区划,基本上全面、客观地反映了黄河流域水资源开发利用与保护的现状。

黄河流域共划分了488个一级水功能区,区划总河长35 431.8 km。其中黄河干流5 463.6 km,占区划总河长的15.4%;支流共270条,合计长29 968.2 km,占区划总河长的84.6%;区划湖泊3个,总面积456.2 km^2。

黄河流域一级区划湖泊、河流分布情况详见表5-2、表5-3。

表5-2 黄河流域湖泊水功能一级区划成果统计

水系	湖泊个数	湖泊名称	湖泊面积(km^2)	行政区域
黄河干流水系	2	沙湖 乌梁素海	8.2 293	宁夏回族自治区 内蒙古自治区
大汶河水系	1	东平湖	155	山东省
合计	3		456.2	

表5-3 黄河流域河流水功能一级区划统计

水系	河流		一级功能区		河长	
	个数	所占比例(%)	个数	所占比例(%)	km	所占比例(%)
黄河干流水系	130	48.0	215	44.3	18 674.6	52.7
洮河水系	10	3.7	13	2.7	1 348.6	3.8
湟水水系	14	5.2	24	4.9	1 644.7	4.6
窟野河水系	5	1.8	12	2.5	442.2	1.2
无定河水系	7	2.6	18	3.7	1 270.5	3.6
汾河水系	11	4.1	23	4.7	1 566.4	4.4
渭河水系	42	15.5	81	16.7	4 107.3	11.6
泾河水系	12	4.4	32	6.6	2 046.6	5.8
北洛河水系	7	2.6	14	2.9	1 352.5	3.8
洛河水系	20	7.4	24	5.0	1 490.6	4.3
沁河水系	6	2.2	15	3.1	918.7	2.6
大汶河水系	7	2.6	14	2.9	569.1	1.6
合计	271	100	485	100	35 431.8	100

黄河流域河流共划分一级区 485 个,其中保护区 146 个,占一级功能区总数的 30.1%,河长 8 919.7 km,占区划河流总长的 25.2%;保留区 82 个,占一级功能区总数的 16.9%,河长 7 040.4 km,占区划河流总长的 19.9%;开发利用区 196 个,占一级功能区总数的 40.4%,河长 17 563.8 km,占区划河流总长的 49.6%;缓冲区 61 个,占一级功能区总数的 12.6%,河长 1 907.9 km,占区划河流总长的 5.3%。详见图 5-2、表 5-4。

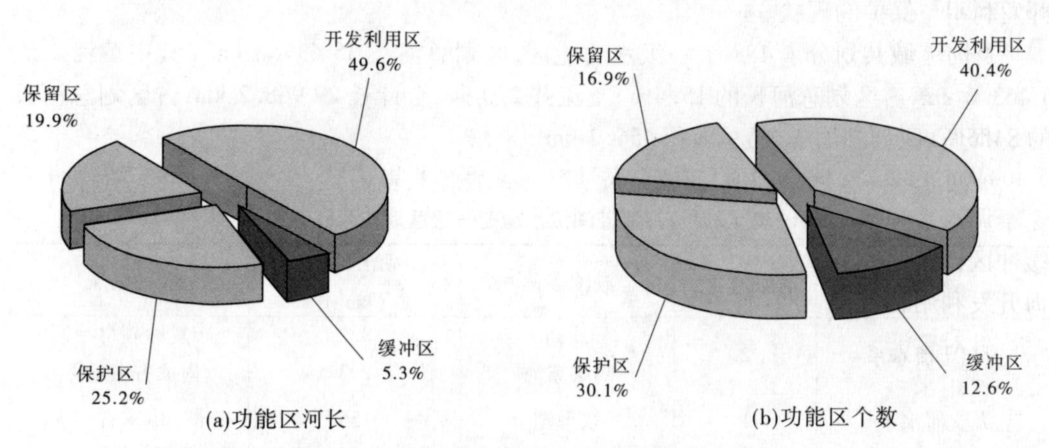

图 5-2 黄河流域河流各类一级功能区统计图

黄河流域湖泊共划分一级区 3 个,其中保护区 2 个,面积 448 km^2;开发利用区 1 个,面积 8.2 km^2。

表 5-4 黄河流域河流一级功能区数量统计

水系		保护区		保留区		开发利用区		缓冲区		合计	
		个数	河长(km)	个数	河长(km)	个数	河长(km)	个数	河长(km)	个数	河长(km)
黄河干流水系	干流	2	343	2	1 458.2	10	3 398.3	4	264.1	18	5 463.6
	支流	54	4 529.7	31	2 284.2	81	5 696.3	31	700.8	197	13 211
洮河水系		8	604.7	2	436.1	3	307.8			13	1 348.6
湟水水系		6	465.8	5	253.1	10	793.5	3	132.3	24	1 644.7
窟野河水系		3	110.5	1	41.9	5	243.5	3	46.3	12	442.2
无定河水系		4	230.2	4	423.6	6	427.3	4	189.4	18	1 270.5
汾河水系		11	486.3	2	84.1	9	957.7	1	38.3	23	1 566.4
渭河水系		26	826.3	15	698.4	35	2 375	5	207.6	81	4 107.3
泾河水系		7	312	8	646.2	11	895	6	193.4	32	2 046.6
北洛河水系		5	350.2	3	348.7	6	653.6			14	1 352.5
洛河水系		10	315.2	5	248.1	8	860.3	1	67	24	1 490.6
沁河水系		5	230	1	83.7	7	550.3	2	54.7	15	918.7
大汶河水系		5	115.8	3	34.1	5	405.2	1	14	14	569.1
合 计		146	8 919.7	82	7 040.4	196	17 563.8	61	1 907.9	485	35 431.8

（二）二级区划

在一级区划成果的基础上，黄河流域各省（区）结合各自实际，根据取水用途、工业布局、排污状况、风景名胜及主要城市河段等情况，对196个开发利用区进行了二级区划，共划分了465个二级功能区。

在区划的465个二级功能区中，按二级区第一主导功能分类，共划分饮用水水源区68个，工业用水区40个，农业用水区183个，渔业用水区8个，景观娱乐用水区18个，过渡区64个，排污控制区84个。

（三）黄河干流水功能区划

根据黄河干流水资源开发利用实际和功能需求，按照水资源保护要求，将黄河干流5 464 km的河长，划分为18个一级区。其中，2个保护区，分别是玛多源头水保护区、万家寨调水水源保护区；4个缓冲区，分别是青甘缓冲区、甘宁缓冲区、宁蒙缓冲区及托克托缓冲区；2个保留区，分别是青甘川保留区和黄河河口保留区；10个开发利用区，分别是青海开发利用区、甘肃开发利用区等。

针对黄河干流10个开发利用区，按照各河段实际情况和需求，共划分50个二级区，其中饮用水水源区14个，工业用水区3个，农业用水区12个，渔业用水区6个，景观用水区1个，排污控制区7个，过渡区7个。

（四）中国水功能区划中黄河流域部分

黄河流域纳入中国水功能区划的河流45条，湖泊（水库）2个，区划总河长14 074.2 km，区划湖库面积448 km^2。

（1）一级区划。黄河流域纳入全国区划的水功能一级区有118个，区划总河长14 074.2 km。其中，保护区河长2 043.8 km，占总河长的14.5%；缓冲区1 616.0 km，占总河长的11.5%；开发利用区7 964.7 km，占总河长的56.6%；保留区2 449.7 km，占总河长的17.4%。区划湖库面积448 km^2，全部为保护区。

（2）二级区划。黄河流域划分二级区181个，区划总河长7 964.7 km。

第四节　黄河水环境保护、监管与水量水质统一管理

黄河水资源管理面临着两大水问题：一是水资源贫乏，二是水质污染严重。而跨境水污染又成为引发省际水事矛盾的另一诱因，两方面因素综合的结果，进一步加剧了黄河用水矛盾。

针对这一情况，黄委加强了水量、水质的一体化管理，在取水许可和水量调度过程中，均将水质作为其中一项重要因素加以考虑，同时加强了水资源保护与监督管理工作。

一、加强水质监测和水质信息发布工作

加强水质监测站网布设，目前已建成了较为完整的多功能水质监测网络体系。黄委和沿黄8省（区）水利部门已实施监测断面257个，黄委直管的省界站68个，已在黄河重要控制断面建设了花园口和潼关两个水质自动监测站，形成了固定断面监测、流动巡测和自动监测相结合的监测模式。

加强黄河省界及黄河饮用水源地等重要水功能区水质监测，加密水质监测频次，开展水质预估，不断提高监测和预估能力，加大监督管理力度，加强协商沟通，及时通报，发挥舆论监督作用。定期(年、月、旬)或不定期地发布水质公报、通报、简报等，并在黄河网上发布每日水质自动监测站水质监测数据。这些都为水资源保护管理和水污染防治提供了重要水质信息和决策依据，同时为社会公众提供了了解黄河水质信息的渠道。

二、强化监督管理

(一)加强入河污染物总量限排

针对2002年入冬后黄河龙门以下河段水质恶化形势，为遏制水质恶化趋势，保证沿黄人民群众饮用水安全，在审定纳污能力的基础上，依法向山西、陕西、河南和山东4省提出了2003年旱情紧急情况下入黄污染物限制排放意见。通过限排实施，重点入黄排污口超排现象有所控制，重要支流入黄污染物总量显著下降，干流水质明显好转。为加强入河污染物总量限排，根据《水法》规定，黄委2004年组织编制完成了《黄河纳污能力及限制排污总量意见》，已经水利部审查，并函送国家环保总局。该意见的提出，为黄河水污染防治工作提供了重要依据，是维持黄河健康生命的一项重要举措。

(二)建立重大水污染事件快速反应机制

2002年黄河干流来水偏枯，水污染形势十分严峻，为此，黄委紧急制定出台了《黄河重大水污染事件报告办法(试行)》。2003年4月，黄河干流兰州河段发生严重油污染事件，引发了快速反应的思考，紧急制定了《黄河重大水污染事件应急调查处理规定》，与《黄河重大水污染事件报告办法(试行)》一起，初步形成了黄河重大水污染事件快速反应机制。随后，黄委水资源保护局、水文局相继制订了应急预案和岗位责任制，进一步完善了水污染事件快速反应机制。黄委借助水污染事件快速反应机制，及时处理了兰州河段水污染事件、潼关河段水质异常事件、小浪底水库首次富营养化问题、内蒙古河段“6·26”水污染事件等多起黄河重大水污染事件，有效保护了黄河水资源，最大限度地减少了水污染事件带来的损失。黄河重大水污染事件快速反应机制的建立，增强了有关单位、部门的责任感和紧迫感，提高了应对水污染事件的快速反应能力。

(三)探索建立黄河流域联合治污机制

黄河水资源保护与水污染防治是一项复杂的系统工程，仅靠水利部门难以解决，必须走“协调配合、联合治污”的道路。2003年6月，温家宝总理针对黄河流域的水污染状况做出重要批示：“水利、环保部门要建立联合治污的机制，制定统一规划和部署，确保黄河不断流、水质不恶化。”黄委与流域内各省(区)积极探索建立黄河流域联合治污机制，提出了关于建立黄河流域水利、环保联合治污机制的意见，经水利部、国家环保总局协商完善后，基本形成了以信息通报制度、重大问题会商制度、保护与防治统一规划、统一环境监测网络等为核心的黄河联合治污机制框架。第八次引黄济津调水期间，为保证供水安全，在水利部、国家环保总局的领导下，黄委会同晋、陕、豫3省水利、环保部门，制定了《2003～2004年引黄济津期黄河水污染控制预案》，并经水利部和国家环保总局联合发文实施，取得了明显效果。

(四)开展入河排污口监督管理

依据《水法》赋予流域机构入河排污口监督管理的职责,制定了《黄河入河排污口管理办法(试行)》,在黄河干流及直管支流河段积极开展入河排污口登记、设置审批及监督检查工作,对严重违法向黄河超标排污的企业进行曝光,并报告有关地方政府,向环保部门进行通报。

三、加强水量、水质的一体化管理

在黄河取水许可管理中,专门制定了《黄河取水许可水质管理办法》,水质管理已经渗透到黄河取水许可管理的各个环节,从建设项目水资源论证、取水许可审批以及监督管理,水质都是其中一项重要的审查和管理内容。

在水量调度工作中,调度方案的制订和执行,均考虑了供水水质的要求。为确保黄河供水安全,黄委开展了水质预估工作,建立了水质预测模型,在旬测的基础上对次旬水质进行预测,并与旬水量调度方案一并发布。

第三篇　初始阶段:黄河不断流

第六章　决策与组织

黄河流经9省(区),供水区则涉及11省(区、市)。这些地区对黄河水资源的需求巨大,加上灌溉、供水、发电、生态等不同用水部门以及防洪、防凌对黄河水资源量与过程的要求各不相同,造成了黄河水资源的供需失衡,省际间、部门间用水矛盾加剧,并最终自20世纪70年代开始,流域缺水逐渐演变成愈来愈严重的河道断流。黄河干支流严重的断流现象,是黄河水资源短缺和缺乏有效的流域水资源统一管理与调度的集中体现。

依托大型水利工程,进行科学的水量调度是缓解黄河水资源供需矛盾、协调省际间、部门间用水纠纷的重要举措。黄河干流从20世纪60年代开始水量调度工作,最初的水量调度仅局限在水库调度本身及局部河段,并没有形成全河水量统一调度的格局。尽管局部河段的调度在一定程度上缓解了调度河段的用水矛盾,但由于缺少全河统筹,对有效协调全河用水矛盾作用十分有限,甚至加剧了调度河段下游的用水危机。随着黄河缺水断流形势的加剧,水量调度范围在时间和空间上不断扩展。1998年12月14日,原国家计委、水利部联合颁布实施了《黄河水量调度管理办法》,标志着黄河水量调度开始步入全河统一调度的新阶段。为与1999年开始的全河水量统一调度相区别,本书将1998年之前的水量调度称为历史上的黄河水量调度。本章回顾了历史上黄河水量调度情况,重点介绍统一调度决策及组织背景。

第一节　历史上的黄河水量调度

一、黄河上中游水量调度

黄河中游三门峡水库,是黄河上兴建的第一座大型水利枢纽,为季调节水库,自1960年建成以来,一直由黄委负责调度。为加强三门峡水利枢纽运行管理,黄委成立了三门峡水利枢纽管理局。三门峡水库的调度运用对黄河下游防洪、防凌、减淤、灌溉、供水、发电等都发挥了显著的综合效益。

黄河上游刘家峡水库于1968年建成,是一座具有多目标的不完全年调节水库,其调节能力较大,不仅直接关系到西北地区的水力发电和甘肃、宁夏、内蒙古3省(区)的工农业生产，而且与盐锅峡、青铜峡一起对全河的防汛、防凌有重要影响。为此，经国务院批准，1969年成立了由宁夏、内蒙古、甘肃3省（区）和黄委、西北电业管理局组成的黄河上中游水量调度委员会，办公室设在甘肃省电力工业局。委员会的主要任务是研究、协商、安排刘家峡、盐锅峡、青铜峡3座水库非汛期的水量分配方案；分配有关地区的工农业用水量；协调发电用水和农业灌溉用水之间的关系；向中央及黄河防汛部门提出刘家峡、盐锅峡、青铜峡3座水库伏汛和凌汛期联合运用计划等。办公室是具体的执行机构，直接负责刘家峡、盐锅峡水库的水量调度，青铜峡水库由宁夏电力工业局水库调度组负责。八盘峡水库于1974年建成后也归黄河上中游水量调度委员会统一调度。

龙羊峡水库是黄河干流上建设的第一座多年调节水库，1986年下闸蓄水后，形成了黄河上中游梯级水库联合运用的格局，水调与电调、各省（区）之间的协调任务更加繁重。为统筹协调省际间及部门间关系，1987年3月，经国务院同意，原国家计委、经委和水利电力部决定充实和调整原有的黄河上中游水量调度委员会，成员单位增加了青海省，主任委员和副主任委员分别由黄委和西北电业管理局担任，办公室设在西北电业管理局。调整后的委员会主要任务不变，并规定每年召开1~2次委员会会议。1987年8月明确委员会办公室直接对龙羊峡、刘家峡水库进行调度，并通过甘肃、宁夏两省（区）二级水调机构对盐锅峡、八盘峡、青铜峡水库进行调度。1989年1月，国家防汛总指挥部明确黄河凌汛期的全河水量调度统一由黄河防汛总指挥部调度。至此，纯粹为了防凌安全的需求在凌汛期将黄河上游河段和下游三门峡水库的调度统一起来，此时，调度的重点侧重于控制上游龙羊峡水库、刘家峡水库和三门峡水库的出流。

二、流域外应急调水

黄河不仅以其有限的水资源支撑着流域及下游两岸相关地区生活、生产的用水需求，而且还多次实施跨流域应急调水，有效缓解了天津、河北、青岛等地的供水紧张局面，保障了这些地区经济社会的可持续发展。

20世纪70年代初期，华北地区连年干旱少雨，位于海河流域的天津市发生了严重的供水危机。天津作为当时中国的3个直辖市之一，确保其供水安全具有重大的经济和政治意义。因此，党中央、国务院对天津的缺水问题极为关心和重视，决定从黄河引水济津。

1972年12月25日~1973年2月16日是历史上第一次引黄济津，引黄水量1.03亿m^3。自1972年至黄河水量统一调度的1999年期间先后5次实施引黄济津，其中70年代实施了3次，共引黄河水5.14亿m^3，输水线路（见插页彩图）是人民胜利渠入卫河接南运河，全长860 km；80年代进行了2次，共引黄河水15.11亿m^3，第4次引黄济津输水线路是人民胜利渠入卫河接南运河、位临（位山至临清，下同）接南运河、潘牛（潘庄至牛角峪，下同）接南运河3条路线，第5次输水线路是位临接南运河和潘牛接南运河两条路线。

20世纪80年代后，随着经济社会的发展，水资源短缺问题更为突出。为解决青岛市、河北地区的严重缺水状况，相继建设了引黄济青工程（见图6-1）和引黄入卫工程，并多次实施应急调水，初步扭转了相关地区严重缺水的不利局面。

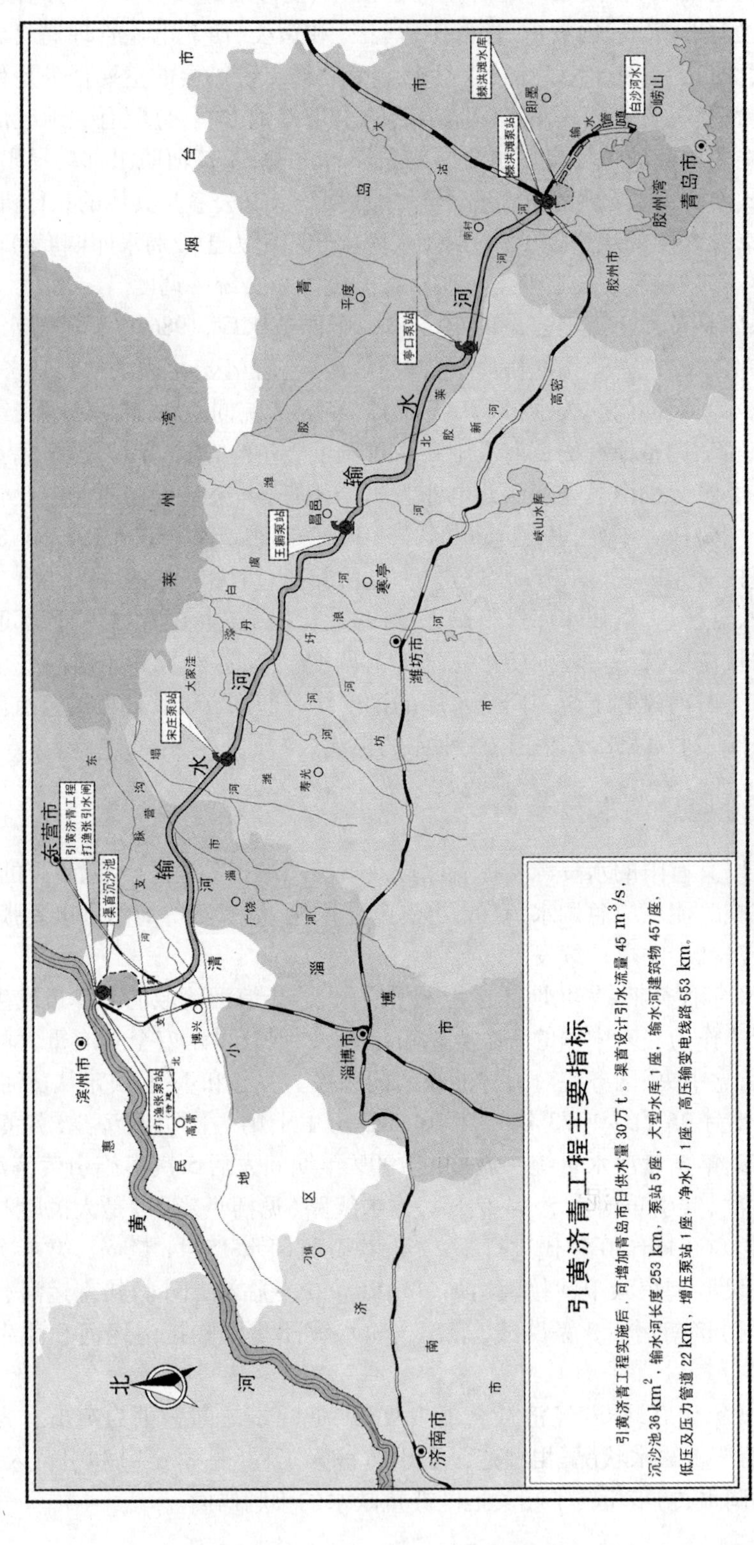

图 6-1　山东引黄济青工程示意图

第二节 实施统一调度决策背景

一、实施统一调度的必要性

(一)缓解水资源供需矛盾的需要

黄河水资源相当贫乏,还具有水少沙多、水沙异源、时空分布不均及连续枯水时间长等突出特点,加之干流水库特别是中下游水库调节能力不足,增加了利用黄河水资源的难度。另一方面,随着工农业生产的发展和城乡人民生活水平的提高,耗水量急剧增加。1949 年,全河工农业耗用河川径流量仅 74.2 亿 m^3,1980 年达到 271 亿 m^3,80 年代末至 90 年代初年平均耗水量达到 300 多亿 m^3,40 多年来用水量翻了两倍多,使黄河水资源的供需矛盾日趋突出。尤其是自 20 世纪 70 年代开始,流域及相关地区对黄河水资源的需求量急剧增加,加之超量无序用水,致使黄河下游时常发生断流且断流趋势愈演愈烈,进入 90 年代几乎年年断流。断流不仅造成河口地区城市供水、人畜饮水和生产供水危机,而且影响社会安定,破坏生态平衡,并带来巨大经济损失。由于水资源贫乏、用水量急剧增加,只有实行黄河水资源的统一管理,有效限制超计划用水,遏制不合理用水需求的过快增长,促进水资源的有效利用,才能缓解黄河水资源供需矛盾。

黄河流经青藏高原、黄土高原、华北平原等多种地貌单元,横跨干旱、半干旱、半湿润等多个气候带,供水范围涉及沿黄及邻近地区 11 个省(区、市)的广大地域,供水对象涉及经济社会与生态环境诸多领域,矛盾错综复杂,关系国计民生。只有通过流域水资源统一调度,才能建立起健康有序的供水用水秩序,这是落实黄河水资源统一管理、合理配置黄河水资源的有效途径和重要措施之一。

(二)除害与兴利的需要

黄河的除害与兴利包括防治黄河水害和利用黄河水利两个方面,是一项十分宏大而又极其复杂的系统工程,涉及国民经济的诸多部门,必须统筹考虑经济、社会、资源、环境等各个方面。黄河的治理与开发具有很强的整体性,除害与兴利紧密相连、不可分割。黄河上游是黄河清水主要来源区,水电资源十分丰富,宁蒙两区 1 400 多万亩耕地要依靠黄河水灌溉,同时上游清水还承担着输送中游泥沙、减轻下游河道淤积的重要任务;黄河中游的黄土高原是黄河泥沙的主要来源区,中游水土保持工作对改善当地人民生活和生态环境、促进能源基地的建设开发和减少入黄泥沙都是密切相关的;黄河下游是举世闻名的“地上悬河”,防洪防凌任务异常艰巨,两岸 4 700 多万亩耕地、沿黄城市和中原、胜利两大油田对黄河水资源有极强的依赖性,下游河道同时又是排沙的通道。由此可见,虽然黄河上、中、下游各有其特点,治理的重点不一样,水资源开发利用要求也不尽相同,但黄河是一个有机的整体,局部河段的水资源调节利用对黄河全局的除害与兴利有很大的影响,牵一发而动全身,只有统一管理和调度,才能统筹全河的除害与兴利,也才能确保黄河的防洪、防凌安全,同时使黄河有限的水资源在上、中、下游都获得最大的利用效率和效益。

(三)协调用水矛盾的需要

农业灌溉是黄河第一用水大户,农业灌溉用水主要集中在农作物生长期的几个关键时段,如不能满足就会减产;工业和城市生活用水虽然数量不大,但其保证率要求高,用水必须保证;上游河段已经建成的梯级水电站的装机容量占目前西北电网总装机容量的30%以上,这些电站的发电要根据电网需要进行调度;为了减轻河道的淤积,必须有足够的水量和洪峰来排沙;为了保证防凌安全,冬季河道的封、开河流量既不能太大,也不能太小,即水库下泄流量不能超过河道的安全泄量;为了维持生态平衡和防止水污染,一些污染严重的河段和河口地区必须保持一定的流量。由于黄河流域地区与地区之间、上下游、左右岸、人类用水与生态用水、发电与供水之间的用水需求不一,水资源供需矛盾日益尖锐,地区之间、不同利益群体之间因竞相争水、抢水引起的纷争接连不断。只有加强水资源的统一管理与调度才能统筹兼顾,协调解决这些矛盾。

(四)贯彻《水法》的需要

1988 年颁布实施的《水法》第九条规定:"国家对水资源实行统一管理与分级、分部门管理相结合的制度。国务院水行政主管部门负责全国水资源的统一管理工作。国务院其他有关部门按照国务院规定的职责分工,协同国务院水行政主管部门,负责有关的水资源管理工作。"世界上许多国家都强调以流域为单元对水资源实行统一管理,如英国把全国划分为十大流域,按流域对水资源实行统一管理,其他国家如澳大利亚、美国、法国等也非常重视流域管理。鉴于黄河流域的实际情况,实行黄河水资源的统一调度管理不仅是流域经济社会发展的需要,也是建立现代水资源管理体制的需要,是《水法》的要求。

二、统一调度的筹备与决策

黄河下游日益严峻的断流问题,引起党中央、国务院的高度重视和社会各界的广泛关注。1997 年,国务院及有关部委分别召开了黄河断流原因及其缓解对策专家研讨会,寻求解决黄河断流问题的良策;1998 年元月,中国科学院、中国工程院 163 名院士联名呼吁:行动起来,拯救黄河;1998 年 7 月,两院院士、专家对黄河流域的山东、河南、陕西、宁夏 4 省(区)20 多个市(地、县)进行了实地考察,向国务院提出了《关于缓解黄河断流的对策与建议》的报告,建议"依法实施统一管理和调度";中央电视台和经济日报社也于同年的 4 月 15 日 ~7 月 1 日,联合组织了"黄河断流万里探源"大型采访活动,以增强全社会水忧患意识,呼吁解决黄河断流、缺水问题;黄委对黄河断流问题十分重视,开展了黄河下游断流原因及其缓解对策研究、水资源优化配置和调度及中长期径流预报等课题的联合攻关工作,为实施全河水量统一调度奠定了基础。

为缓解黄河流域水资源供需矛盾和黄河下游频繁断流的严峻形势,经国务院批准,1998 年 12 月原国家计委、水利部联合颁布了《黄河可供水量年度分配及干流水量调度方案》和《黄河水量调度管理办法》,授权黄委统一调度黄河水量。《黄河水量调度管理办法》的颁布实施,标志着黄河水量调度正式走向全河水量统一调度。

第三节　统一调度的策划与组织

一、体制与机制

《黄河水量调度管理办法》确定了黄委为统一管理与调度黄河水资源的执法主体，明确规定了黄河水量的调度原则、调度权限、用水申报、用水审批、用水监督以及特殊情况下的水量调度等内容，使黄河水量统一调度工作有章可循。

黄河水量调度工作涉及省（区）、部门多，利益关系复杂，需从水量调度的要求出发，将其纳入黄河水量统一调度的体系中。经过多年的水量调度实践，已经建立起一套较为完整的覆盖流域各省（区）、骨干水利枢纽管理单位的组织管理体系。

（一）水利部

水利部负责组织、协调、监督、指导黄河水量调度工作，负责黄河水量分配方案和水量调度计划的审批，归口管理部门为水利部水资源管理司；旱情紧急情况下水量调度预案、向流域外应急调水等工作归国家防办审批。

（二）黄委有关单位和部门

1. 水调局

根据形势需要，黄委于1999年2月筹建黄河水量调度管理局，负责全河水量调度的日常工作。2002年机构改革时，正式成立了黄河水资源管理与调度局（简称水调局），全面负责黄河水资源的统一管理和水量的统一调度。具体职责包括：组织拟订流域内省（区）际水量分配方案和年度调度计划，制订水量实时调度方案并组织实施和监督；组织实施取水许可制度、水资源费征收制度；编制、发布黄河水资源公报；组织开展水权、水市场研究工作；指导、协调、监督流域内抗旱和节约用水工作；开展全河水量调度系统的现代化建设。

2. 水文局

水文局作为水量调度的“耳目”，负责在每年10月下旬提出黄河花园口站当年7月至次年6月水文年度的天然径流总量和黄河主要来水区当年11月至次年6月的径流预报。实时调度期间，负责提出月、旬主要来水区径流预报，同时承担水文测验和督查工作。

3. 水资源保护局

水资源保护局负责黄河小川、新城桥、下河沿、石嘴山、头道拐、潼关、三门峡、小浪底坝下、花园口、高村、泺口、利津等12个重要断面的水质月、旬监测和预报（估）。

4. 三门峡水利枢纽管理局

根据水利部批准的黄河可供水量年度分配和非汛期干流水量调度预案及黄委下达的干流水量月、旬调度方案，制定枢纽的调度计划，做好水库下泄流量控制。

5. 河南、山东黄河河务局

为适应黄河水量统一调度工作的需要，黄委的河南、山东黄河河务局也成立了相应的水调管理机构，负责编制本省干流河段的年度用水计划（其中，河南省水利厅、山东省水利厅负责编制本省支流的年度用水计划），根据水利部批准的黄河可供水量年度分配和非汛期干流水量调度预案及黄委下达的干流水量月、旬调度方案,安排本省的年、月、旬配水,负责本省引水订单的上报工作,并做好本省内的黄河水量调度监督管理工作,保证高村断面和利津断面的下泄流量。两局所属市、县河务局也明确了专职部门负责黄河水量调度管理工作,形成了省、市、县三级水资源管理体系。

6. 黄河上中游管理局和黄河小北干流山西、陕西河务局

负责所辖河段水量调度的监督检查,按照取水许可管理权限监督各取用水户的实际引水用水情况。

(三)上中游电力及水利枢纽管理单位

1. 黄河上中游水调办公室

黄河上中游水调办公室负责编制黄河上游龙羊峡水库、刘家峡水库非汛期运用建议计划;根据水利部批准的黄河可供水量年度分配和非汛期干流水量调度预案及黄委下达的干流水量月、旬调度方案和调度指令,组织刘家峡水库的调度,按要求保证水库下泄流量。

2. 西北电网有限公司

根据水利部批准的黄河可供水量年度分配和非汛期干流水量调度预案及黄委下达的干流水量月、旬调度方案,制订黄河龙羊峡、刘家峡等上游梯级水库联合调度及供水计划,严格执行黄委下达的枢纽调度指令。

3. 中游枢纽管理单位

除黄委直接管理的三门峡水利枢纽外,中游枢纽管理单位还包括万家寨、小浪底等水利枢纽管理单位,根据水利部批准的黄河可供水量年度分配和非汛期干流水量调度预案及黄委下达的干流水量月、旬调度方案,制订枢纽的调度计划,严格执行黄委下达的枢纽调度指令。

(四)各省(区)水利厅(局)

编制本省(区)干、支流的年度用水计划,根据水利部批准的黄河可供水量年度分配和非汛期干流水量调度预案及黄委下达的干流水量月、旬调度方案,合理安排本省(区)配水,并做好辖区内的水量调度监督管理工作,按要求保证省界断面的下泄流量。

二、调度阶段及目标

(一)启动及初级阶段

1. 启动阶段(1998~1999 年 10 月)

20 世纪 80 年代初,黄河水资源供需矛盾逐渐突出,真正意义上的流域分水工作提上议事日程,并开展了相关基础工作。1997~1998 年,黄委在前期工作的基础上又开展了年内水量分配和枯水年分水方案研究,通过分析灌区设计合理用水和各地历史引黄耗水过程,依照 1987 年国务院分水方案,制订出正常来水年份可供水量各省(区)年内各月分配水量,作为黄河水量年度分配的控制指标。1998 年 12 月 14 日经国务院批准,原国家计委、水利部颁布了《黄河可供水量年度分配及干流水量调度方案》,正式授权黄委统一调度黄河水量。

为了黄河水量调度工作需要,经报水利部批准,黄委筹建了专职机构——黄河水量调

度管理局(筹),首批人员于1999年2月8日到位到岗,并提出了"平稳启动、低调运行"的初期工作思路。1999年3月1日发出了第一份调度指令,正式启动了黄河水量统一调度工作。调度的河段是刘家峡水库至头道拐、三门峡水库至利津干流河段,调度时段为11月~次年6月,调度的主要目标是缓解黄河下游断流形势和黄河水资源供需矛盾。

黄河水量统一调度是大江大河的首例,缺乏经验,加之水资源供需矛盾突出,水量调度涉及沿黄诸多省(区)及部门利益,关系复杂,工作难度大。为此,黄委采取多沟通、多协商的办法,广泛征求有关单位意见,多次召开协调会议,研究协商水量调度相关事宜,仅1999年3~6月就召开协商会议达7次之多。通过本阶段调度工作,初步建立了月旬水量调度方案制度,尝试了实时调度管理,初步启动了水量调度监督检查,基本保证了沿黄城乡生活和工农业生产特别是农业灌溉关键期用水,结束了利津河段自1999年2月6日以来已持续34天的断流局面;自3月11日恢复过流后至1999年底,利津仅断流8天,最后一次断流是1999年8月11日。第一年调度就大幅度减少了利津断流天数。同时,通过调度工作,初步形成了比较完整的水资源管理体系,与省(区)和枢纽管理单位初步建立起了一种团结协商的工作关系,使水量调度工作逐渐向团结、健康的方向发展。

2. 初期阶段(1999年11月~2002年6月)

本阶段,黄河流域降水偏少,来水持续偏枯,沿黄地区干旱严重,水资源供需矛盾十分突出,防断流形势异常严峻。这一阶段的主要目标是初步实现黄河不断流,使有限的黄河水资源更好地为沿黄地区国民经济和社会发展服务。2000年,黄委在提出"精心预测,精心调度,精心监督,精心协调"的水调指导方针的基础上,又提出了"以提高水资源利用率为核心,以经济和技术手段为突破口,开创黄河水量调度工作新局面"的工作思路,成立了水资源配置研究小组和黄河水量调度系统建设领导小组,研究黄河水资源优化配置和水量调度系统建设工作。调度工作中,黄委按时制订发布年、月、旬水量调度方案,制订桃汛蓄水方案,并通过及时滚动分析各地水情、雨情、墒情变化,不断优化、细化调度方案,强化实时调度,提高调度指令时效性和可操作性,形成了年预案控制,月、旬方案调整和实时调度指令相结合的调度方式,首次在旬方案中发布旬水质信息,将调度河段从刘家峡至头道拐河段、三门峡至利津河段,延伸到刘家峡以下全部河段。加强了与各省(区)、各部门的协商沟通,建立了联系人制度,加强了行业用水管理,在水量调度工作实践的基础上,强化用水管理和监督,完善保障措施,建立水调会商制度,制定并颁布实施《黄河下游订单供水调度管理办法》和《黄河下游水量调度工作责任制》等办法,建章立制,规范调度管理工作。

在沿黄有关单位的密切配合下,实现了2000年黄河首次全年不断流,中央领导同志给予了很高的评价。时任国务院总理的朱镕基批示"一曲绿色的颂歌,值得大书而特书"。时任国务院副总理的温家宝批示"黑河分水成功,黄河在大旱之年实现全年不断流,博斯腾湖两次向塔里木河输水,这些都为河流水量的统一调度和科学管理提供了宝贵的经验"。

本阶段,在黄河来水严重偏枯的情况下,通过采取一系列强有力的措施,除基本保证流域内有关省(区)的用水外,还成功地实施了第6次引黄济津,实现了从2000年开始连续3年黄河全年不断流,初步扭转了20世纪90年代以来黄河下游年年断流的不利局面,并由此产生了良好的社会影响。

(二)创新发展阶段(2002 年 6 月至今)

这是一个十分重要的发展时期,是黄河水量调度工作迈向现代化的时期,也是实现高级调度的过渡时期。这个时期从 2002 年 6 月开始至今,并还将持续一段时间。这个阶段的目标是:确保黄河不断流,缓解黄河流域水资源供需矛盾,落实 1987 年国务院分水方案,促进各地区各部门公平用水,协调生态环境用水、工农业生产生活用水和发电用水之间的矛盾,不断提高黄河水量调度管理水平,实现水资源优化配置,维持黄河健康生命,以水资源可持续利用支撑流域经济社会的可持续发展。

在这个阶段的水量调度中,进一步建章立制,实施了旱情紧急情况下水量调度,实行了行政首长负责制,建立水量调度快速反应机制,建成了黄河水量调度管理系统(一期),采取了一系列创新发展举措,有效提高了水资源管理与调度能力,提升了流域水资源管理的现代化水平,实现了黄河水量调度新突破,体现出科学调度、依法调度、全面调度的特点,将黄河水量调度推向新的更高起点。

1. 科学调度

黄河水量统一调度点多线长,存在管理信息不全,实时性、可靠性差,信息传输及管理技术手段落后等问题,仅靠传统的调度手段远不能满足水量调度时效性和现代化的要求。为改善调度手段,提高调度管理水平,使水量调度向高科技、信息化、现代化迈进,从 2002 年起,在"数字黄河"工程总体框架下,按"先进、实用、可靠、高效"的原则,充分利用先进和成熟的信息技术,强力推进黄河水量调度管理系统建设。黄河水量调度管理系统的建成与使用,标志着黄河水量统一调度开始了科学调度与精细调度的历程。黄河水量调度管理系统利用遥测、遥感、分布式模型等先进技术,在线获取水情、雨情、墒情、引(退)水、水库蓄水信息,借助模拟优化、仿真分析等决策支持手段科学制订实时调度方案,实现科学调度。

目前,一期工程已经完成并投入使用,建成了集信息采集自动化系统、计算机网络系统、决策支持系统及下游涵闸远程监控系统等于一体的黄河水量调度管理系统和一座功能齐全、科技含量高的现代化水量总调度中心,能够在线监视全河水雨旱情和重要河段引退水信息,快捷编制各类水量调度方案,逐日滚动预报上、下游河道主要断面流量,远程监视、监测、监控下游 77 座引黄涵闸。通过对水文低水测验设施改造和补充预报接收系统,提高水文测报水平,增强了水量调度的精度和科学性,提高了水资源配置监管力度和化解断流风险的控制能力。2002 年,黄河下游沿黄地区遭遇百年不遇的大旱,水资源供需矛盾异常突出,通过运用黄河下游枯水调度模型,实时调整小浪底水库下泄,仅冬季就节约水量 14 亿 m^3。统一调度以来,年度径流总量预报精度都在规定范围之内,2003 年旱情紧急调度期的 4 月 ~7 月 10 日,黄河流域主要来水区径流总量预报误差仅 1%。为保证供水水质安全,水资源保护部门增加了实验设备,购置了移动实验室,在重要河段建成了两处水质自动监测站,提高应对水污染事故的信息采集和样品处理能力。

2. 依法调度

黄河极其特殊的流域特性和历史地位,决定必须建立一套符合黄河自身特点的管理制度和法律法规保障体系。20 世纪末,黄委即着手开展《黄河法》的立法前期工作,但由于立法程序复杂,推进颁布需要一个较长的过程。根据时任国务院副总理温家宝同志的指示,黄委于2003年开始,组织起草《黄河水量调度条例》,经过广泛征求意见和反复修改完善,2006年7月5日,国务院第142次常务会议审议通过了《黄河水量调度条例》,7月24日,国务院令第472号颁布了《黄河水量调度条例》,并于2006年8月1日起正式施行。该条例结合黄河实际情况,将统一调度以来工作中行之有效的制度和经验法制化、规范化,对黄河水量调度的基本原则、组织保障体系、水量分配制度、应急调度实施以及各责任主体违规处罚措施等做出了明确规定,是新中国成立以来在国家层面上第一次为黄河专门制定的行政法规,也是国家关于大江大河流域水量调度管理的第一部行政法规。它的颁布实施,为黄河水量调度提供了法律保障,标志着黄河水量调度步入了依法调度的新阶段,在黄河治理开发与管理的历史上具有里程碑的意义。

3. 全面调度

随着黄河水量调度工作的不断深入发展,特别是《黄河水量调度条例》颁布后,水量调度的范围、时段、内容都在不断扩展,正在向全面调度迈进。在调度河段上,目前已从刘家峡以下干流河段扩展到龙羊峡水库以下全部干流河段,实现了由黄河干流调度扩展到重要支流的调度;在调度时段上,从以往非汛期扩展到包括汛期在内的整个年度;随着调度工作的推进,今后还将从河川径流的调度扩展到地下水参与调度;并将从微观层面着手,考虑降水、水情、墒情、作物生长态势等信息,实现包括生态需水在内的生态用水调度。

(三)稳定成熟阶段

这将是调度工作基本实现现代化后的稳定成熟时期。其标志是全面做好依法调度、科学调度,以及干支流统一调度、地表水与地下水联合调度、墒情与水量调度耦合、多水库联合调度、水量与水质一体化调度、仿真调度、智能调度等在内的高级目标,真正实现黄河功能性不断流,保证生活、生产、生态用水相协调,维持黄河健康生命,实现人水和谐,以水资源的可持续利用支撑经济社会与生态环境的全面良性发展。

第七章　初级调度的成功实施

初级调度阶段黄河水量调度面临来水偏枯、用水居高不下、用水户自律意识薄弱、技术手段缺乏等困难，通过采取综合措施，实现了自1999年以来年年不断流，省（区）超计划用水势头有所遏制，积累了宝贵的水量调度经验。本章主要介绍初级调度阶段来水、用水、采取的综合措施及效果等。

第一节　来水情况

一、年度来水情况

根据1998年7月～2003年6月5年资料分析，黄河上游河口镇站、中游花园口站的年均天然径流量分别为251.4亿m^3和371.0亿m^3，与1919年7月～1997年6月78年系列年均值相比，分别偏少22.36%和33.57%。以花园口站的年径流频率分析，1998年7月～2003年6月各年来水频率依次为77.3%、82.9%、93.1%、94.4%、99.1%，均属于中等偏枯水年或特枯水年。

从5年平均情况分析，黄河兰州断面以上来水占71.1%，中游头道拐至花园口区间来水占32.2%。黄河各主要来水区来水量见表7-1。

表7-1　黄河各主要来水区来水量　　（单位：亿m^3）

来水区间	1998～1999	1999～2000	2000～2001	2001～2002	2002～2003	平均
兰州以上	291.7	345.6	238.8	254.3	188.2	263.7
兰州—头道拐	9.2	-12.4	-12.3	-8.9	-37.1	-12.3
头道拐—龙门	48.3	-1.9	39.4	37.4	42.4	33.1
龙门—三门峡	60.9	49.5	37.7	41.4	25.3	43.0
三门峡—花园口	49.7	47.5	59.1	29.4	31.8	43.5
花园口以上	459.8	428.3	362.7	353.6	250.6	371.0

二、非汛期来水情况

5年平均花园口站非汛期天然径流为167.2亿m^3，占年来水量的45.1%。各区间分布情况，兰州以上121.6亿m^3，占花园口以上的72.7%；头道拐—龙门区间18.3亿m^3，占花园口以上的10.9%；龙门—三门峡区间18.4亿m^3，占花园口以上的11.0%；三门峡—花园口区间18.0亿 m^3，占花园口以上的10.8%。花园口站调度期来水70%以上来自兰州以上区间，大约30%来自头道拐—花园口区间。黄河干流初级调度阶段非汛期主要来水区来水量见表7-2。

表7-2　黄河干流初级调度阶段非汛期主要来水区来水量　　（单位：亿 m^3）

来水区间	1998～1999	1999～2000	2000～2001	2001～2002	2002～2003	平均
兰州以上	136.0	134.1	115.5	127.7	94.9	121.6
兰州—头道拐	-6.8	-11.4	-9.3	1.6	-19.3	-9.1
头道拐—龙门	31.1	0	14.5	20.7	25.0	18.3
龙门—三门峡	23.9	19.2	13.5	22.2	13.0	18.4
三门峡—花园口	12.7	17.7	24.1	16.8	18.8	18.0
花园口以上	196.9	159.6	158.3	189.0	132.4	167.2

花园口站非汛期平均来水的保证率为90.7%，兰州站为59.3%。可见，虽然兰州以上的来水在平均水平左右，且有3年来水保证率在94%以上，但花园口站的来水却达到特枯水平。初级调度阶段各年调度期来水量保证率见表7-3。

表7-3　初级调度阶段各年调度期来水量保证率

时段	花园口		兰州	
	来水量（亿 m^3）	保证率（%）	来水量（亿 m^3）	保证率（%）
1998～1999	196.9	70.3	136.0	45.7
1999～2000	159.6	94.2	134.1	46.4
2000～2001	158.3	94.4	115.5	69.5
2001～2002	189.0	74.0	127.7	54.1
2002～2003	132.4	97.3	94.9	89.7
平均	167.2	90.7	121.6	59.3

来水量与多年平均值比较，各区间来水均偏少，其中，花园口站平均来水与多年均值相比，偏少27.8%；兰州以上为7.9%，偏少最少；龙门—三门峡区间为63.4%，偏少最多；头道拐—龙门区间偏少39.5%；三门峡—花园口区间偏少23.8%。各年非汛期主要来水区来水量与多年均值对比情况见表7-4。

表 7-4 各年非汛期主要来水区来水量与多年均值对比

来水区间	项目	各年来水情况					
		1998～1999	1999～2000	2000～2001	2001～2002	2002～2003	平均
兰州以上	来水(亿 m^3)	136.0	134.1	115.5	127.7	94.9	121.6
	距平(%)	3.0	1.6	-12.5	-3.3	-28.1	-7.9
兰州—头道拐	来水(亿 m^3)	-6.8	-11.4	-9.3	1.6	-19.3	-9.1
	距平(%)						
头道拐—龙门	来水(亿 m^3)	31.1	0	14.5	20.7	25.0	18.3
	距平(%)	3.1	-100	-52.1	-31.5	-17.1	-39.5
龙门—三门峡	来水(亿 m^3)	23.9	19.2	13.5	22.2	13.0	18.4
	距平(%)	-52.4	-61.7	-73.2	-55.9	-74.1	-63.4
三门峡—花园口	来水(亿 m^3)	12.7	17.7	24.1	16.8	18.8	18.0
	距平(%)	-46.3	-25.2	2.0	-29.0	-20.4	-23.8
花园口以上	来水(亿 m^3)	196.9	159.6	158.2	189.0	132.4	167.2
	距平(%)	-15.0	-31.1	-31.7	-18.5	-42.8	-27.8

第二节 采取的措施

黄河水量统一调度涉及到社会、经济、环境、政治及文化各个方面，具有多元素、多层次、多目标的特点，必须采取行政、工程、经济、法律、科技等综合措施，才能确保黄河不断流，促进水资源合理开发、优化配置和高效利用。

一、行政措施

（一）健全组织管理体系

黄河水量调度管理工作是一项复杂的系统工程，为确保其有效实施，需要健全的管理组织作为保障。原有的组织架构包括流域管理机构、地方水行政主管部门、水利枢纽管理单位等，按照各自的目标任务，各自单独履行其职能，不能满足黄河水量统一调度管理的要求，需要进行机构设置和职能的整合与调整，使其在黄河水量调度管理工作中成为一个有机联系的整体，在服从和服务于黄河水量调度管理的前提下，各自有序地运转。健全组织管理体系：一是设置并健全机构，专门负责黄河水量调度管理工作；二是职责明晰，明确其在整个黄河水量调度管理中的作用、权限和责任。

（二）建立行政首长负责制

结合我国行政管理体制，行政首长负责制是落实黄河水量调度的一项重要行政管理措施。为确保黄河水量调度管理目标的实现，提出黄河水量调度管理实行用水总量和重要控制断面下泄流量双指标控制，黄河重要控制断面包括省际控制断面和水利枢纽下泄流量控制断面，其中省际控制断面起到控制省(区)用水的目的，水利枢纽下泄流量控制断面则起到监督水利枢纽实施水量调度情况的作用。此阶段在黄河干流设置了下河沿、石嘴山、头道拐、潼关、花园口、高村、利津水文断面作为省际控制断面，分别控制甘肃、宁夏、内蒙古、陕西、山西、河南、山东用水；设置小川、万家寨、三门峡、小浪底水文断面分别作为龙羊峡与刘家峡、万家寨、三门峡、小浪底水库的出库流量控制断面，上述断面下泄流量的责任明确到有关省(区)人民政府及水利枢纽管理单位，做到责任落实，对确保黄河水量调度目标的实现起着非常重要的作用。

(三)严格调度指令

考虑来水的不确定性和中长期径流预报的精度还难以达到实时调度要求，通过滚动修正径流预报结果，实时调整调度方案，以提高调度方案的精度和可操作性。为此，在黄河水量调度中实行年度调度预案、月旬调度方案和调度指令相结合的调度方式。由此可以看出，最终的调度效果将直接体现在调度指令的执行情况。故在黄河水量调度中，确定了调度指令的地位，建立了黄河水量调度的责任制，对违反调度指令的单位进行通报批评，对有关责任人进行行政处分。

(四)建立协调协商机制

黄河水量统一调度战线长，涉及沿黄城乡居民生活、工农业生产、河道生态环境和水利枢纽发电等众多部门的利益，问题复杂，工作难度大，若处置不当将会带来负面影响。为此，在水量调度工作中，为最大可能兼顾各方利益，真正体现“公开、公平、公正”原则，切实加强与有关单位、部门之间的协商、沟通，建立有效的协调和协商机制是十分必要的。通过该平台，沟通信息，协调解决黄河水量调度出现的问题，特别是在调度关键期或遇到较大分歧时，对处理纠纷、化解矛盾具有积极作用。在黄河水量调度中，采取召开年度、月水量调度会议的形式，沟通情况，协调问题，商定调度预案和方案。根据需求，在关键调度期还采取分河段召开协调会议或临时协商会，协商处理不同河段的用水矛盾或突发紧急事件。实践证明，这种协商、协调方式是必要和有效的，常常能够起到化解矛盾、理顺各方关系的作用。

供水水质安全是黄河水量调度中的一项重要内容，通过多方协调，已初步建立起水利与环保、黄委与地方的联合治污、防污机制。

(五)加强监督检查

监督检查是黄河水量统一调度中的一个重要环节。黄河水量调度河段长达数千公里，沿途分布着众多的取水口和水利枢纽，水量调度监督检查任务重，时效性强，涉及省(区)和部门多。因此，在黄河水量调度中，采取了适合黄河特点的水量调度监督检查的有效形式和方式，充分发挥地方水行政主管部门的作用，探索出了普遍督查、巡回督查、驻守督查、联合检查、突击检查等多种方式和手段，逐渐形成日常督查、全面督查和强化督查三个梯次，实行现场签发“黄河水调督查通知单”制度。

二、工程措施

(一)发挥控制性水库的调节作用

利用骨干水库调节水量是黄河水量统一调度的关键措施。

龙羊峡水库作为黄河干流唯一的多年调节水库，控制了兰州以上的主要产流区，为实施全河水量调度提供了有利条件。龙羊峡水库和刘家峡水库联合调度在协调上游防洪、防凌、灌溉、供水方面已经起到了巨大作用。在小浪底水库建成后，大大缓解了三门峡水库的调度压力，为确保黄河下游不断流提供了有效的工程调节手段，并形成了干流以龙羊峡水库、刘家峡水库、万家寨水库、三门峡水库、小浪底水库，支流以陆浑水库、故县水库、东平湖水库为骨干的径流调节工程布局，对黄河流域水资源的治理开发具有举足轻重的作用。通过这些水利工程的联合调度，合理安排水库蓄泄，可以最大限度地兼顾各种用水需求和确保黄河不断流。2000 年 6 月下旬，下游沿黄地区旱情发展迅速，通过挖掘小浪底水库最低发电水位以下库容，保证了下游用水安全。2001 年 7 月潼关站发生0.95 m^3/s的小流量，通过采取加大万家寨水库下泄等措施，确保了黄河中游不断流。2002 年 9 月和 10 月，为完成黄河下游及引黄济津应急供水，实施了从上中游到下游的全河大跨度接力式调水，既满足了山东的秋种用水，又保证了引黄济津应急供水的要求。同时，在情况紧急时，调度水库工程、关闭引水口门对化解断流危机也起到至关重要的作用。

(二)发挥引(提)水口门的控制功能

黄河干流取水口众多，设计引水能力达 8 000 多 m^3/s，有效监督控制这些取水口的引水，对确保水量调度目标的实现关系重大。特别是在全河用水出现紧急情况，直接调控引水能力大的取水口及处于省际断面附近的取水口，对确保黄河不断流起着至关重要的作用。

三、技术措施

水量统一调度涉及众多复杂的技术问题，仅靠传统的调度手段远不能满足水量调度时效性和现代化的要求，必须利用先进的科学技术对水资源的优化配置和科学调度进行研究，提高水调信息采集、传输、处理能力，实现自动优化配置水量分配方案，促进水量调度向科学化、信息化和现代化发展。为此，黄委积极开展了黄河水量调度管理系统建设。目前，已建成了集信息采集自动化系统、计算机网络系统、决策支持系统及下游涵闸远程自动化控制等于一体的黄河水量调度管理系统一期工程和一座综合功能齐全、科技含量高的现代化水量调度中心。能够在线监视全河水雨旱情和引水信息，快捷编制各类水量调度方案，为上、下游河道流量演进提供预警预报，可以对黄河下游 77 座涵闸进行监控、监测和监视，提高了信息采集的时效性和化解断流风险的控制能力，提升了黄河水量调度的科技含量和决策能力，为正确决策提供了有力支持和可靠依据。

四、经济措施

经济措施也是实现黄河水量调度管理目标的重要手段，经济手段在黄河水量调度管理中的作用主要是通过经济杠杆作用，调节供需关系，促进用水户自觉采取节水措施。

(一)建立合理的水价体系

通过建立合理的水资源价格体系，运用经济杠杆来促进合理开发利用、保护和节约水资源。目前，引黄水价严重不合理：一是表现在水价的形成机制尚未建立，如黄河下游引黄渠首水价多年一成不变，严重脱离了黄河水资源供求关系的变化；二是水价构成不合理,引黄水价远没有达到供水成本,虽然地方已陆续开始征收资源水价(即水资源费)和污水处理费,但核算方法不规范,而黄河下游渠首水价仍未包括这两部分水价。

黄河下游引黄涵闸为国家直管水利工程,其供水水价由国家确定。2000 年以前下游引黄渠首水价执行的标准是 1989 年确定的,10 多年来一直没变,这一水价标准严重偏离供水成本。据测算,1998 年下游水价标准为 0.46 分/m^3,仅为供水成本的 20%,根本起不到促进节约用水的作用。2000 年后,国家两次调整了下游引黄渠首水价。2000 年 12 月 1 日 ~2005 年 6 月 30 日执行的水价是:农业用水价格 4 ~6 月为 1.2 分/m^3,其他月份为 1 分/m^3;工业及城市生活用水价格 4 ~6 月为 4.6 分/m^3,其他月份为 3.9 分/m^3。这一标准也仅相当于农业供水成本的 25.42%,工业及城镇供水成本的 82.23%。2005 年国家发展改革委员会再次调整了黄河下游引黄渠首水价,规定 2005 年 7 月 1 日 ~2006 年 6 月 30 日,4 ~6月 6.9 分/m^3,其他月为 6.2 分/m^3;2006 年 7 月 1 日以后,每年 4 ~6 月为 9.2 分/m^3,其他月为 8.5 分/m^3;农业供水价格暂不作调整。尽管现行的水价标准仍偏低,特别是农业水价标准偏低,但经过两次调整,对提高人们的节水意识有明显的作用。

2000 年 4 月,宁夏回族自治区出台了新水价政策。按斗口计量水费,自流灌区由 0.6 分/m^3 提高到 1.2 分/m^3,固海扬水灌区由 5 分/m^3 提高到 8 分/m^3,盐环定扬水灌区由 5 分/m^3 提高到 1 角/m^3。内蒙古河套灌区改革了水价政策,实行分段定价,超用水加价,夏灌 3.8 分/m^3,超出计划 4.7 分/m^3;秋浇 4.7 分/m^3,超出计划 7 分/m^3。尽管近几年引黄水价的陆续调整,虽然还未达到供水成本,但也起到了积极的作用。所以说,建立合理的水价体系是黄河水量调度管理中需要采取的一项重要经济手段。

(二)经济处罚

遏制超计划用水是黄河水资源管理与调度工作中的一项重要任务,行政处罚和经济处罚相结合将可起到有效作用。在启动黄河水量调度管理时,没有制订经济处罚措施,需要在黄河水资源调度管理中研究实施经济处罚的具体措施。

五、法律措施

(一)健全法律法规

法律手段是黄河水资源调度管理最基本、最有效的手段,是依法管理黄河水资源的需要。行政手段、经济手段也需要法律手段作为支撑,其中经过实践证明是有效的部分行政和经济管理措施,也需要上升为法律制度。实施黄河水量调度的主要依据是《黄河水量调度管理办法》,该办法的出台在启动黄河水量统一调度工作中起到了巨大作用,但也存在法律效率低,相关制度规定不完善等方面的不足,特别是在经过黄河水量调度的具体实施后,必将积累一定的管理经验,需要上升为法律制度。因此,制定和出台专门规范黄河水量调度具体行为的法律法规非常必要,需要尽快加以立项和研究。

为加强黄河水量的统一调度,实现黄河水资源的可持续利用,促进黄河流域及相关地区经济社会发展,依法调度黄河水资源,根据《水法》,黄委开展了《黄河水量调度条例》的立法申报工作。

(二)建章立制

除制定专门的法律法规外,根据黄河水量调度工作的需要,还应制定规范黄河水资源管理与调度各个环节工作的具体规章制度。主要包括:《黄河下游河段水量调度责任制》、《黄河取水许可总量控制管理办法》、《黄河下游订单调水管理办法》、《黄河水量调度突发事件应急处置规定》和《黄河重大水污染事件应急调查处理规定》等。

第三节　工农业耗用水变化趋势

一、年用水情况

根据《黄河水资源公报》,黄河流域1988~2003年平均年耗用地表水量为286.9亿m^3,其中农业灌溉占90.7%,工业占5.8%,城镇生活占1.9%,农村人畜占1.6%。各省(区)各部门平均耗用水情况见表7-5。表中各省(区)平均耗用水占流域总耗用水量的比例为0.03%~28.38%,上游主要用水省(区)为宁夏和内蒙古,分别占12.38%和21.7%。下游为河南和山东,分别占12.09%和28.38%。

表7-5　1988~2003年黄河流域年均耗用地表水情况　　(单位:亿m^3)

省(区)		青海	四川	甘肃	宁夏	内蒙古	陕西	山西	河南	山东	河北+天津	合计
1988~2003年平均	合计	11.88	0.10	24.28	35.52	62.27	19.30	12.65	34.69	81.43	4.78	286.90
	各省比例(%)	4.14	0.03	8.46	12.39	21.70	6.73	4.41	12.09	28.38	1.67	100.0
	农业	10.58	0.06	17.78	34.91	60.52	16.73	10.63	30.24	75.85	3.05	260.35
	工业	0.59	0.01	4.26	0.57	1.33	1.37	1.21	3.08	3.16	0.95	16.53
	城镇生活	0.11	0.01	0.77	0.02	0.24	0.74	0.27	1.18	1.33	0.78	5.45
	农村人畜	0.60	0.02	1.47	0.02	0.18	0.46	0.54	0.19	1.09	0	4.57
1988~1998年平均(调度前)	合计	11.90	0.02	22.92	34.95	63.88	18.61	13.90	35.83	87.61	3.79	293.41
	各省比例(%)	4.06	0.01	7.81	11.91	21.77	6.34	4.74	12.21	29.86	1.29	100.0
	农业	10.74	0.02	17.33	34.44	62.03	16.61	11.69	31.83	81.61	3.79	270.09
	工业	0.52	0	3.57	0.48	1.43	1.14	1.31	2.92	3.29	0	14.66
	城镇生活	0.05	0	0.54	0.02	0.18	0.49	0.32	1.02	1.16	0	3.78
	农村人畜	0.59	0	1.48	0.01	0.24	0.37	0.58	0.06	1.55	0	4.88
1999~2003年平均(调度后)	合计	11.85	0.25	27.27	36.78	58.74	20.81	9.91	32.20	67.87	6.95	272.63
	各省比例(%)	4.35	0.10	10.0	13.49	21.55	7.63	3.63	11.81	24.89	2.55	100.0
	农业	10.22	0.14	18.78	35.95	57.19	16.99	8.29	26.74	63.20	1.41	238.91
	工业	0.76	0.02	5.76	0.75	1.11	1.85	0.99	3.43	2.89	3.04	20.60
	城镇生活	0.25	0.02	1.28	0.03	0.37	1.31	0.18	1.54	1.72	2.50	9.20
	农村人畜	0.62	0.07	1.45	0.05	0.07	0.66	0.45	0.49	0.06	0	3.92

从逐年变化过程分析,1988 年以来黄河流域总耗水变化呈递减趋势(见图 7-1)。1988～2003 年流域年耗用水量平均递减 2%,其中农业耗用水量呈下降趋势,工业、城镇生活、农村人畜耗用水量呈增加趋势。

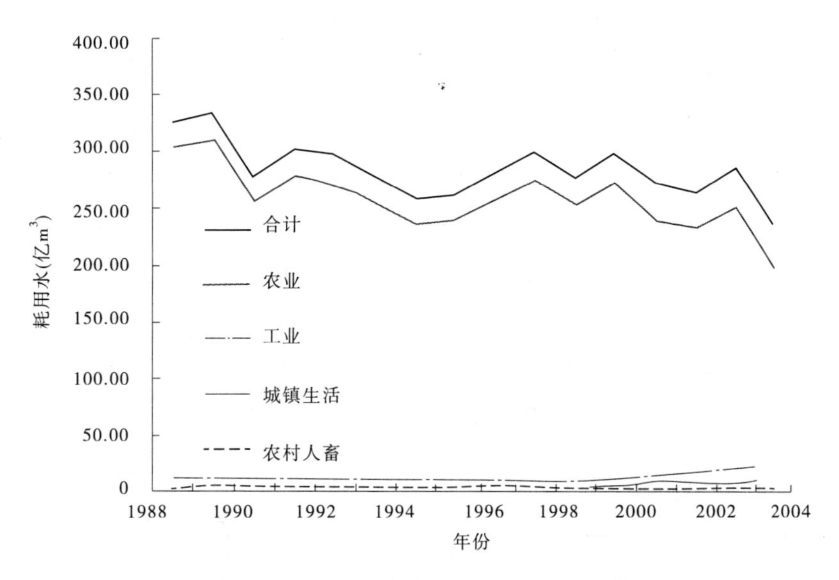

图 7-1　1988 年以来黄河流域总耗水变化趋势

水量统一调度前的 1988～1998 年平均年耗用地表水为 293.41 亿 m^3,其中农业灌溉占 92.0%,工业占 5.0%,城镇生活占 1.3%,农村人畜占 1.7%。上游用水大户宁夏回族自治区和内蒙古自治区分别占黄河耗水总量的 11.9% 和 21.8%,下游河南和山东分别占 12.2% 和 29.9%。1988～1998 年流域耗用水平均递减率为 1.4%。

初级调度阶段 1999～2003 年 5 年平均年耗用地表水为 272.63 亿 m^3,其中农业灌溉占 87.6%,工业占 7.6%,城镇生活占 3.4%,农村人畜占 1.4%。上游用水大户宁夏回族自治区和内蒙古自治区分别占黄河耗水总量的 13.5% 和 21.5%,下游河南和山东分别占 11.8% 和 24.9%。1998～2003 年流域耗用水仍为递减趋势,年均递减率为 2.1%。

水量调度后与水量调度前相比,水量调度后年平均耗用水总量减少 7.1%,各部门用水比例和各省(区)用水比例有所变化。各部门用水比例变化为,农业灌溉耗用水减少 11.5%,工业和城镇生活耗用水分别增加 40.5% 和 143.4%,农村人畜耗用水减少 19.9%。主要用水省(区)耗用水比例变化为用水大户上游的内蒙古自治区和中下游的河南、山东耗用水量比例有所下降,分别为 1.77% 和 1.25%、6.8%,宁夏增加 0.65%;其他省(区)耗用水量均略有增加。但从水量上分析,调度后各年耗用水总量仍为递减趋势,递减速度比调度前增加。

二、调度期用水情况及特点

水量统一调度以来,调度期耗用水量最大的年份为 1998～1999 年,天然来水保证率为 70.3%,耗用水量为 183.44 亿 m^3;耗用水量最小的年份为 2002～2003 年,天然来水保证率为 97.3%,耗用水量为 135.44 亿 m^3。水量统一调度后逐年调度期耗用地表水情况见表 7-6。

表 7-6　水量统一调度后逐年调度期耗用地表水情况

省区	调度期耗用水量(亿 m^3)					
	1998 ~ 1999	1999 ~ 2000	2000 ~ 2001	2001 ~ 2002	2002 ~ 2003	平均
青海	7.06	7.63	7.28	6.91	6.29	7.03
四川	0.03	0.14	0.16	0.15	0.15	0.13
甘肃	16.35	15.86	17.65	15.54	17.73	16.63
宁夏	21.94	21.57	23.72	20.95	17.99	21.23
内蒙古	38.69	33.96	39.19	34.68	26.88	34.68
陕西	16.04	12.51	14.15	12.48	10.71	13.18
山西	6.54	5.73	6.78	6.17	5.28	6.10
河南	25.09	18.06	19.15	21.27	17.02	20.12
山东	51.70	36.53	40.92	47.17	26.99	40.66
河北 + 天津	0	4.13	2.45	3.14	6.39	3.22
合计	183.44	156.12	171.45	168.46	135.43	162.98

调度期平均耗用水量为 162.98 亿 m^3,其中农业灌溉占 87.25%,工业占 7.85%,城镇生活占 3.33%,农村人畜占 1.57%。上游用水大户宁夏回族自治区和内蒙古自治区分别占黄河耗水总量的 13.03% 和 21.28%,下游河南省和山东省分别占 12.34% 和 24.95%。

第四节　初级阶段调度成效

一、水资源配置效果的分析方法

与水量调度前相比,水量调度后逐步优化了水资源配置,各干流控制水库的调节、各断面的来水及各省(区)的耗水均发生了变化。为了分析这些变化,本次采用调度后各年与调度前类似典型年对比的方法进行。

水量统一调度前代表年选取原则如下:

(1)与水量统一调度代表年相比,经济社会发展及用水水平的差距不宜过大,应基本相当。

(2)来水特枯,水库蓄水严重偏少,黄河出现了严重断流现象。

(3)调度期水库的补水量相当。

(4)调度期来水量相当。来水量以天然量为准,上游来水以兰州站的天然径流量为准,中下游来水以花园口站的天然径流量为准,各月的来水过程基本一致。

来水相似的判别方法是:首先,要求调度期花园口站的天然径流量与龙羊峡、刘家峡的补水量之和相似;其次,要求调度期兰州站的天然径流量与龙羊峡、刘家峡的补水量之和相似;最后,要求兰州、三门峡、花园口三个代表站调度期的天然流量过程基本相似。

根据以上原则和方法，选择的水量统一调度前后来水相近年份如表7-7所示。

表7-7　类似统一调度年份的典型年选取　（单位：亿 m³）

调度年	花园口天然	兰州天然	龙刘补水量	花园口+龙刘	兰州+龙刘	典型年	花园口天然	兰州天然	龙刘补水量	花园口+龙刘	兰州+龙刘
1998～1999	196.9	136.0	37.5	234.4	173.5	1995～1996	197.2	127.2	35.6	232.8	162.7
1999～2000	159.6	134.1	48.1	207.7	182.3	1997～1998	178.8	110.1	28.2	207.0	138.3
2000～2001	158.2	115.5	47.5	205.7	163.0	1997～1998	178.8	110.1	28.2	207.0	138.3
2001～2002	188.9	127.7	35.0	223.9	162.7	1991～1992	184.6	116.6	47.1	231.7	163.7
2002～2003	132.5	94.9	44.7	177.1	139.6	1997～1998	178.8	110.1	28.2	207.0	138.3
平均	167.2	121.6	42.6	209.7	164.2	平均	183.6	114.8	33.5	217.1	148.3

注：龙刘是指龙羊峡、刘家峡。

二、水资源调度的来水效果

实行水量统一调度后，干流主要水库的运用情况发生了变化，主要断面调度期的实测来水量及其分配过程也发生了变化，并且最后导致了入海水量的变化。下面将通过调度前后类比的方法，分析上述几个方面的变化情况。

（一）干流主要水库运用情况

根据《黄河水量调度管理办法》第十三条的规定，干流刘家峡、万家寨、三门峡、小浪底等水库，支流故县、陆浑、东平湖等水库由黄委负责组织调度，下达月、旬水量调度计划及特殊情况下的水量调度。干流（龙羊峡、刘家峡、万家寨、三门峡、小浪底）5大水库自1999年以来认真执行全河水量统一调度计划，发挥了巨大的作用。

黄河水量统一调度以来，干流龙羊峡、刘家峡、万家寨、三门峡、小浪底5大水库对河道的平均补水量为40.9亿 m³，最大为70.5亿 m³，最小为24.5亿 m³。其中龙羊峡水库的补水量为39.2亿 m³，占总补水量的95.8%。水量统一调度以前，万家寨、小浪底水库还未建成生效，龙羊峡、刘家峡、三门峡3水库在相似来水情况下的平均补水量为33.9亿 m³。水量统一调度以来龙羊峡、刘家峡、三门峡3水库的平均补水量为41.9亿 m³，比调度前增加8.0亿 m³。万家寨、小浪底水库投入运用后，干流水库的调节库容增大，调节能力增加，补水的规模扩大。例如2000～2001年调度期，小浪底水库向下游的补水量达到26.2亿 m³。黄河干流5大水库逐年补水情况见表7-8。

表 7-8　黄河干流 5 大水库逐年补水情况　（单位：亿 m³）

调度年	调度期补水量						典型年	调度期补水量					
	龙羊峡	刘家峡	万家寨	三门峡	小浪底	合计		龙羊峡	刘家峡	万家寨	三门峡	小浪底	合计
1998～1999	28.9	8.6	-3.3	0.6		34.8	1995～1996	18.2	17.4	—	0.9	—	36.5
1999～2000	44.0	4.1	0.6	2.6	-5.1	46.2	1997～1998	24.4	3.8	—	0.3	—	28.5
2000～2001	44.0	3.4	-2.6	-0.5	26.2	70.5	1997～1998	24.4	3.8	—	0.3	—	28.5
2001～2002	36.9	-1.9	0.5	-2.9	-8.1	24.5	1991～1992	35.3	11.8	—	0.3	—	47.4
2002～2003	42.2	2.5	-2.7	-3.0	-10.7	28.3	1997～1998	24.4	3.8	—	0.3	—	28.5
平均	39.2	3.3	-1.5	-0.6	0.5	40.9	平均	25.4	8.1	—	0.4	—	33.9

注："－"表示水库蓄水。

(二)主要断面来水效果

1. 主要断面调度期实测来水情况

水量统一调度以来，刘家峡、兰州、下河沿、石嘴山、头道拐、潼关、小浪底、花园口、高村、利津等主要断面调度期的实测来水量见表 7-9。表中，刘家峡、兰州、下河沿、石嘴山断面的天然来水明显小于实测来水，调节期来水占年来水的比例，除利津外，其他站均为天然来水比例小，实测来水比例大，水库调节作用明显。

表 7-9　黄河干流主要断面调度期的实测来水量分析　（单位：亿 m³）

项目		1998～1999		1999～2000		2000～2001		2001～2002		2002～2003		平均	
		天然	实测	天然	实测	天然	实测	天然	实测	天然	实测	天然	实测
刘家峡	11月～次年6月水量	125.5	141.2	102.0	145.2	95.1	128.5	94.9	124.0	—	89.2	104.4	125.6
	占年水量的比例(%)	49.8	71.4	38.8	60.2	47.1	62.7	49.7	64.8	—	54.6	46.4	62.7
兰州	11月～次年6月水量	136.0	149.6	134.1	166.0	115.5	142.6	127.7	145.9	94.9	107.3	121.6	142.3
	占年水量的比例(%)	46.6	64.3	38.8	57.4	48.4	59.0	50.2	61.3	50.4	53.1	46.1	59.0
下河沿	11月～次年6月水量	134.1	150.5	122.9	147.3	106.9	128.3	121.0	134.3	93.6	99.2	115.7	131.9
	占年水量的比例(%)	44.5	64.0	37.1	55.4	47.9	59.1	49.7	60.9	51.7	53.3	45.2	58.5

续表 7-9

项目		1998～1999		1999～2000		2000～2001		2001～2002		2002～2003		平均	
		天然	实测	天然	实测	天然	实测	天然	实测	天然	实测	天然	实测
石嘴山	11月～次年6月水量	134.3	122.1	121.0	127.6	111.9	106.2	128.4	116.3	80.2	77.1	115.2	109.9
	占年水量的比例(%)	45.3	62.6	36.5	54.7	47.7	56.6	51.6	60.8	49.8	52.1	45.2	57.4
头道拐	11月～次年6月水量	129.1	94.6	122.7	92.3	106.2	76.1	129.3	92.3	75.6	58.7	112.6	82.8
	占年水量的比例(%)	42.9	76.1	36.8	60.0	46.9	63.4	52.7	71.7	50.0	64.2	44.8	67.1
龙门	11月～次年6月水量	160.3	105.1	122.7	105.5	120.6	85.9	149.9	107.9	100.7	79.8	130.8	96.8
	占年水量的比例(%)	45.9	65.3	37.0	57.6	45.4	59.8	53.0	69.0	52.0	60.8	46.0	62.5
三门峡	11月～次年6月水量	184.2	108.0	141.9	100.2	134.1	83.3	172.1	111.5	113.7	72.8	149.2	95.2
	占年水量的比例(%)	44.9	57.0	37.3	52.9	44.2	55.3	53.1	66.8	51.9	58.3	45.6	58.1
花园口	11月～次年6月水量(亿 m^3)	196.9	119.5	159.6	100.0	158.2	134.9	188.9	108.1	132.5	76.4	167.2	107.8
	占年水量的比例(%)	42.8	52.2	37.3	51.1	43.6	73.3	53.4	70.7	52.8	45.6	45.1	58.6
高村	11月～次年6月水量(亿 m^3)	188.2	92.1	152.1	74.9	155.6	109.0	177.0	84.7	128.5	59.7	160.3	84.1
	占年水量的比例(%)	42.0	49.1	36.9	47.4	46.2	69.8	52.5	71.3	53.3	44.0	45.2	56.3
利津	11月～次年6月水量(亿 m^3)	186.4	24.2	151.9	20.8	129.5	46.5	153.7	15.1	117.0	8.5	147.7	23.0
	占年水量的比例(%)	40.1	22.5	36.0	31.7	38.1	73.0	48.7	53.6	54.3	22.4	42.0	40.6

与调度前类似典型年调节期来水相比(见表 7-10),除龙门和三门峡站外,其他站均比调度前类似典型年的实测水量大,而且,实测径流占天然径流的比例也有所增加。以花园口站为例,调度后的实测水量为 107.8 亿 m^3,调度前为 105.38 亿 m^3,增加了 2.42 亿 m^3;调度后实测径流占天然径流的比例为 64%,而调度前为 57%,增加了 7%。

表 7-10　黄河干流主要断面调度期实测来水的变化　　(单位:亿 m^3)

断面	天然径流量		实测径流量		实测径流量/天然径流量	
	调度后	调度前(典型年)	调度后	调度前(典型年)	调度后	调度前(典型年)
刘家峡	104.40	94.34	125.60	119.98	1.20	1.27
兰州	121.60	114.82	142.30	132.06	1.17	1.15
下河沿	115.70	115.72	131.90	125.70	1.14	1.09
石嘴山	115.20	116.94	109.90	108.30	0.95	0.93
头道拐	112.60	113.48	82.80	78.62	0.74	0.69
龙门	130.80	140.10	96.80	102.62	0.74	0.73
三门峡	149.20	170.78	95.20	107.64	0.64	0.63
花园口	167.20	183.64	107.80	105.38	0.64	0.57
高村	160.30	173.82	84.10	82.20	0.52	0.47
利津	147.90	182.60	23.00	17.48	0.16	0.10

2. 调度期实测来水月流量及其分配过程的变化

水量统一调度后,除利津站 1999 年开始调度后曾出现短时间断流外,头道拐站最小日均流量为 31 m^3/s,花园口站最小日均流量为 94 m^3/s,黄河干流主要断面基本保证一定的基流,对维持黄河健康生命发挥了重要作用。黄河主要断面调度期各月实测最小流量见表 7-11。

表 7-11　黄河主要断面调度期各月实测最小流量分析　　(单位:m^3/s)

断面	时段	项目	11 月	12 月	1 月	2 月	3 月	4 月	5 月	6 月	调度期
头道拐	1998 ~ 1999	最小	119	259	208	271	509	178	44	39	39
		平均	411	445	336	418	1 004	582	141	128	433
	1999 ~ 2000	最小	98	198	170	413	470	209	31	86	31
		平均	460	360	266	502	1 039	750	80	257	464
	2000 ~ 2001	最小	224	207	305	340	482	174	44	38	38
		平均	343	352	347	406	816	449	108	92	364
	2001 ~ 2002	最小	198	148	181	436	340	243	145	51	51
		平均	467	256	378	470	726	467	400	371	442
	2002 ~ 2003	最小	164	151	180	275	355	108	90	29	29
		平均	361	269	207	358	565	230	155	77	278

续表 7-11

断面	时段	项目	11 月	12 月	1 月	2 月	3 月	4 月	5 月	6 月	调度期
花园口	1998～1999	最小	215	349	286	299	721	565	196	260	196
		平均	260	565	437	470	1 017	817	497	493	569
	1999～2000	最小	94	190	199	187	396	688	155	335	94
		平均	287	298	280	443	732	859	482	432	477
	2000～2001	最小	297	471	356	272	609	544	518	348	272
		平均	631	563	534	401	853	964	684	512	643
	2001～2002	最小	202	232	183	189	423	447	371	399	183
		平均	271	378	225	354	976	675	602	642	515
	2002～2003	最小	213	178	134	140	271	274	304	506	134
		平均	316	196	167	166	561	485	438	601	366
利津	1998～1999	最小	3	0	30	0	0	22	0	12	0
		平均	129	181	189	2	127	103	57	126	114
	1999～2000	最小	86	23	62	67	45	7	9	3	3
		平均	179	116	115	130	95	68	52	37	99
	2000～2001	最小	151	112	213	144	53	32	40	33	32
		平均	425	274	349	255	243	109	74	52	223
	2001～2002	最小	68	20	43	28	24	30	46	35	20
		平均	144	58	89	47	44	58	65	73	72
	2002～2003	最小	42	26	26	27	27	27	29	35	26
		平均	54	43	32	31	38	31	37	58	40

与调度前类似典型年对比，调度期各断面的实测来水分配过程主要发生了三方面变化（见表 7-12）。

表 7-12　调度期各断面的实测来水分配过程的变化（%）

断面	项目	11 月	12 月	1 月	2 月	3 月	4 月	5 月	6 月	3～6 月	最大/最小
兰州	调度前	14.1	11.0	10.0	8.5	8.4	12.6	19.3	16.1	56.4	2.30
	调度后	14.7	10.7	9.4	7.4	8.6	13.7	18.5	17.0	57.8	2.50
头道拐	调度前	13.0	12.5	9.7	12.0	24.8	17.7	4.9	5.5	52.9	5.06
	调度后	10.9	11.7	9.6	13.7	26.4	15.7	6.1	5.8	54.0	4.55
花园口	调度前	13.4	16.5	8.8	10.9	17.8	17.7	9.3	5.6	50.4	3.18
	调度后	8.5	9.9	8.2	8.3	20.5	18.3	13.4	12.9	65.1	2.50

一是调度期内最大月流量与最小月流量的比值变小，径流过程更加趋于均匀。以花园口站为例，调度前最大与最小月径流的比值为3.18，而调度后减小为2.50，减小了0.68；头道拐站从5.06减小到4.55，减小了0.51，而兰州站略有增加。总体趋势是，从上游到下游，调度期内最大月径流与最小月径流的比值减小的幅度逐渐增加。

二是春灌用水高峰期3～6月的实测水量增加，更好地保证了农作物关键期的灌溉用水。花园口站3～6月水量占调度期水量的比例从调度前的50.4%提高到65.1%，提高了14.7%；头道拐站从52.9%提高到54.0%，提高了1.1%；兰州站从56.4%提高到57.8%，提高了1.4%。可见，中上游提高幅度较小，但下游提高幅度较大，几乎达到15%。

三是下游调度期内月最小径流从用水高峰期转移到用水较少的凌汛期。

（三）入海水量分析

通过初级阶段的水量调度，遏制了黄河断流形势加剧的不利局面，取得了自1999年以来的年年不断流。以利津站水量作为黄河入海水量进行统计分析。

1. 水量统一调度前入海水量的变化特征

根据1950～1994年利津站45年实测径流资料统计，对各年代径流量的变化过程进行了分析比较，从中可以看出入海水量变化具有以下三个变化特征：一是入海水量呈稳定减少趋势；二是水量递减的速率越来越大，20世纪70年代利津站平均径流量较多年平均值减少16.2%，80年代减少23.0%，进入90年代，减少量已达50.7%；三是径流量减少速率最大的时段为春季（3～6月）农灌用水期，随着上游大中型水库的调蓄运用，汛期（7～10月）来水量相对减少的速率也在加快。

黄河入海水量锐减的原因主要来自三个方面：一是河道外耗水的快速增长，这是入海水量锐减的最大、最直接的原因；二是近20多年来天然径流量偏枯；三是上游干流大型水库蓄水曾对局部时段和河段水量产生明显影响。

2. 水量统一调度后入海水量的变化特征

黄河实行水量统一调度后，贯彻人与河流和谐相处的治水思路，从流域防洪、兴利等综合治理和维持黄河健康生命，促进水利和经济社会可持续发展等方面综合考虑，提高河道输沙用水和生态环境用水的供水优先次序，遏制了工农业用水对河道输沙用水和生态环境用水的不合理侵占，从而提高了河道输沙用水和生态环境用水的保证程度，增加入海水量，有效遏制了黄河入海水量的减少趋势。调度后利津站调度期的平均实测水量为23.0亿m^3，调度前类似来水情况下为17.5亿m^3，增加了5.5亿m^3。利津站调度期的实测水量占花园口站天然径流量的比例，由调度前的9.5%提高到13.8%，提高了4.3%。水量统一调度前后入海水量的变化情况见表7-13。

表 7-13　水量统一调度前后入海水量的变化分析　（单位:亿 m^3）

调度后 11 月～次年 6 月径流量				调度前 11 月～次年 6 月径流量				调度后－调度前		
调度年	花园口天然	利津实测	入海水量占天然比例（%）	典型年	花园口天然	利津实测	入海水量占天然比例（%）	花园口天然	利津实测	入海水量占天然比例（%）
1998～1999	196.9	24.2	12.3	1995～1996	197.2	22.4	11.4	－0.3	1.8	0.9
1999～2000	159.6	20.8	13.0	1997～1998	178.8	16.6	9.3	－19.2	4.2	3.7
2000～2001	158.2	46.5	29.4	1997～1998	178.8	16.6	9.3	－20.6	29.9	20.1
2001～2002	188.9	15.1	8.0	1991～1992	184.6	15.2	8.2	4.3	－0.1	－0.2
2002～2003	132.5	8.5	6.4	1997～1998	178.8	16.6	9.3	－46.3	－8.1	－2.9
5 年平均	167.2	23.0	13.8	5 年平均	183.6	17.5	9.5	－16.4	5.5	4.3

第四篇　创新发展阶段:迈向现代化

第八章　黄河水资源统一管理与调度系统——迈向科学调度

黄河水资源管理与调度关系到城市生活和工业供水、农业灌溉、发电、防洪防凌、河道减淤和生态环境等多方面问题,涉及上下游、左右岸、地区、部门之间的多方面利益,情况复杂,技术性、时效性和政策性强,工作难度大。随着水量调度工作的逐步深入,迫切需要应用现代科技手段,实现黄河水量的优化配置。黄河水资源统一管理与调度系统是实现科学调度必不可少的物质基础和重要保障。该系统的建设与运行,标志着黄河水量调度工作由经验决策向科学决策的转变,由初级调度向高级调度的转变。本章全面介绍系统建设的必要性、建设目标、建设过程及实施效果。

第一节　系统建设的必要性

一、科学实施统一管理与调度的需要

科学实施统一管理与调度需要及时掌握多方位的信息资源(包括气象、水雨情、旱情、引退水、水质、地下水、河口生态、滩区和灌区信息等),才能制订科学合理的黄河水量调度方案,正确行使监督管理职能;才能有效避免分布在黄河干流上的水利枢纽和引水工程由于缺乏监督监测手段,在用水高峰期不能有效控制水量的情况发生。而信息采集、信息传输、水文测报预报,以及基础研究工作等是满足黄河水量调度管理和决策指挥工作的基础条件。

黄河水资源管理调度工作要求在保障防洪防凌安全的同时,统筹上中下游用水,避免流域水环境的进一步恶化,最大限度地发挥黄河水资源的综合效益;要求实现黄河水资源调度管理工作的正规化和规范化,要求为实施统一管理调度提供强有力的科学支持。鉴于此,建立一套“先进、实用、可靠、高效”的黄河水资源管理调度系统就显得十分必要。

二、加强调度监督管理的需要

在黄河水资源调度工作过程中,需要随时掌握下达的调度指令执行情况,及时掌握水利枢纽泄流、河道省界断面流量、河段引水、河流水质的情况,检查是否与调度方案相符或

接近,这些信息的获取依赖于信息采集和远程监视等系统的支持。只有及时获取这些重要信息,才能有计划地分时段安排各省(区)的工农业生产及各河段的引用水量,才能保证调度监督管理工作有的放矢,确保水调指令的贯彻执行。

三、提高调度决策水平的需要

科学的管理和决策需要有一套“先进、实用、可靠、高效”的现代化辅助决策支持系统,以应对更复杂的管理需求。随着水资源供需矛盾的日益尖锐,黄河水量调度管理与决策的多目标性将愈来愈被关注。为摆脱在黄河水量调度过程中过多依靠经验判断及方法手段简单的工作状态,迫切需要开发完成集信息采集、水文测报预报、方案自动生成、水量调度模型库、运行远程监视(控)、业务自动处理、调度管理和决策指挥、传输网络等功能于一体的黄河水资源调度管理系统,建立综合的决策支持和虚拟环境,对黄河水量调度科学管理和决策进行模拟、分析和研究,为决策提供科学支持,以提高水量调度的管理和决策水平。

四、增强调度的时效性和快速反应能力的需要

水文气象和用水信息的快速采集是水量调度决策的前提和基础,准确快捷地采集水文、气象、旱情、水质、引退水及滩区和工程用水等信息是做好黄河水量调度工作的前提。通过黄河水资源调度管理系统信息采集系统的建设,利用遥测、遥感和地理信息系统等先进技术来改造传统的信息采集和传输处理手段,提高信息采集的时效性和快速反应能力,可有效增强水量调度的主动性和科学决策水平。

五、水利现代化的必然选择

长期的水利实践证明,仅仅依靠工程措施,无法有效解决当前复杂的水问题。广泛应用现代信息技术,充分开发水利信息资源,拓展水利信息化的深度和广度,工程与非工程措施并重是实现水利现代化的必然选择。以水利信息化带动水利现代化、以水利现代化促进水利信息化、增加水利的科技含量、降低水利的资源消耗、提高水利的整体效益是21世纪水利发展的必由之路。展望21世纪,黄河水资源将成为流域经济发展、社会进步的重要稀缺资源和制约因素。当前,党中央制定的国民经济发展战略及西部大开发已经启动,一系列战略措施已经开始实施,对黄河水资源的开发利用与管理调度提出了更高的要求。所以,建设黄河水资源调度管理系统,用高科技、现代化手段加强黄河水量调度和水资源管理,合理配置、优化调度黄河水资源,是形势发展的需要,也是黄河治理与开发的需要,更是沿黄地区国民经济可持续发展的需要。

综上所述,根据黄河水资源统一管理与调度的需求,为加强黄河水资源的统一调度管理,促进黄河流域经济社会可持续发展和生态环境的改善,就需要应用信息技术提供强有力的支持。因此,全面规划黄河水资源统一管理与调度现代化发展方向,建设在“数字黄河”工程框架下的黄河水资源统一管理与调度系统,是实现黄河水资源统一管理与调度现代化的迫切需要。

第二节　系统总体目标

在现有工作基础上,计划用较短时间建立一套“先进、实用、可靠、高效”的处于国内领先水平的黄河水资源统一调度管理系统。该系统具有宽带传输能力、能够实时完成各类信息收集处理,为编制水量调度方案、实时调度和监督调度方案的实施提供决策支持;具有为黄河水量统一调度管理各项工作提供信息服务和分析计算手段等功能。在该系统的支持下,实现黄河水资源的合理配置,缓解供需矛盾,改善生态环境,使有限的黄河水资源发挥更大的综合效益。

系统建成后,应实现的具体目标是:

(1)黄河干流省际断面水文控制站和重点站的测报设施设备得到补充和完善,水量调度期内的测验精度和报汛时效能满足水量调度需要;水雨情站所报送的水雨情数据,能满足为水量调度提供可靠的中长期径流预报的要求;能合理地确定取水口引水监测和水质监测站点布局;基本形成黄河水量调度的信息采集系统;采集的水雨情信息、引水信息、水质信息和旱情信息能满足黄河水量调度管理日常工作需要和全河水量统一调度管理要求。

(2)在现有的防汛通信专网和计算机网络的基础上,利用公共信息网,完成黄委与有关省(区)、骨干水库的计算机网络连接;通过黄河下游县级以下宽带无线接入系统建设和支线微波改造,拓展通信信道带宽,并通过黄河水量总调中心计算机网络建设、黄委网络管理中心的完善和网络管理平台建设,以及县级河务局局域网络建设,从而形成能为黄河水量调度管理服务的计算机网络系统;提高水量调度信息收集和调度指令传输的及时性、可靠性,实现各级水量调度部门的信息共享。

(3)通过黄河水量总调度中心(以下简称总调中心)、河南黄河河务局和山东黄河河务局两个分调度中心环境建设、系统设备和督察设备配置,使水量调度的调度会商和值班环境既先进实用,又稳定可靠,为水量调度、管理和督察工作提供可靠保障。同时为基层水量调度管理部门配备必要的计算机设备,完善调度管理体系,保障水量调度管理系统的正常运行。

(4)按照《黄河水量调度管理办法》要求,并根据黄委水调局,省(区)和骨干水库及河南、山东黄河河务局两级水量调度管理部门的调度管理需要,以及“数字黄河”工程的总体要求,以系统工程、信息工程、决策支持系统、专家系统等开发技术为手段,建立能对黄河水量调度运行实况进行综合监视和查询,能供黄河水量总调中心实施水量调度作业和管理使用,能为黄河水资源调度管理各主要工作环节提供支持的大型应用软件系统,使水资源调度工作的效率和水平得到显著提高。

第三节　系统总体框架

黄河水资源调度管理系统是“数字黄河”工程的重要组成部分,是全面贯彻落实水利部“从传统水利向现代水利转变,以水资源的可持续利用支持经济社会可持续发展”这一新时期的治水思路,实现水利信息化的具体体现,是推动黄河水资源管理调度信息化的重要措施。为保障黄河水资源管理调度信息化建设,黄河水资源调度管理系统针对黄河水资源调度管理业务需求做出了相对全面且具有适度前瞻性与可操作性的规划工作,目的在于实现黄河水资源管理调度现代化,缓解黄河水资源供需矛盾,增强防断流能力,改善生态环境,达到黄河水资源优化配置,全面提高水资源调度管理工作的科技含量和信息技术应用的整体水平。

一、总体框架

黄河水资源调度管理系统是一项规模庞大、结构复杂、涉及面广的系统工程,应用范围覆盖黄河流域及其相关地区的水调管理业务,系统建设涉及水调数据采集、传输、存储处理、应用和决策支持等各个环节。根据《黄河水量调度管理办法》要求,黄河水量调度从地域上主要包括黄河流域内的青海、四川、甘肃、宁夏、内蒙古、山西、陕西、河南、山东 9 省(区),以及国务院批准的流域外引用黄河水量的天津和河北。在水资源方面包括黄河干支流河道水量及水库蓄水量,并考虑地下水资源利用。在调度权限上包括干流刘家峡、万家寨、三门峡、小浪底和支流故县、陆浑等重要骨干水库。在用水监督检查工作方面,还包括上述省区的引黄灌区及其重要的取水口和退水口。黄河水资源调度管理系统建设是在“数字黄河”工程总体规划、水调业务工作流程指导下,对照基础设施、应用服务平台、应用系统结构体系,结合水调业务自身特点开展系统建设。该系统以黄河水量总调中心为核心,由基于四类信息采集体系、五级网络传输结构、三级数据存储方式、三层调度管理中心、二类中间件、11 个调度业务相关模型和决策支持系统等 7 大业务子系统构成。黄河水资源调度管理系统总体框架见图 8-1。

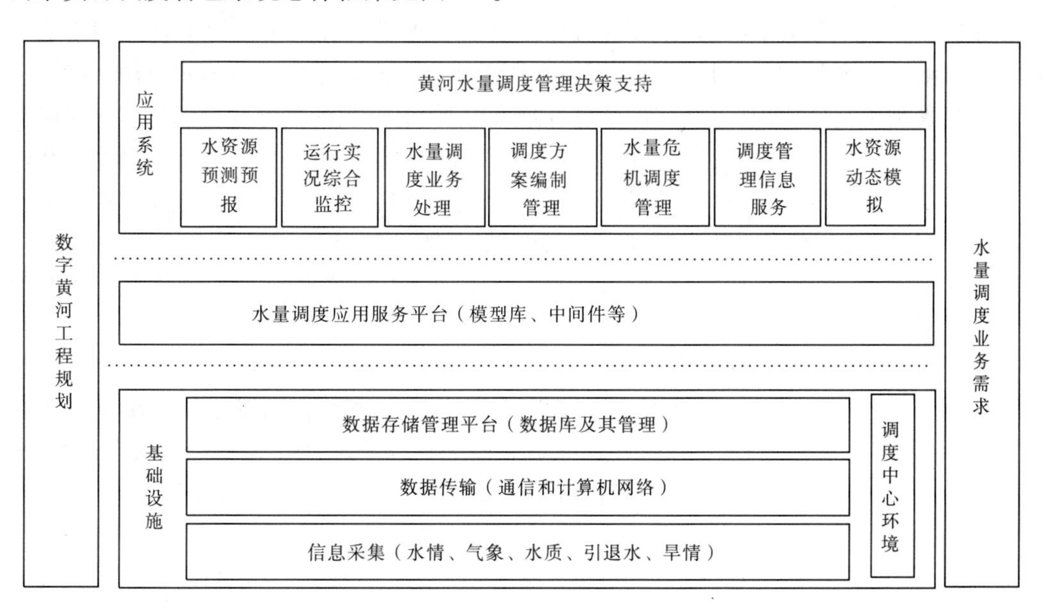

图 8-1　黄河水资源调度管理系统总体框架

二、系统基本组成

(一)基础设施

基础设施是黄河水资源调度管理系统的基础部分。采集系统主要是根据水调工作流程和业务需求,采集水文气象、水质、引退水和旱情等信息。其中,基层水文站、水位站、雨量站采集水雨情信息;重要控制站(或水库站)利用遥测水位计(或流量计)和枯水测验设施,采集水位(或流量)信息;利用 GPS、RS 和 DEM 技术对骨干水库的库容、淤积、蓄变量情况在 GIS 上进行动态跟踪分析计算和模拟显示;利用 9210 系统实现非汛期常规气象信息的接收;在上中游大中型引水口和下游涵闸引水口采集引水流量;在宁蒙灌区退水口门利用遥测水位计采集日平均退水流量;基层旱情采集站采集旱情信息,在调度河段内利用遥感技术对农作物种植结构、灌区土壤含水量、地下水变化、引水流量进行观测和监测;在省际控制断面、重要水库出流断面、城市供水水源地和支流把口站利用远程自动监测站和水质移动实验室,对水质进行实时监测。

通过覆盖黄委及黄河流域各有关省局、地市局、县局,以及干支流骨干水库水量调度管理部门的 5 级宽带广域计算机网络,可快捷、实时地将采集的信息数据传输到 3 级存储体系构成的高性能、大容量、智能化的数据存储与处理系统。

黄河水量调度中心实体环境可综合体现整体应用系统和计算机网络系统功能,并可进行局部、全流域水资源管理与调度乃至跨流域调水的指挥与调度。

(二)应用服务平台

黄河水资源调度管理系统的应用服务平台是“数字黄河”工程应用服务平台体系的组成部分,是信息资源的管理者和服务的提供者,是一个开放的资源共享和应用集成以及可视化表达的公用服务平台,是水调业务应用的重要支撑。服务于黄河水资源调度管理系统的应用服务平台的核心是各类水调业务所需中间件和模型库。黄河水资源调度管理系统通过各类中间件实现信息服务、业务处理和分析计算、数据服务等协同工作。黄河水资源调度管理系统将通过模型库中的标准模型,对已有数据进行处理,得到预测结果和调度方案。黄河水资源调度管理系统涉及的模型库主要包括枯水期径流预报模型、枯水径流演进预报模型、骨干水库联合调度模型、黄河下游四季枯水调度模型、宁蒙灌区退水模型、河口生态系统模型、水资源优化配置模型、水量调度效益评价模型、地下水动态监测模型、需水分析模型和水质分析评价模型等。

(三)应用系统

应用系统是一个完整的可支持二级黄河水资源调度管理的决策支持系统。可根据《黄河水量调度管理办法》的要求和黄河水量总调中心、省(区)级(包括骨干水库、省黄河河务局)水量分调中心的水资源调度管理需要,形成一个具有水资源预测预报、引黄涵闸远程监控、调度运行实况综合监视、水量调度业务处理、水量调度方案编制、水调管理信息服务和水资源动态模拟等功能的,能对黄河水量调度运行实况进行综合监控和查询,能为黄河水资源调度方案的编制、评估、管理提供技术手段,能为黄河水资源调度管理各主要工作环节提供服务,能为黄河水量实时调度和危机调度提供决策支持的黄河水资源调度管理决策支持系统。

黄河水资源调度管理决策支持系统，将利用遥感、遥测、遥控技术，地理信息系统技术，可视化和虚拟现实等技术，实时收集和处理水资源管理与调度信息，在数据库和模型库的支持下，进行水资源预测预报、骨干水库联合调度，对不同来水频率的年度可供水量进行分配，编制年度调度预案、实时调度方案和危机调度方案，进行模拟仿真计算，生成年调度预案和月、旬调度方案，同时进行引水工程远程自动化监测监控、取水许可网上审批管理、水资源管理与调度业务的联机处理，实现三维动态可视化环境下的黄河水资源调度和管理。为合理配置黄河水资源，缓解供需矛盾，改善生态环境，防止河道断流，使有限的黄河水资源发挥更大的综合效益等提供支持。

第四节　系统建设

一、系统建设背景

为加快黄河水资源调度管理工作现代化步伐，提高科学决策水平，提高防断流能力和紧急情况下的快速反应能力，2000 年初黄委组织编制了《黄河水量调度管理系统项目建议书》，2001 年 2 月通过了水利部组织的审查。按照项目要求，系统建设时间为 3 年，周期较长，为尽快改善黄河水量调度工作落后局面，科学实施黄河水量调度工作，按照水利部指示，黄委结合水量统一调度的实际需求，根据“急用先建，分步实施”原则，组织编制了《黄河水量调度管理系统应急实施方案》，2001 年 7 月组织审查，12 月水利部正式批复了该方案（水规计[2001]567 号）。

经过近几年的系统建设，确立了黄河水量调度管理系统架构体系，在信息采集系统、计算机网络系统、决策支持系统建设和黄河水量总调度中心环境建设等方面取得了巨大进展，通过系统的运用，使调度工作手段更加丰富，科技水平和调度管理水平明显提高，极大地提高了工作效率，增强了水量统一调度的科学性，提高了调度精度，为调度决策提供了更加科学的依据。在黄河实现连续枯水年份不断流的过程中，系统建设的成果发挥了不可替代的作用，取得了巨大的经济效益、社会效益和生态环境效益，充分体现了信息化、现代化在水资源管理调度中的重大作用。

二、信息采集系统

信息是黄河水量调度管理工作的基础，而水文气象信息、水质信息、引退水信息和旱情信息又是水量调度管理的基础信息，通过信息采集系统（包括水雨情信息采集系统、引退水信息采集系统和水质信息采集系统）的建设，改善了黄河水量调度管理的信息采集手段，提高了基础信息的数据采集能力和实时性，为黄河水资源调度管理系统的运用提供了信息源。

（一）水雨情信息采集系统

水雨情信息采集系统完成的建设成果包括：高村水文站低水测验吊箱缆道工程建设；中国气象局 9210 系统引进和应用；下河沿、石嘴山水文站低水测船建设；石嘴山、下河沿、头道拐、花园口、高村、利津水文站流速流向仪配置。

1. 低水测验吊箱缆道工程

高村水文站低水时处于弯道环流河段,下游测验断面主流左摆,右岸出现嫩滩,断面宽浅,鸡心滩频出,夹沟数道,流向偏角增大,原有测船测验时常发生突然性搁浅。因测船不可能跨越夹沟测量,由此而造成测验误差增大。吊船缆道和测船均系为施测大洪水而备,存在着船大水小、测速垂线间距相对较小、测验时测船定位稍不注意就有可能跑线、测验质量难以保证的局限。在冰期流凌时,按常规测验要求,每三到五天进行一次流量测验,以避开高密度流凌日,来保证测验质量和职工人身安全,但水量调度要求每天测流一次时,就不可能避开高密度流凌日,职工在高密度流冰的水上作业,人身安全无法保证。如遇大雾天,断面通视条件差,测验时现有的六分仪定位法不能满足测验要求。

通过建设高村水文站低水测验吊箱缆道工程,解决了上述测验问题,满足了低水测验渡河需要,保障了人身安全。

2. 9210 系统引进和应用

卫星云图等气象信息是枯水径流预报的基础。为解决径流预报的基础——降雨预报所需的资料来源问题,通过应急实施方案引进中国气象局的气象卫星综合应用业务系统(简称“9210 系统”)。9210 系统是中国气象现代化建设的重要组成部分,是新一代气象通信网建设和计算机信息处理系统建设的有机结合。9210 系统包括气象卫星通信网络传输系统、接收系统、数据库系统、气象信息综合分析处理系统四部分组成。它采用卫星通信、网络分布式数据库、程控交换和人机交互处理等先进技术,形成卫星通信和地面通信相结合,以卫星通信为主的现代化气象信息网络系统,实现了气象信息的传输网络化和气象信息的共享,从整体上提高了气象业务和服务水平。

9210 系统开发成果包括:

(1)为了使分析制作预报更加方便,结合中期预报特点,定义了一系列综合图,从 MICAPS主机上调用 EC 资料、T106 资料、KWBC、传真图等中期资料,方便预报员使用。

(2)气象资料进行格式转换,使之能在 MICAPS 系统中图形化显示和输出。将 1951 年以来的历年候、旬、月高度资料及距平资料生成 MICAPS 第 4 类数据(供绘制等值线),并实现了侯、旬、月图累加平均计算后生成 MICAPS 图形显示功能。对 RTE 预报系统实时接收到的 EC、T106 格点资料,自动处理成与上面同样的 MICAPS 格式进行显示打印,并进入气象资料库。

(3)将 180 天韵律预报系统计算出的 500 hPa 预报场生成文本文件,利用 MICAPS 第 4 类数据的图形显示功能自动绘制。

3. 低水测船建设

下河沿、石嘴山两站是宁蒙河段重要的省际控制断面,其吊船过河缆道主要是为施测大洪水而建设。在低水测验中,14 m 钢板船存在着吃水深、定位困难、易跑线和无动力的问题及测验的精度、机动性和灵活性不高等问题。为提高水文测验渡河的机动性与灵活性,在应急实施方案中安排了上述两站低水测船建设项目。本项目建成的两艘水文低水测船解决了原有钢板船吃水深和无动力问题,保障了低水测验时的人身安全,提高了低水测验精度。

4. 流速流向仪配置

下河沿、石嘴山、头道拐、花园口、高村、利津6个水文站在中低水测验时,存在着较大的流向偏角,使用简易流向仪很难精确测验流向,带来一定的误差。黄河上现有流速测量采用LS25-1型、LS25-3型悬桨式流速仪,适应最小测量水深0.3 m左右,最小起转流速0.06 m/s。不同的悬桨对应不同的流量测量范围,测量时需凭经验人为判断选择不同桨号,如遇流速突然变化,则误差会增大(低速桨测高流速误差大,高速桨测低流速误差大)。为解决上述问题,应急实施方案为上述6站配置适用水深较小、流速测量精度高的声学多普勒流速流向仪(ADV),该仪器最小适应水深0.02 m,流速测验精度0.001 m^3/s。

(二)引退水信息采集系统

引退水信息采集系统包括上游青铜峡、三盛公引退水信息监测系统和下游引黄涵闸远程监控系统。

1. 青铜峡、三盛公引退水信息监测系统

青铜峡、河套灌区引退水具有大引大退的特点,引水量占该河段引水量的90%。黄河水量统一调度以来,头道拐断面多次跌破预警流量,给黄河上中游水量调度和防断流带来极大压力。青铜峡、河套灌区引退水量大小对制订黄河水资源年度控制方案和引水方案影响很大,对控制头道拐省际断面的流量起到重要作用。为实时掌握两灌区的引退水情况,建立了青铜峡、三盛公引退水信息监测系统,将青铜峡、三盛公灌区现有水情遥测系统中自动化引水流量监测数据整合入总调中心的黄河水量调度数据库,以及以电子水尺为水位采集设备、短信数据传输为手段的青铜峡灌区的秦坝关、龙门桥和内蒙古灌区的二号闸、三号闸、四号闸、六号闸6个直接入黄退水口退水信息的自动遥测系统。

完成的成果包括:

(1)自动监测引水信息整合。实现了将青铜峡引黄灌区、河套引黄灌区主要引水口的自动化监测数据按全河调度要求整合到黄河水量调度系统,这些信息包括青铜峡引黄灌区东干渠、东总干渠、西总干渠的引水监测点流量信息,以及河套灌区南干渠、沈乌干渠、总干渠的引水流量信息。

(2)完善了退水自动监测系统。完成了在青铜峡引黄灌区的秦坝关、龙门桥和河套引黄灌区的二号闸、三号闸、四号闸、六号闸水位自动监测系统建设。

(3)人工观测的退水信息整合。实现了将青铜峡引黄灌区、河套引黄灌区管理部门已纳入日常灌溉管理信息的自动或人工观测的退水数据按全河调度要求整合到黄河水量调度系统。

(4)完善了总调中心数据库中宁蒙灌区的引退水汇总信息,实现了来水预报、枢纽运行、河道水情、用水计划和用水统计 Web 服务查询系统的功能。

2. 引黄涵闸远程监控系统

黄河下游引黄涵闸远程监控系统是利用现代电子、通信、计算机技术来实时自动完成涵闸信息的采集、传输和控制的,引黄涵闸远程监控系统建设在黄委领导的高度重视下,在黄委委属有关单位和机关有关部门的共同努力下,经过近3年的建设,已有77座引黄涵闸(如胜利闸远程监控系统,见插页彩图)实现了远程监控、监测和监视功能。实现了引水涵闸闸上、闸下水位自动采集和闸门提起高度的自动采集,通过超短波和黄委计算机网络传输,实现了数据采集中心(市级河务局)或数据汇集点(县级河务局)对所属涵闸的信息接收、解调、处理,从而实现了黄委总调中心和山东黄河河务局、河南黄河河务局对省际交叉断面引水涵闸的自动监测和控制。系统整体结构如图8-2所示。

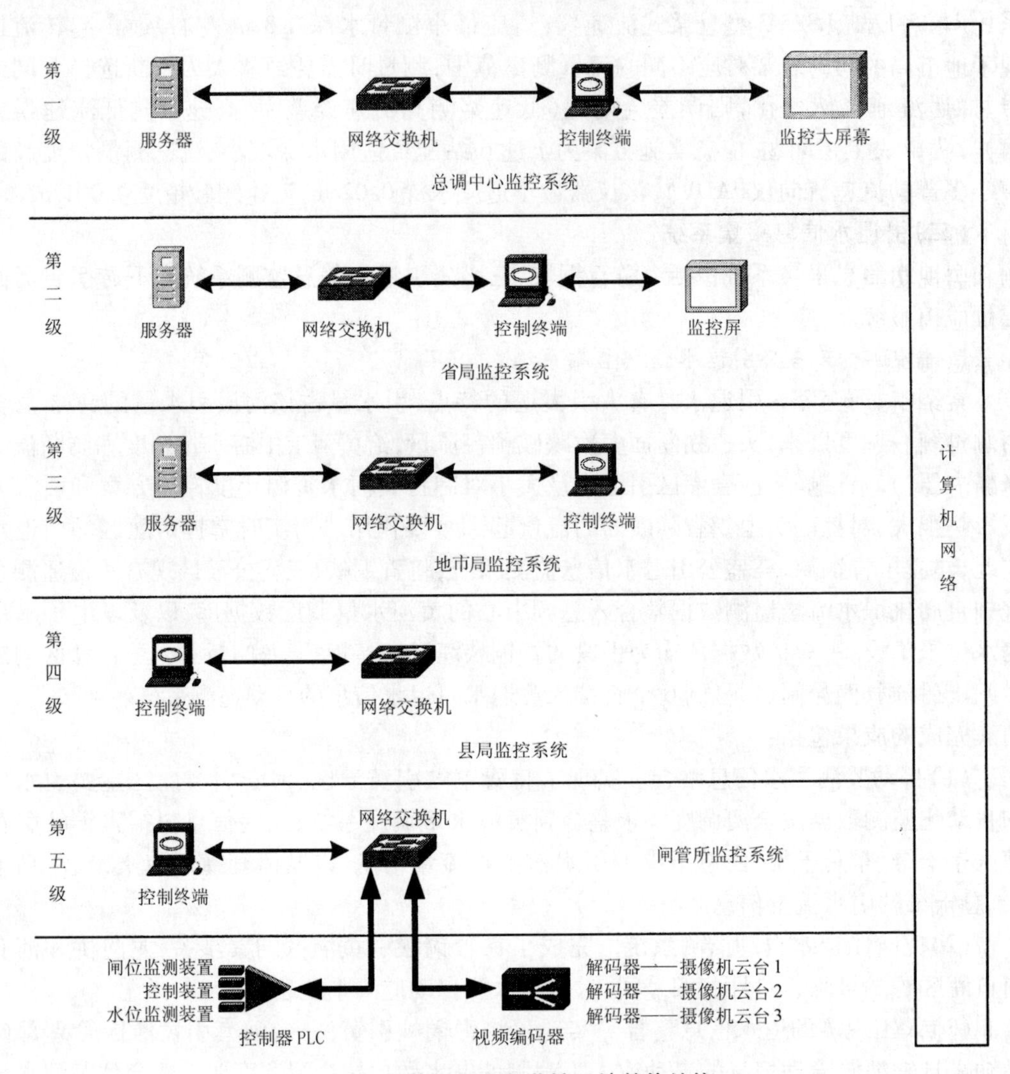

图8-2 引黄涵闸远程监控系统整体结构

完成的成果包括:

(1)闸管所系统。按照闸管所是涵闸运行和管理的责任单位的要求,系统可实现对所辖涵闸的水位和闸位监测、闸门控制、视频监视(包括摄像机云台控制,以下同)、涵闸运行状态和环境参数数据监测、引水流量计算和引水总量计算、实测流量数据录入,以及相关信息查询统计等功能。

(2)县局系统。按照县局是涵闸引水控制的责任单位的要求,系统实现了对辖区涵闸的水位和闸位监测、视频监视、涵闸运行状态监测、相关信息查询和视频信息直接从涵闸现场获取等功能。

(3)地市局系统。按照地市局是水量调度的基层管理部门的要求,系统实现了对辖区涵闸的水位和闸位监测、闸门控制、视频监视、涵闸运行状态监测、相关信息查询和引水量监测、视频向省局及黄委转发等功能。

(4)省局系统。按照省局是下游水量调度指令的执行和管理部门的要求,系统除实现了地市局的各项功能外,还可实现对省界交叉河段引黄涵闸的监测和监视功能。实现了对辖区涵闸发布调度指令和直接将配水指标分配到涵闸的功能,保证对辖区涵闸的有效控制。

(5)黄河水量总调中心系统。总调中心是黄河水量调度管理的枢纽,系统除实现了对下游全部引黄涵闸的监测、控制和监视功能外,还可实现对上中游大型取水口的引水监测和监视功能,对下游引黄涵闸远程监控系统功能调配和管理、控制流与视频流的调整、提供应用服务、Web 查询服务,以及为水量调度管理系统提供数据等功能。同时系统可在紧急情况下对涵闸进行闭锁和反闭锁控制。

系统试运行以来,实现了实时采集涵闸引水信息,对提高调度精度,实现涵闸的远程监测、控制和监视提供了有效的技术支持,为黄河水量调度与监督管理,有效控制下游河道断流,减少水事矛盾发挥了重要作用。

(三)水质信息采集系统

为满足黄河水量调度对水质监测的新要求,必须以加强省界水体水质监测、按水功能区划水质目标来实施排污总量控制。因此,在应急实施方案中安排水质信息采集系统建设。

水质信息采集系统主要是完善监测设备配备,包括为包头监测站、青铜峡监测站和三门峡库区水质监测中心各配置一台 COD 快速测定仪和一台原子荧光光谱仪,为流域监测中心和黄河山东(济南)水环境监测中心各配置一台多参数现场测定仪,以及在黄河上游兰州监测中心配置一台水质移动实验室。

在实际工作中,以上设备发挥了巨大作用。2003 年 1 月初,由于黄河上游来水偏少,中下游水质逐渐恶化,引黄济津工作受到影响,为了及时掌握引黄水质情况,移动实验室到位山闸对引黄济津水质实施连续监测,并向流域监测中心发送实时水质资料,现场监测项目有 pH 值、溶解氧、水温、氨氮、COD、高锰酸盐指数等项目,共发送水质资料十余组,监测数据百余个,为水量调度提供了决策依据。移动实验室在 2003 年 1 月下旬、6 月中旬和 8 月参加了河南段水污染执法检查、潼关河段水污染调查、三门峡库区排污调查等工作,对河南武陟县、温县、孟县、孟津县、巩义市、三门峡市等地的企业排污口、干支流断面进行了查勘和现场水质项目的调查监测。目前,移动实验室行程已将近 10 000 km,经受了各种道路的挑战,经历了严寒酷暑等多种气候条件的考验。通过多次的野外监测,充分体现了移动监测车机动灵活、动力充沛的优点,能够快速到达指定位置或监测断面,迅速开展现场监测,及时报送水质信息。通过实战应用,证明移动实验室完全能够提供野外监测实验条件。

作为黄河水量调度水质监测现代化的标志性建设项目,移动实验室为黄河水质实时监控、突发性水污染事故动态监测、城市供水水质预报提供了有效的技术手段,为全面提升黄河水资源保护管理水平提供了可靠的技术支持和决策依据,提高了水资源保护的监督管理水平,产生了较好的社会公益效益、环境和经济效益。

通过该项目建设与运用,黄委系统初步形成了固定实验室监测、移动实验室动态监测、水质自动监测站实时监测相结合的水质监测新体系,监测成果的代表性、可靠性和科学性得到了提高。在黄河水行政管理部门对水量、水质的统一管理方面得到进一步的提高,满足了社会公众对用水安全的知情权,对社会稳定和保证流域经济的可持续发展起到了重要的促进作用。

三、计算机网络系统

为了满足水调系统信息传输的需要,根据水量调度系统网络节点的分布特点和通信条件,制订了合理的网络组网方案,建立了国内规模最大的、覆盖面最广、组网结构复杂的水调计算机网络系统。网络覆盖涉及黄河上游和下游多个省(区)的单位和部门,网络节点分布广,根据各地和各部门通信条件的差异分别采用1 000 MB以太网、宽带无线局域网、Internet广域互联等多种组网技术合理并用,实现了黄委水调中心与两省局、沿黄主要省(区)水调部门、地市局、县局和重要引水工程的5级网络互联的庞大复杂的广域网络系统。建立了总调度中心局域网和综合布线系统,完善了相关的黄委网络信息点的接入,实现了下游涵闸工程的网络接入,进一步扩展了网络覆盖范围,实现了黄河上游主要省(区)网络与黄委的连接,包括甘肃省、宁夏回族自治区、内蒙古自治区水利厅,内蒙古河套灌区灌溉管理总局、黄河工程管理局、宁蒙水文水资源局等。为各类采集信息的快速、可靠的传输,提供了网络保障。水量调度系统计算机网络拓扑结构见图8-3。

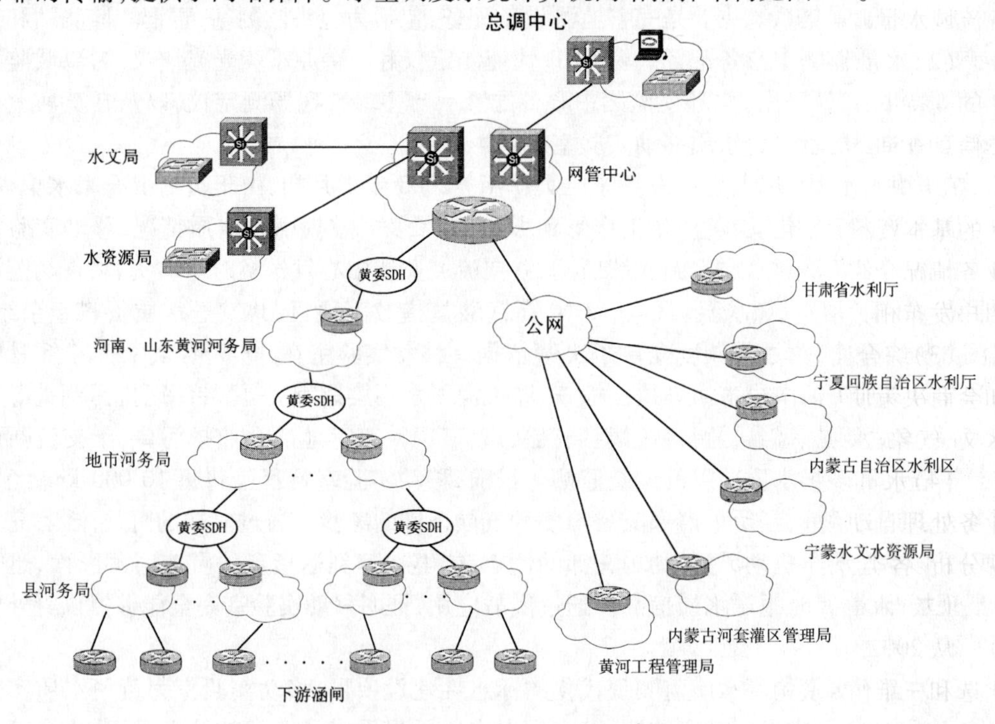

图8-3　水量调度系统计算机网络拓扑结构

目前,网络运行状态良好,为采集信息的快速、可靠的网上传输提供了保障。另外,青铜峡、三盛公引退水信息采集系统已在网络支持下正常运转。

四、决策支持系统

为合理配置黄河水资源,缓解供需矛盾,改善生态环境,防止河道断流,使有限的黄河水资源发挥更大的综合效益,迫切需要提高水量调度决策支持手段,尽快改变"手工+经验"的落后模式,为此应急实施方案安排了决策支持系统建设,内容包括水量调度业务处理和综合监视系统、水量调度方案管理系统、水量调度实时数据库字典及表结构编制、决策支持系统软件集成等。黄河水量统一调度以来,流域来水持续偏枯,干流各大水库蓄水量偏少,可调节水量有限,面对全流域用水十分紧张的形势,适时启动了黄河小浪底以下河段枯水调度模型和上游宁蒙河段流量演进模型开发,力求精细调度黄河水量,节约每一立方米黄河水资源,确保黄河不断流。

(一)水量调度业务处理与综合监视系统

完成成果包括数据库建设与管理、水量调度信息服务、综合监视与预警系统和业务处理系统。

(1)数据库建设与管理。开发和构建了总调中心的水调方案库、引水数据库、地图信息库、水文数据库、旱情数据库、水质数据库、卫星云图库等。同时,参照总调中心的数据库结构,结合相关的业务流程为相关省(区)和省局开发了水调业务数据库、引水数据库,为水库管理单位开发了水调业务数据库,并建立了相应的数据提取、维护管理体系,为实现流域水量调度方案编制、实时调度提供了数据支持和辅助决策支持。

(2)水量调度信息服务。实现的主要功能包括信息查询和信息发布,能在综合数据库的支持下,以流域地图为背景,采用多种方式,方便快捷、简洁直观、图文并茂地提供各类信息查询,包括水雨情信息、水质信息、供水信息、引退水信息、旱情信息,工程运行状况信息、历史水量调度情况信息,骨干水利枢纽工程、大型取水工程、流域内省(区)、大型灌区的基本资料,水量调度管理有关的各类日报、旬报、月报、情况通报以及有关的水量调度业务情况介绍等,并能针对不同用户,提供不同的信息服务,以及根据需要可主动向有关用户发布相关信息。

(3)综合监视与预警系统。开发了以 GIS 为平台的综合监视系统,供调度值班人员和会商决策使用。综合监视对象主要包括省际断面、调控水库和重要引水口等,信息包括水文、气象、水质、引退水、水库蓄泄、灌区墒情等。

(4)水量调度业务处理系统。开发了面向水量调度业务处理任务,方便实用的水调业务处理自动化办公系统,主要包括计划受理、方案拟文及管理、调度方案实施情况的监视分析、各类公告通报的发送与接收、调度统计分析和文件查阅管理。

(二)水量调度方案管理系统

从 2002 年 8 月正式启动,经过两年的建设,基本形成具有方案编制、方案管理、方案比选和三维仿真的水量调度方案管理系统。

(1)方案生成与演算。实现了模拟目前人工编制调度方案的各个工作环节,运用计算机软件技术自动生成调度方案;按国务院批复的《黄河水量调度管理办法》,建立模拟与优化相结合的混合水量调度模型体系，包括简化的需水预测模型、骨干水库联合调度模型和实时调度模型等。

(2)方案结果显示。实现了背景资料显示，包括月旬水量预报、水库前期蓄水量、流域降水和墒情、省(区)引水量和水质等实时信息等背景资料；实现了计算结果显示，以图表等简明的形式直观地表达方案计算结果、重要节点的控制指标等；实现了方案计算结果虚拟仿真，包括条件成熟的干流部分河段、部分水库涵闸的运行、干流的河道径流演进等的虚拟仿真。

(3)方案比较与选择。系统能够生成多套方案，通过图表等形式为决策者提供丰富的信息，以便对方案进行比较和选择。

(4)方案的存储管理。实现了对各种方案的分类入库存储和调出、修改、删除等操作。对于优选出的实施方案，还具有根据方案计算结果直接生成固定规格的调度文件功能。

(三)水量调度实时数据库字典及表结构编制

为规范水量调度系统建设工作的迫切需要，编制了《水量调度数据库表结构及数据字典》。《水量调度数据库表结构及数据字典》经审查并经“数字黄河”工程领导小组同意，批准为“数字黄河”工程标准，标准名称和编号为《水量调度数据库表结构及数据字典》(SZHH14—2004)，自2004年10月20日起实施。

(四)黄河小浪底以下河段枯水调度模型

2002~2003年冬春季黄河流域来水持续偏枯，黄河干流各大水库蓄水量较常年严重偏少，可调节水量有限，全流域用水形势十分紧张，防断流形势异常严峻，黄河水量调度面临着自1999年黄河水量统一调度以来形势最为严峻的考验。2002年11月25日，黄委启动了黄河小浪底以下河段枯水调度模型研究项目，力求精细调度黄河水量，节约每一立方米黄河水资源，确保黄河不断流，同时确保防凌安全和引黄济津调水任务的完成。黄河小浪底以下河段枯水调度模型共分为冬、春、夏、秋四个调度模型。

黄河小浪底以下河段枯水调度模型是针对下游枯水条件，面向实际调度运用，融合实用性和先进性的实时水量调度软件系统。本调度模型系统根据黄河水量调度日常工作的实际需要，结合下游不同季节来水和用水特点，以利津断面防断流为控制条件，考虑小浪底以下不同河段用水、区间加水、河道损失等因素，可提出满足防断流要求的月、旬、日水库调度预案，以及下游主要水文断面控制流量和各河段配水控制意见，指导水库调度和河道配水，并对未来防断流、防凌安全形势进行预警和提供用水意见，为枯水期黄河小浪底以下水资源的科学调度与合理分配，确保河道不断流和供水安全提供依据。本模型在技术手段上基于GIS平台开发，具有可视化功能，融入了春、夏、秋、冬季调度流程，按照流程提示调度人员可进行数据输入、信息交互、模型运算、时段滚动、信息更新、方案制作，系统体现了实用、方便的功能要求。

(五)黄河上游宁蒙河段流量演进模型

宁蒙河段是黄河上游主要用水区，灌区用水量多且集中，蒸发渗漏损失大，河段内引退水关系复杂，是上游水量调度的难点。近年来，黄河来水持续偏枯，枯水期可调节利用的水资源量十分有限，为科学调度水资源，有效控制上游宁蒙河段各断面流量和区间用水,研究宁蒙河段水量传播规律,开发了宁蒙河段刘家峡至头道拐河段的流量演进模型。黄河上游宁蒙河段流量演进模型实现了以下功能:

(1)以日为计算时段,根据刘家峡水库出库泄流,进行正向演进计算,提出刘家峡以下各主要水文站断面流量,并逐日滚动更新。

(2)以各断面控制流量为条件,进行不同河段引水、退水、河道损失、断面流量等因素的变化和调整,进行全河或分河段流量演进计算。

(3)可对未来防断流形势进行预警,特殊情况能以确保河道不断流为前提,提供引水控制基本处理意见。

(4)可进行多个水量调度方案的计算。

(5)可与总调中心综合数据库连接,适时更新数据。

(6)具备多种方式的输入、输出和查询功能。

黄河上游宁蒙河段流量演进模型开发完成,为上游水资源统一调度,以及对该河段用水的有效控制和管理提供了技术支持和决策参考。

五、总调中心环境

黄河水量总调中心是黄河水量统一调度管理的中枢,对于调度过程中的方案编制、决策会商、信息查询(包括引水信息、水情、雨情、旱情、气象信息)、涵闸监控等工作具有较强的综合支持功能。黄河水量总调中心环境的建立,为水量调度业务提供了良好的工作和系统运行环境,使调度管理系统的功能得到了综合体现。

总调中心建筑面积约 300 m^2,按照功能要求分为总调度室、会议室、办公室、设备间和休息室等功能区。在总调中心可利用中央集中控制系统对大屏幕显示系统、电子模拟屏系统、音响扩声系统、灯光系统实现设备开/关、各种图像切换、信号切换、音量大小、窗帘升降等控制,该系统将这些功能集中在一块触摸屏上,点击触摸屏上的图标能轻松地实现对被控设备的控制,利用已开发的应用软件系统实现数据的获取、处理和显示,提高了水量调度业务的工作效率和各种设备运行的协同能力。

(一)DLP 大屏幕显示系统

整个大屏幕显示系统可以分为 3 个组成部分。

(1)投影显示部分:3 ×5 块组合显示屏。整套组合显示屏由模块化—标准化——体化的投影箱体叠加组成,每个封闭式投影箱体均包括 DLP 投影机和专业背投影模板,投影机和屏幕以背投方式显示图像。

(2)信号处理部分。主要由多屏拼接控制器和 RGB 矩阵切换器组成,多屏拼接控制器通过多路网络连接多个应用系统,传输并合成计算机网络图像,以合适的图像大小/分辨率显示在大屏幕上,同时具有活动视频处理功能,可以在计算机图形上叠加视频窗口,RGB 矩阵切换器提供多路 RGB 信号同时输入和同时显示。

(3)控制系统。控制系统是一套专用的控制软件,负责控制 DLP 投影机的图像拼接、颜色和显示效果的调整,选择需要显示的信号和图像。控制系统为全中文操作界面,应用非常方便直观。

(二)电子模拟屏系统

黄河水量总调度中心电子模拟屏总高3.9 m,宽7.7 m,厚0.4 m,模拟屏画面可显示黄河水量调度所需要的实时水文信息和引水信息等。包括:显示黄河水文测站断面流量、水质、流量告警等;重要水利枢纽水位、蓄量、出入库流量等;重要取水口引水流量、涵闸(开关状态);黄河流域各省(区)的实时引水流量、引水量累计。

第五节 系统的成功运行

信息化建设是推进传统水利向现代水利转变的必由之路,黄委大力推进"数字黄河"工程建设,加大了在黄河水量统一调度管理方面的科技力度,通过黄河水资源调度管理系统的逐步完善和运用,改变了初期的工作状态,增强了水量统一调度的科学性,提高了调度精度和快速反应能力,提高了决策与管理水平。在实施统一调度以来,面对黄河流域连年干旱少雨的严峻形势,黄河水资源统一调度管理工作坚持科学发展观,贯彻可持续发展水利的方针,勇于创新,科学决策、精心调度,依靠科技手段,确保了黄河连续8年不断流,取得了显著的经济效益、社会效益和生态效益,谱写了黄河水量调度的绿色颂歌,其中系统建设成果的运用发挥了不可替代的作用。

黄河水资源调度管理系统的成功运用,使人们看到了该系统的应用前景,增强了系统建设的信心。从下面几个方面可以反映系统建设成果在实际工作中取得的明显成效。

一、枯水调度模型应用效果

黄河下游春、夏、秋、冬四季枯水调度模型(见插页彩图)采取边开发、边应用、边完善的建设原则,确保了研发与生产实践的紧密结合,实际应用效果良好。模型运用以来进一步提高了枯水期黄河水量调度的科学水平,提升了科技含量,为优化配置水资源、实施水量精细调度提供了可靠依据,在确保黄河不断流的工作中发挥了巨大的作用,其运用成果表现在以下方面。

(一)使水资源分配更趋合理,有效地节约了黄河水量

在调度期,应用黄河下游春、夏、秋、冬四季枯水调度模型,不断滚动分析计算,优化调度方案,多次调整水库下泄,精细调度水资源,节约了紧缺时段的黄河水量,为后期水量调度储备了水源。如2002年黄河流域降雨偏少、来水偏枯,加之黄河下游沿黄地区发生了百年不遇的大旱,水资源供需矛盾十分突出。为达到精细调度水资源、节约可调蓄水量的目的,在实际工作中,调度人员通过使用模型的正向和反向演算、防凌和断流预警等功能,调算满足引黄济津配水后的小浪底水库下泄流量。根据模型计算结果,多次实时调减小浪底水库下泄流量,从350 m^3/s 逐步减少到250 m^3/s、170 m^3/s、150 m^3/s、120 m^3/s,仅冬季调度中就节约小浪底水库出库水量14亿 m^3,对保障2003年旱情紧急情况下下游沿黄用水安全和确保黄河不断流起到了至关重要的作用。又如在第9次引黄济津期间,调度人员每天利用模型跟踪预测河道断面的水情,提出小浪底水库泄流及位山闸配水计划,不仅保证了引黄济津和豫鲁两省秋播秋种用水要求,还使水库由开闸放水初期的可调节水量不足20亿 m^3 增至35亿 m^3,为春灌用水储备了宝贵的水源。

(二)提高了黄河水量调度精度和时效性

利用该模型滚动计算和水流演进流量预测功能,在第9次引黄济津开闸放水前,提前6天将小浪底水库下泄流量由200 m^3/s加大到350 m^3/s,水头如期到达位山河段,保证了开闸放水时的引水条件。引黄济津结束前,又根据模型计算结果,提前减小小浪底水库下泄流量,确保了位山以下河段大河流量稳定和防凌安全。

通过模型计算的预测结果,为调度工作赢得了宝贵时间,为及时应对水调突发事件提供了技术支撑。在2002年冬季至2003年春季调度中,基于下游各断面前期过流情况,运用模型对12月25日~次年1月10日下游各断面的流量过程进行演算时,发现若维持下游河段区间引水原定规模,则在12月底左右利津断面流量有可能小于30 m^3/s,甚至断流,必须尽快对下游引水进行控制。据此,及时调整了25日以后下游引水计划,利津断面仅在28日1天出现最小流量22 m^3/s,保证了利津断面流量的稳定。

另外,在模型应用的过程中,也对一些参数进行了验证率定,滚动计算的各断面流量与实测资料基本吻合,除个别站个别时段误差在10%~20%,一般都小于10%,计算精度满足调度要求。

二、方案编制与管理应用效果

自黄河水量调度方案编制与管理系统2004~2005年度调度期开始正式应用以来,利用该系统编制了《2004年7月至2005年6月黄河可供水量年度分配及非汛期干流水量调度预案》和《2004年11月至2005年6月逐月黄河水量调度方案以及逐旬水量调度方案》。该系统的应用,使水量调度工作效率、决策支持能力、水量调度精度等都有了显著提高。

(一)提高了调度决策效率,体现了时效性

在黄河水量调度方案编制与管理系统开发完成之前,编制水量调度方案是利用Excel电子表格和手工输入数据,编制一个年度预案需要20天左右的时间。采用该系统编制方案,可通过对掌握的大量实时数据的计算、分析与处理,快速形成水调决策支持数据库和方案库,目前一天之内即可编制完成一个年度预案。另外,在调度期结束后,利用系统方案总结功能,可自动从数据库中提取各类水量调度信息进行总结分析,而以前则需要手工输入大量数据,工作量大而且易出错,工作效率低下。通过该系统的应用,大大提高了工作效率,增强了水量调度工作的时效性。

(二)提高了决策公信度,体现了公平分水原则

黄河水量调度方案编制与管理系统具有历史方案总结和多方案比选功能。方案编制在确保各用户(省、区)年用水量符合国务院颁布的分水指标的条件下,系统根据不同的边界条件及不同的配水计划快速编制不同的水量调度方案;通过多种方案编制方法和多种方案结果的表达方式,对不同的方案对比分析,并与历史同期方案对比,从中挑选出合理可行的方案,以求贯彻预先制定的公平分水原则。通过多方案及与历史方案对比分析,大大提高了决策的公信度。

(三)提高了水量调度的精度,水量分配更趋合理

本系统可以利用最新初始条件快速编制水量调度方案,提高了时效性,同时还可以进行多方案及历史方案对比分析,择优选取,显著提高了水量调度精度。以旬水量调度方案为例,以前做方案时一般只考虑一种情况,出现新情况例如降雨、旱情发展等,主要靠实时调度,由此造成实际情况与旬方案指标(例如水库泄流、用水量及控制断面流量等)差别较大,甚至可达50%以上;而利用该系统编制方案,可以综合多种情况,多方案比选,由此确定的执行方案更符合实际情况,在实际应用中提出的水量分配方案,实际情况与旬方案指标误差较小,一般在10%以内。

三、业务处理与综合监视系统应用效果

水量调度业务处理与综合监视系统提高了日常业务工作的自动化程度,减轻了工作强度,提高了业务处理效率。

(一)提高了技术手段,信息收集处理和查询更加便捷

实施全河水量统一调度初期,取得了一定的效益,积累了经验,但调度工作还存在实时调度管理、配水方案主要凭经验确定,信息收集、调度指令下达靠电话和传真,水量调度信息不能及时收集,调度指令不能迅速下达,效率不高的情况,制约着黄河水量调度工作的发展与提高。通过系统建设和应用实现了黄河水量调度所需的水文信息、卫星云图、旱情信息、水库信息、引退水信息和水质信息的快速收集处理,建立了大量的水调方案库、引水数据库、地图信息库、水文数据库、旱情数据库、水质数据库、卫星云图库。目前,调度人员可在基于GIS系统的平台上,根据业务需要方便快捷地查询水雨情信息、水质信息、供水信息、引水退水信息、旱情信息、工程运行状况、历史水量调度情况、骨干水库、取水工程,以及流域内省(区)、大型灌区的基本资料。可以快速生成水量调度管理有关的各类日报、旬报、月报、情况通报以及向有关用户发布相关信息,为调度工作提供了先进的技术手段。

(二)提高业务处理效率,减小了工作强度

运用系统提供的月旬水库泄流、省际断面流量、引(提)水口门引水流量与调度方案的对比功能,当背离调度控制指标时,系统及时报警,提示调度人员哪个河段、哪个控制断面、哪个水库、哪个引退水口门出现问题,供调度人员采取应对措施。同时,为了防止河道断流,系统当头道拐、潼关、花园口、利津站流量分别小于50 m^3/s、50 m^3/s、100 m^3/s、30 m^3/s时,进行小流量预警提示,提醒调度人员采取措施。运用方便实用的计划受理、方案拟文及管理、调度方案实施情况的监视分析、各类公告通报的发送与接收、调度统计分析和文件查阅管理功能,在处理省(区)、枢纽和两局用水计划编制、统计分析、文件发送与接收方面,实现了业务处理的自动化,极大地降低了调度人员的劳动强度,提高了工作效率和质量。

四、涵闸远程监控系统应用效果

黄河下游引黄涵闸远程监控系统是确保黄河不断流的有力手段,提升了黄河下游水量调度工作的科技水平,提高了工作效率。

(一)提高了应对突发事件的反应能力

通过应用涵闸远程监控系统,满足了总调中心远程随时掌握涵闸运行情况的需求,实

现了根据实际情况远程随时启闭涵闸闸门功能，为确保不断流赢得了宝贵时间，极大地提高了应对突发事件的反应速度。2003 年 5 月 1 日 8 时，黄河下游利津断面出现 26.4 m^3/s 流量，突破了 50 m^3/s 预警流量，面临断流的紧急情况，调度人员果断采取措施，利用涵闸远程监控系统迅速关闭了断面以上的所有引黄闸，在最短的时间内恢复了控制流量，解除了预警，一场黄河断流的危机在调度人员的科学操控下化险为夷。

（二）丰富了调度督查手段，提高了工作效率

系统建成前，水调督查必须到现场，需要大量的人力、物力保障。系统建成和应用后，变原来单一的现场水量督查为远程网上督查和现场督查相结合，最大限度地避免了违规引水事件的发生，有效地维护了水量调度工作的正常秩序。尤其是水量调度关键期，在调度工作繁重，人员紧张的情况下，实施远程网上督查，避免了派出庞大督查队伍进行现场督查的情况，大大节约了人、财、物的支出费用。另外，通过系统的应用，提高了各类信息采集的自动化程度，改善了当地涵闸管理人员的生产条件，改变了闸门人工启闭操作和引水信息的人工采集方式，减轻了劳动强度。作为担负引黄济津应急调水任务的渠首闸——位山闸，自 2000 年开始就应用该系统对涵闸实施全过程管理，在其后实施的历次引黄济津应急调水工作中发挥了巨大作用。引黄济津应急调水一般跨黄河凌汛期，根据黄河水情、防凌和引水要求，涵闸往往需要频繁的启闭，管理任务相当繁重，该系统的应用，使管理人员可以在控制室里完成过去需要冒着严寒去完成的工作。

五、基础设施运用成效

黄河水资源调度管理系统中的基础设施是系统的基础支撑，调度工作中的科学决策离不开基础设施提供的信息和手段。

(1)高村水文站低水测验吊箱缆道工程解决了低水测验问题，既满足了低水测验渡河需要，又保障了人身安全。在 2003 年 9 ~ 10 月的洪水过程中，对吊箱缆道与测船测验进行了 4 次比测试验，比测流量级为 1 670 ~ 2 360 m^3/s，流量最小误差为 0，最大误差 60 m^3/s。比测结果表明，使用吊箱缆道进行流量测验，能够很好地控制测验垂线布置，精确定位，测验时无横向摆动现象，测验精度相对测船较高，基本实现了流量测验的半自动化，克服了测船在测验中的摆动幅度及测船阻水影响，大大提高了低水测验精度。遇到雨雾天气时，由于使用了电子显示定位系统，确保了测验时机。同时，水上作业安全系数得到大大提高，又节省了人力、物力。尤其是在 2003 年的洪水测验及小浪底水库的防洪预泄期间，该缆道得到了高效、高强度的合理利用，有效地完成了多次超设计标准的洪水测验，发挥了很好的作用。

(2)9210 系统的建设，不仅解决了非汛期气象资料短缺的问题，而且增加了气象资料的信息量，减少了资料接收处理时间和工作量。该系统在黄河流域降水预报中，及时提供了基础资料，为预报人员提供了较好的工作平台。在非汛期水量调度和凌期的冰情预报中，依靠其提供的实时气象资料，预报人员及时分析，为径流预报提供了未来降水的预估；为冰情预报提供了较为准确的气温趋势分析和预报。9210 系统的运用，为水量调度决策提供了科学依据，发挥了良好的作用，取得了明显的经济效益和社会效益。

(3)为下河沿、石嘴山两站建成的两艘水文低水测船，保证了低水测验时的人身安全，提高了低水测验精度。自2004年6月投入试运行以来，运转正常，效果良好，为下河沿、青铜峡水文站的低水测验提供了保障。

（4）为下河沿、石嘴山、头道拐、花园口、高村、利津6个水文站配置的适用于水深较小、流速测量精度高的声学多普勒流速流向仪（ADV），提高了测验精度及自动化程度。

（5）黄委初步形成了固定实验室监测、移动实验室动态监测、水质自动监测站实时监测相结合的水质监测新体系，监测成果的代表性、可靠性和科学性得到了提高，满足了社会公众对用水安全的知情权，对社会稳定和保证流域经济的可持续发展起到了积极的促进作用。

第九章 《黄河水量调度条例》的颁布实施——迈向依法调度

《黄河水量调度条例》于2006年8月1日起施行。该条例是在国家层面上第一次制定的黄河治理开发专项法规,在黄河治理开发与管理的历史上,具有里程碑的意义。《黄河水量调度条例》的施行,把水法关于水量调度的基本制度从法规层面具体落在了黄河水量调度和管理的实处,标志着黄河水量调度进入了依法调度的新阶段。本章主要介绍《黄河水量调度条例》的立法背景、过程与主要内容以及初步实施情况。

第一节 依法调度的重要标志

一、《黄河水量调度条例》的立法背景

为缓解黄河水资源供需矛盾和遏制黄河下游断流形势,1998年12月经国务院批准,原国家计委、水利部联合颁布了《黄河水量调度管理办法》,授权黄委对黄河水量实行统一调度。1999~2006年,在黄河来水严重偏枯的情况下,黄委依据《黄河水量调度管理办法》的规定,对黄河水量实施统一调度,保证了黄河流域各省(区、市)的城乡居民生活用水和工业用水,兼顾了农业关键期用水和生态用水,并完成了向河北省及天津市远距离应急调水任务,实现了黄河连续7年不断流,初步遏制了黄河频繁断流的势头。但是,在实施黄河水量调度中,还突出存在着以下几方面问题:

一是水量调度中包括国务院发展与改革行政主管部门、国务院水行政主管部门、黄河流域及相关地区11个省(区、市)人民政府及其水行政主管部门、黄委及所属各级管理机构、水库主管和管理单位等责任主体的职责和权限有待进一步明确,调度管理体制和工作机制有待进一步理顺。

二是在2003年经国务院批准的旱情紧急情况下黄河水量调度预案中首次建立的行政首长负责制,作为保障黄河水量统一调度正常、有序进行的手段,需要扩展完善,以保证省际或重要断面流量达到控制指标要求,有关水库在用水高峰期按水调指令下泄水量。

三是《黄河可供水量分配方案》的实施还缺乏强制执行力。1987年由国务院同意、国务院办公厅颁布的《黄河可供水量分配方案》对加强黄河水量的统一分配起到了重要作用。但是,没有要求省(区、市)对其超分配指标取用水的行为承担责任,使得部分省(区、市)超分配指标取用水的问题在长时期内难以解决,造成用水总量控制难以实现。

四是对黄河重要支流的水量调度问题缺乏规定。由于缺乏对黄河重要支流水量调度的规定,使支流用水量没有纳入全流域统一调度管理,产生了有关省(区、市)过度、无序开发利用支流水资源,造成支流水量枯竭甚至断流、入黄水量急剧减少的现象。如汾河、渭河、沁河等重要支流都曾出现季节性断流,不仅影响支流相关地区经济社会可持续发

展,也使黄河干流水量大幅下降,增加了干流水量调度压力,严重影响了黄河水量分配方案和调度计划的执行。

五是黄河水量调度管理制度不够完善。黄河水量调度中,用水计划的申报、受理、水量分配方案和调度计划的实时调整、水量调度指令的下达、水量分配指标外用水的调度及其补偿、水量调度中的数据监测、水量调度的公告等重要环节还没有相应的规定,需要予以完善、调整和规范,以增强调度的可操作性。

六是特殊情况下的水量调度制度及工作机制还不完善。当黄河水量调度出现了紧急旱情、突发性事件等特殊情况时,亟待明确相应的实施条件、批准程序,建立调度预案制度,规定特殊情况下水量调度有关主体的职责和应急处置措施。

七是监督检查制度和处罚措施需要进一步加强。针对黄河水量调度实施中,存在着有关地区不认真执行水量分配方案和调度计划,超分配指标用水致使相关重要控制断面下泄流量不符合控制指标要求,以及有关水库不能严格执行水调指令等违规行为,需要建立相关的监督检查制度,并规定相应的处罚措施。

黄河流域水资源供需矛盾突出的问题将长期存在,解决黄河水量统一调度中存在的上述诸多问题和矛盾,必须采取综合措施,以法律手段建立长期有效的保障机制,支持和保障黄河水量统一调度的有效实施。为此,迫切需要尽快制定《黄河水量调度条例》。

二、《黄河水量调度条例》的立法过程

黄河水量调度和优化配置管理问题的解决,从20世纪50年代开始,根据黄河水资源开发利用情况的不同,经历了初步认识和局部调度阶段、行政调度阶段和依法调度三个不同的阶段。

(一)认识和局部调度阶段

在1954年编制的黄河流域规划中对全河远期水资源利用进行了分配。60年代开始大规模水电开发后,为统筹水力发电用水和工农业用水,以及上游防凌的矛盾,成立了黄河上中游水量调度委员会,开始了对黄河上中游河段的水量调度。

(二)行政调度阶段

20世纪70年代黄河出现断流后,国家更加重视黄河水资源的合理利用,1987年国务院批准了国家计委和水利部提出的《关于黄河可供水量分配方案的报告》,正式提出了沿黄各省(区)的水量分配方案。然而,这一时期由于我国对水资源实行统一的资源管理刚刚起步,对于水量调度的规定还不明确。在1988年《中华人民共和国水法》中,只有第三十一条作了比较原则的规定,而流域管理机构在水法中缺乏明确职责和执法地位,同时又无可供借鉴的经验,因此在面对黄河断流不断加剧的局面时缺乏有效的监管依据和措施。为此,1998年经国务院同意,又颁发了《黄河可供水量年度分配及干流水量调度方案》和《黄河水量调度管理办法》,在黄河河川径流利用上统一了认识,在平衡行业之间、地区之间局部利益和全流域整体利益中发挥了较好的作用,通过行政的手段,实现了黄河连续七年不断流。但在实施中也发现,仅仅依靠行政手段,还不能从根本上解决黄河水量调度中的问题。

(三)依法调度阶段

2002年修订后的《中华人民共和国水法》颁布实施,在水量调度的管理机制、管理制度和法律效力等方面的规定得到加强。通过第二十二条和第四十五条、第四十六条,分别建立了跨流域调水和在一条河流上进行水量调度分配的基本制度,还赋予了流域管理机构水量调度的职责,依法调度黄河水量从而有了良好的基础。

《黄河水量调度条例》的起草工作经历了三个阶段。

一是黄委组织起草《黄河水量调度条例》草拟稿。2003年,黄委开始把《黄河水量调度条例》的立法起草工作列为黄委的重点工作之一。为使《黄河水量调度条例》尽快出台,组建了专门的立法工作组负责起草工作。针对水量调度工作中的问题,水政局、水调局等有关单位和部门密切配合,深入调查研究、分析论证,在总结《黄河水量调度管理办法》实施的基础上,组织起草了《黄河水量调度条例》草拟稿,征求流域11省(区、市)意见后上报水利部。

二是水利部积极开展审查、论证。《黄河水量调度条例》上报后,在水利部主持下,再次征求了流域有关省(区、市)意见,并多次召开专家论证会,反复修改完善,于2004年6月和9月分别通过了水利部、国家发展和改革委员会审议,形成了《黄河水量调度条例(草案送审稿)》,并由水利部、国家发展和改革委员会联合向国务院报请审议。

三是国务院法制办开展《黄河水量调度条例》立法审议论证。2004年9月16日和2005年7月27日,国务院法制办两次征求七部委及涉及黄河调水区的11省(区、市)意见,开展了多次调研立法活动,2006年4月19日国务院法制办审议并原则通过《黄河水量调度条例》(草案)。

2006年7月5日,国务院召开第142次常务会议,审议通过了《黄河水量调度条例》(草案)。7月24日,国务院总理温家宝签署第472号国务院令,公布了《黄河水量调度条例》,并于2006年8月1日起正式施行。

第二节 《黄河水量调度条例》的主要内容

一、适用范围

青海、四川、甘肃、宁夏、内蒙古、陕西、山西、河南、山东9个省(区)地处黄河流域,河北、天津两个省(市)国家分配有引黄水量指标,并多次从黄河远距离调水,黄河水资源的开发利用与上述11个省(区、市)的经济社会发展密切相关。为此,《黄河水量调度条例》规定,黄河水量调度与管理适用于上述11个省(区、市)。

由于缺乏对支流的管理,黄河部分支流水资源过量开发,断流形势日益严峻,致使入黄水量急剧减少,威胁到沿黄生产生活和环境用水。《黄河水量调度条例》把重要支流纳入了统一调度范畴。

二、水量调度的原则

从有利于水量调度的实施与管理、便于各用水部门间关系协调的角度,《黄河水量调度条例》确立了黄河水量统一调度制度。同时提出水量调度工作应该遵循总量控制、断面流量控制、分级管理、分级负责的原则,这是《黄河水量调度条例》各项制度建立的一个基础。同时,对黄委的调水、各调度单位的调水也做了约束。根据黄河水少沙多的特性,在充分考虑防止黄河断流、保证相关地区经济社会发展需要的基础上,按照《中华人民共和国水法》的规定,《黄河水量调度条例》对用水顺序进行了明确,即在预留必需的黄河河道内输沙入海用水量后,黄河水量调度应当首先满足城乡居民生活用水,合理安排农业、工业与河道外生态环境用水。

三、水量调度管理体制

黄河水量调度工作涉及面广、关系复杂,明确相关主体的职责,既有利于水量调度工作的组织领导,也有利于发挥各方面的积极性。《黄河水量调度条例》从有利于水量调度管理的角度出发,在规定了黄河水量调度实行统一调度的前提下规定了黄河水量调度分级管理、分级负责的制度。体现在以下三个方面。

一是明确了中央与地方的职责分工。《黄河水量调度条例》第五条将水利部和国家发展和改革委员会定位为负责黄河水量调度的组织、协调、监督、指导的部门。大规模的活动由国务院的部门直接组织,比较大的矛盾、大的利益冲突需要由国务院的部门直接协调,对于地方是否严格执行了国务院指示的精神、《黄河水量调度条例》的精神,国务院的这两个部门有义务实施监督,也有义务进行指导。黄河水量调度工作具体的组织实施和监督检查,是黄委的职能。有关地方人民政府水行政主管部门和黄委所属管理机构负责所辖范围内黄河水量调度具体的实施,对其进行必要的监督检查。

二是划分了水利部、国家发展和改革委员会、黄河水利委员会、有关地方人民政府及水行政主管部门在黄河水量分配方案、年度水量调度计划、月和旬水量调度方案与实时调度指令的制订和下达方面的职责和权限。

三是分清了有关省级人民政府和黄河水利委员会及其所属的河南、山东黄河河务局对黄河干支流和重要水库的调度权限。《黄河水量调度条例》根据《中华人民共和国水法》第十二条"水资源实行流域管理与行政区域管理相结合的管理体制",规定流域机构的职责主要体现在编制、监督和实施流域的各种规划,调配水量,调解行政区域之间的水事纠纷,管理、控制主要的水利工程;地方人民政府主要是按照《中华人民共和国水法》的规定,负责本行政区域水资源的统一管理、监督。按照这一规定,结合黄河水量调度的实际,对流域与区域的权限划分作了以下规定:

(1)在对黄河干、支流的调度权限方面。《黄河水量调度条例》第十六条规定,对青海、四川、甘肃、宁夏、内蒙古、陕西、山西几省(区)境内黄河干、支流的水量,分别由各省(区)水利厅负责调度;河南、山东两省境内黄河干流的水量,分别由河南、山东黄河河务局负责调度,支流的水量,分别由河南省、山东省水利厅负责调度;调入河北省、天津市的黄河水量,分别由省(市)水利厅(局)负责调度。

(2)在对水库的调度权限上,《黄河水量调度条例》第十七条规定,龙羊峡、刘家峡、万家寨、三门峡、小浪底、西霞院、故县、东平湖等水库,由黄委组织实施水量调度;必要时,黄委可以对大峡、沙坡头、青铜峡、三盛公、陆浑等水库实施水量调度,下达实时调度指令。

(3)明确了黄委、有关省级人民政府、重要水库主管部门或者单位所负责的重要水文控制断面,并规定其在相应断面流量控制中的责任。《黄河水量调度条例》第十八条规定,青海省、甘肃省、宁夏回族自治区、内蒙古自治区、河南省、山东省人民政府,分别负责并确保循化、下河沿、石嘴山、头道拐、高村、利津水文断面的下泄流量符合规定的控制指标;陕西省和山西省人民政府共同负责并确保潼关水文断面的下泄流量符合规定的控制指标;龙羊峡、刘家峡、万家寨、三门峡、小浪底水库的主管部门或者单位,分别负责并确保贵德、小川、万家寨、三门峡、小浪底水文断面的出库流量符合规定的控制指标。

四、黄河水量分配制度

水量分配是水量调度的基础,水量分配方案是水量调度的依据。根据《中华人民共和国水法》的有关规定,《黄河水量调度条例》对水量分配方案作了规定:

一是明确了制订水量分配方案的原则。《黄河水量调度条例》第八条规定,制订黄河水量分配方案时,应当充分考虑黄河流域水资源条件、黄河流域规划和水中长期供求规划,以及相关省(区、市)取用水现状和发展趋势等因素,统筹兼顾生活、生产、生态环境用水和上下游、左右岸的关系,发挥黄河水资源的综合效益。要求水量分配方案的制订,既要遵循经济规律,又要遵循自然规律;既要考虑经济社会效益,又要考虑生态环境效益。

二是规范了水量分配方案的制订和修改的程序。为满足 11 省(区、市)的用水需求,同时为保证国家对黄河水资源实行有效调控,《黄河水量调度条例》第七条、第九条对黄河水量分配方案制订修改程序作了规定,即制订或修改黄河水量分配方案时,由黄委会商 11 省(区、市)人民政府提出方案意见,经国务院发展改革主管部门和国务院水行政主管部门审查同意,报国务院批准。

三是确定了水量分配方案的法律地位。针对以往实践中黄河水量分配方案缺乏强制执行力、难以执行的问题,《黄河水量调度条例》第七条明确强调,国务院批准的黄河水量分配方案是黄河水量调度的依据,要求有关地方人民政府和黄委及其所属管理机构必须执行。

五、正常情况下的水量调度制度

根据黄河自身的特点,为保证水量分配方案的实施,《黄河水量调度条例》对正常情况下黄河年度水量调度计划、月和旬水量调度方案、实时调度以及水文断面流量控制等作了以下规定:

一是规定了年度水量调度计划的制订原则、制订程序。考虑到黄河来水量年际变化大的特点,为保证水量调度依据的可执行性,《黄河水量调度条例》第十二条、第十三条规定,黄委应会商有关省(区、市)水行政主管部门,依据经批准的黄河水量分配方案和年度预测的来水量、水库蓄水量,综合平衡各省(区、市)申报的年度用水计划建议和水库运行计划,按照同比例丰增枯减,并对多年调节水库按蓄丰补枯的原则统筹兼顾,制订年度水量调度计划。

二是规范了月、旬水量调度实施条件和程序。《黄河水量调度条例》要求黄委根据经批准的年度水量调度计划和申报的月用水计划建议、水库运行计划建议制订并下达月水量调度方案;在用水高峰时要根据需要制订并下达旬水量调度方案。

三是规定了实时调度。黄河流域水量调度战线长、范围广,在调度过程中存在许多不确定因素,因此允许黄委在必要时适时下达实时调度指令。《黄河水量调度条例》第十五条规定,黄委可以根据实时水情、雨情、旱情、墒情、水库蓄水量及用水情况,对已下达的月、旬水量调度方案做出调整,下达实时调度指令。

四是建立了严格的水文断面流量控制制度。《黄河水量调度条例》第十八条规定,黄河水量调度实行水文断面流量控制,黄河干流水文断面的流量控制指标由黄委规定;重要支流水文断面及其流量控制指标由黄委会同黄河流域有关省(区)人民政府水行政主管部门规定。

六、应急调度体系

为了及时、有效地处理黄河流域出现的各种涉水应急事件,防止黄河断流,《黄河水量调度条例》对应急水量调度作了以下规定:

一是明确了应急水量调度的实施条件。《黄河水量调度条例》第二十一条规定,当出现严重干旱、省际或者重要控制断面流量降至预警流量、水库运行故障、重大水污染事故等情况,可能造成供水危机、黄河断流时,由黄委组织实施应急水量调度。

二是规定了旱情紧急情况下的水量调度预案制度。为了做到应急管理日常化,《黄河水量调度条例》要求黄委应会商 11 省(区、市)人民政府以及水库主管部门或者单位,制订旱情紧急情况下的水量调度预案;11 省(区、市)人民政府水行政主管部门和河南、山东黄河河务局以及水库管理单位,应当根据经批准的预案,制订实施方案。

三是规定了应急处置措施。《黄河水量调度条例》第二十六条规定,当出现应急情况时,黄委及其所属管理机构、有关省(区)级人民政府及其水行政主管部门和环境保护主管部门以及水库管理单位,应当根据需要,实施紧急预案,按照规定的权限和职责,及时采取压减取水量直至关闭取水口、实施水库应急泄流方案、对排污企业实行限产或者停产等处置措施。

此外,为保证黄河水量调度各项制度的落实,《黄河水量调度条例》对政府、政府有关部门、黄委及其所属管理机构,包括工作人员,都规定了行政甚至于刑事责任。

七、监督检查和保障制度

一方面非常注重贯彻“公正、公平、公开”的原则,如在年度水量分配方案和调度计划制订、河南省与山东省月用水计划建议的申报、关于水文测验数据、关于水量调度执行情况的监督等方面,都明确建立了符合“公正、公平、公开”原则的协商与协调机制、通报制度。同时,为防止破坏“公正、公开、公平”原则,又建立了严格的监督检查和法律责任。共分为四类:一是通过将黄河水量调度情况定期向调水利益方通报和向社会公告的方式,接受社会监督;二是完善对水库、主要取(退)水口巡回监督检查方式和内容;三是对违反水量调度纪律的责任人员实施行政处分措施;四是对违反水量调度规定或破坏水量调度秩序的行为实施行政处罚直至追究刑事责任。通过上述措施,实现了以国家法规的强制力保障黄河水量调度的正常进行。

第三节 《黄河水量调度条例》的初步实施

2006～2007年度是《黄河水量调度条例》开始施行的第一个调度年度，调度期延长至全年，调度范围扩展至干支流，对调度精度有强制性的要求；同时，黄河流域又面临来水偏枯、沿黄大范围出现秋冬春连旱、引黄灌区种植面积居高不下等困难，水资源供需矛盾突出，使水量调度精度满足强制性约束难度很大，水量调度形势严峻。

通过多方的共同努力，保证了各省（区、市）抗旱用水，实施了首次引黄济淀应急生态调水，足额满足了河道生态及输沙水量；实现了整个调度期内无预警，调度时段省际和重要控制断面流量与控制指标误差基本控制在5%以内，调度精度再创统一调度以来新高；扎实推进了重要支流水资源管理与调度工作，初步建立了重要支流水量调度管理的工作机制和工作程序，有效处置了渭河和沁河濒临断流的危机，省际和重要入黄断面流量基本在控制范围之内，黄河水量调度工作再上新台阶。

一、2006～2007年度水量调度形势

（一）调度范围扩大，调度时段延长，调度精度在法规层面上有强制要求

《黄河水量调度条例》于2006年8月1日起正式施行。依照《黄河水量调度条例》要求，黄河水量调度由非汛期扩展至全年，干流调度河段上延至龙羊峡水库，并对部分实施支流水量调度。《黄河水量调度条例》颁布实施，明确了年度水量调度计划的法律地位，不仅对调度精度提出强制要求，而且对水量调度方案的编制和执行提出了严格要求，尤其是支流水资源调度管理属于开创性工作，调度难度更大。

（二）来水偏枯，大范围出现严重旱情

根据水文预报，2006年7月～2007年6月花园口站天然径流量370亿m^3，较正常年份偏枯近40%；依据国务院1987年批准的黄河可供水量分配方案，确定黄河可供水量为310亿m^3，比正常来水年份少60亿m^3。

据报汛资料统计，本年度黄河流域实际来水与预报来水基本一致，主要来水区合计来水308亿m^3，比多年同期均值偏少37%。其中，汛期来水167亿m^3，比多年均值偏少42%；非汛期来水141亿m^3，比多年均值偏少29%；全河用水高峰期4～5月合计来水仅30亿m^3，比多年均值偏少53%，为统一调度8年来最少。

2006年秋天至2007年春天，黄河流域降水稀少，沿黄地区出现了大范围的旱情。甘肃省东部地区2007年3月中旬至5月底累计降水量8～114 mm，较常年同期偏少50%左右，5月底，部分地区干土层厚度达50 mm以上，处于极度干旱状态，全省农作物受旱面积达2 270万亩，其中重旱1 239万亩。宁夏、内蒙古两自治区大部分地区冬春季降水量稀少，较上年同期偏少30%以上，尤其是4月下旬至6月上旬，大部分地区降水量不足10 mm。山西省运城市自2006年10月至2007年6月上旬，平均降水量仅为40 mm，较历史同期偏少50%。陕西省2007年4月至6月上旬大部分地区降水偏少70%～90%，持续春旱达70多天，受旱面积最大达1 974万亩，其中重旱600万亩。2006年9月至2007年2月底，黄河下游地区秋冬春连旱严重，山东省沿黄地区平均降水量为41.6 mm，较多年

同期均值偏少近70%，部分地区遭遇百年一遇的严重干旱，全省农田受旱面积达到1 152万亩，其中严重干旱面积达158万亩；3月中旬至6月上旬长期少雨，山东省沿黄9市平均降雨量仅为29.8 mm，较多年同期均值偏少近60%，致使旱情再次急剧发展。

（三）灌溉面积居高不下，干流用水总量控制及保证输沙用水难度大

受国家一系列惠农政策影响，近几年沿黄各省（区）农田种植面积连年增加。初步统计，2006～2007调度年度沿黄省（区）农田种植面积达1.25亿亩，较统一调度以来分配水量最多的2005～2006年度又增加600余万亩。灌溉面积居高不下，加之来水偏少以及严重干旱导致水资源供需缺口大，尤其是用水大户宁夏、内蒙古、山东等省（区）供需缺口合计达20亿m^3以上，加剧了水资源供需矛盾，干流用水总量控制及保证输沙用水难度很大。

（四）支流水资源供需矛盾突出，管理基础薄弱

黄河不少支流水资源开发利用过度，加之缺乏有效管理，水资源供需矛盾由来已久。按照《黄河水量调度条例》的要求，2006～2007年度先期对洮河、湟水、清水河、大黑河、汾河、渭河、沁河、伊洛河、大汶河9条重要支流分别实施了计划用水和水量调度管理，其中对渭河和沁河实行月调度。由于支流水资源利用矛盾突出，缺乏工程措施，加之水量调度的管理体系不健全、机制不完善，基础研究薄弱，水文资料时效性差且共享程度低，调度管理工作任务艰巨。

（五）“引黄济淀”生态调水过程复杂，精度要求高

为改善白洋淀地区生态环境，保障该区群众生活、生产用水安全，2006年11月24日～2007年2月28日水利部、国家防办组织实施了首次“引黄济淀”应急生态调水。本次调水分两个阶段：前期同时向衡水湖、大浪淀和白洋淀补水，后期仅为白洋淀补水。由于引黄济淀输水线路长，沿程过流能力变化大，加之调度过程中要求的引水流量变幅大，对调度精度提出了更高要求。首次引黄济淀还跨越凌期，调水后期又值沿线冬灌用水高峰，需要协调引黄济淀与防凌、沿线冬灌用水以及引黄济青之间的矛盾，特别是调度后期对沿线山东段引水监管难度很大。

二、贯彻落实《黄河水量调度条例》，推动黄河水量调度再上新台阶

（一）加强沟通协商，促进各级水行政主管部门依法履行职责

在2007年黄河水量调度过程中，面临三个比较大的困难：一是上游4～6月上旬来水偏枯，协调龙羊峡、刘家峡两库补水和上游省（区）用水要求困难大；二是下游，特别是山东河段秋冬春连旱，同时保证抗旱用水和输沙用水困难大；三是支流水量调度管理体制和机制缺位。为充分发挥水资源综合利用效益，优化调度过程，提高调度方案科学性，保证调度精度，建立支流调度管理的体制和机制，黄委先后召开了干流上游河段、干流下游河段、沁河、渭河水量调度协商会议，及时化解了水量调度关键期的主要矛盾。

黄河下游遭遇严重秋冬连旱，加之受暖冬影响，豫鲁两省春灌提前，用水形势紧张。3月初，黄委召开黄河下游河段水量调度会议，组织河南黄河河务局、山东黄河河务局、水文局及水资源保护局等有关单位，根据前期实际来水和后期来水预报、水库蓄水及下游需水等情况，合理制订了豫鲁两省黄河干流3月中旬～6月逐旬水量调度意见，并对后期水量

调度原则提出明确要求。

4月中旬,在上游进入灌溉高峰期之际,黄委召开了2007年黄河上游河段水量调度协商会议,组织上游有关省(区)及干流水利枢纽管理单位根据最新水情和用水需求,科学合理地制定了黄河干流刘家峡至头道拐河段4月下旬~6月逐旬水量调度意见,在年度计划的基础上优化了水量调度过程。

为做好支流水量调度管理工作,在广泛深入调研渭河与沁河水资源特点、水利工程状况、用水规律的基础上,分别于3、4月召开了沁河和渭河水量调度会议,并向有关省(区)印发了《关于加强沁河水量调度管理工作的意见》和《关于加强渭河水量调度管理工作的通知》。

《黄河水量调度条例》明确了流域机构与地方政府水行政主管部门在黄河干支流水量调度中的权限和法律责任,黄委积极敦促地方各级水行政主管部门依法履行职责。黄河水量调度年度计划颁布后,宁夏、内蒙古两自治区首次将年度用水指标细化到各地(市)和重要引水口,完善了水价制度,并制定了小流量应急处置规定;陕西省制定了《渭河水量调度管理暂行办法》,对渭河水量实行统一调度,将分配到渭河上的用水指标细化到各地(市)和重要灌区,同时制定了重要断面流量控制指标。河南省开展了黄河流域干、支流引水情况和取水许可调查工作,建立了沁河水量调度管理的体制和机制。各水利枢纽管理单位认真贯彻落实《黄河水量调度条例》,克服困难,平衡发电计划,做到电调服从水调,确保严格按照方案指标控制下泄流量。

(二)加强实时调度,保证了“引黄济淀”和灌溉高峰期用水

针对2006~2007年度黄河来水偏枯和旱情严重的不利形势,黄委密切跟踪水情、雨情、墒情、旱情和短期天气预报,加强实时调度,提高调度精细水平。

“引黄济淀”期间,在大河小流量条件下,协调好各类用水矛盾非常困难。黄委滚动分析凌情、水情和沿程用水需求,加强与河北省水利厅及山东省沿线水行政主管部门沟通,跟踪水流演进情况及渠道凌情,科学制订水量调度方案和实时调度指令,加强取水控制和督查工作。为有利于引黄济淀初期取水顺畅,小浪底水库下泄流量于2006年11月16日起从300 m^3/s加大到400 m^3/s,21~25日进一步加大至450 m^3/s。其后,根据下游和引黄济淀用水需求以及大河流量变化,适时增减小浪底水库下泄流量。“引黄济淀”后期仅向白洋淀补水,受白洋淀入口过流能力限制,对位山闸平稳取水要求更高。通过加强位山闸上游河段取水控制,动态调控位山闸闸门开启高度78次,保证了长距离安全平稳输水。2月中下旬输水线路山东段用水量较大,为保障引黄济淀用水,水调人员在春节期间仍坚持督查,圆满完成了首次“引黄济淀”生态调水任务。

2006~2007年度黄河下游水量调度过程中应用了5个墒情点的信息,根据墒情变化,提前实施了春灌调度。黄河上游各省(区)本年度普遍调整了种植结构,小麦种植面积有所减少,秋作物种植面积增加。黄委根据作物生长规律及用水需求变化,优化了宁、蒙两自治区的配水过程,最大限度地满足农作物灌溉高峰期的用水需求。

3月初,黄河下游普降中到大雨,根据短期天气预报提前两天调减了小浪底水库下泄流量,此后根据需要多次调整小浪底水库泄流。据统计,3~5月共下达小浪底水库调度指令12次,节省出库水量15亿m^3。6月中旬,黄河上游普降中到大雨,提前两天调减了刘家峡水库下泄流量，将刘家峡水库出库流量由1 050 m^3/s调减到850 m^3/s。此后，又根据需要下达刘家峡水库泄流调整指令4次，在满足用水需求的同时为后期抗旱储备了水源。根据报汛资料统计，本年度龙羊峡、刘家峡、万家寨、三门峡、小浪底5大水库合计补水20.5亿m^3。其中，龙羊峡、刘家峡水库年度合计补水19.4亿m^3，关键调度期4~6月合计补水17.0亿m^3；万家寨、三门峡、小浪底水库年度合计补水1.1亿m^3，调度关键期3~6月中旬合计补水15.6亿m^3。

"调水调沙"期间，强化了用水订单管理，严格控制闸门引水，除每日严格审核并滚动批复未来5日引水订单外，还在黄河南、北两岸分别派出督查组到现场监督检查。2006年6月19日~7月2日，黄河下游平均引水流量403 m^3/s，误差仅1%。

(三)加强用水监管，干流水量调度方案执行精度显著提高

根据《黄河水量调度条例》要求，黄委制定了严格的方案执行标准。要求重要水库出库控制断面日均流量变幅不得超过旬控制指标的±5%；省际控制断面日均下泄流量不得低于旬控制指标的10%，月、旬平均下泄流量不得低于控制指标的5%。

在水调关键期加强了用水动态监管，利用开发的黄河上、下游枯水演进模型每日滚动分析未来10天左右各断面流量，提前防范省际断面流量不达标现象，力争杜绝小流量突发事件发生。

由于措施有效、监管到位，干流水量调度方案执行力度显著提高，调度精度创历史新高。2006~2007年度黄河干流青海、甘肃、宁夏、内蒙古、山西、陕西、河南、山东、河北9省(区)合计耗水量为183.56亿m^3。其中，非汛期合计耗水115.67亿m^3，较年度计划少6.91亿m^3，在灌溉面积增加的条件下耗水量较上一年度同期少10.45亿m^3，各省(区)耗水量也基本不超分配指标；小浪底水库预留水量与年初预估基本一致，输沙水量得到全额满足；下河沿、石嘴山、头道拐、潼关、高村、利津等省际断面流量精度均在控制范围之内；黄河干流未发生水量调度预警事件，头道拐断面最小流量为160 m^3/s，小于200 m^3/s的仅有5天；利津断面入海最小流量为72 m^3/s，小于100 m^3/s的仅有17天；3~5月，下游不平衡水量为13.3亿m^3，较统一调度以来同期均值少3.7亿m^3。

(四)全力推进支流调度并取得明显成效

对施行用水计划管理的湟水、洮河、清水河、大黑河、汾河、伊洛河、大汶河7条支流，加强用水统计和用水规律分析，除清水河和大汶河外，其他5条支流都按时报送了逐月用水量。据统计，2006年11月~2007年6月，5条支流合计耗水18.19亿m^3，较年度计划指标少5.26亿m^3。

对施行非汛期月调度的渭河和沁河，加强协商沟通和监督管理。在2006年与两条支流涉及的5省(区)水行政主管部门进行两次协商的基础上，2007年对渭河和沁河水利工程建设现状、水资源利用现状、水资源管理与调度的组织机构和工作程序进行了详细调研；与两条支流涉及的市级水行政主管部门、主要枢纽和灌区管理单位进行了广泛的协商沟通；认真研究了支流水量调度管理存在的问题，分别制定和颁布了加强两条支流水量调度管理工作的意见，对健全水量调度管理机制、建立水量调度工作程序、加强用水计量统计、细化分解用水总量指标、建立枯水期用水分配机制、加强水库调度管理等方面作了明确规定。

在水量调度关键期,对两条支流进行了多次现场督查。沁河先后于4月中旬和5月中旬两次出现断流危机,黄委督察人员及时赶赴现场,多方协调压减用水及水库蓄水与下游灌溉用水的矛盾,迅速恢复了断面流量。6月中旬,渭河入黄断面华县流量持续下降,15日8时降至1.5 m^3/s,黄委立即派督察组赴现场,并要求陕西省水利厅采取增加水库下泄流量、压减有关引水口取水等综合措施,尽快使华县断面流量恢复至最小控制指标以上。由于采取措施及时有效,同时受降水影响,华县断面流量逐步回升,至19日7时已恢复至39.4 m^3/s。

渭河、沁河两条支流调度取得了较好的效果。有关省(区)逐步加强了支流水量调度,部分省(区)初步建立了支流水量调度管理的工作机制和工作程序。2006年11月~2007年6月,渭河、沁河调度区域耗水量分别为9.835亿 m^3 和2.66亿 m^3,均未超过计划指标,两条支流8个省际及控制断面月流量达标率在60%以上,其中2006年11月~2007年3月,各断面逐月流量均达到计划控制指标,入黄断面小流量出现频率没有超过年度计划控制指标。

(五)汛期用水计划管理取得初步成效

根据《黄河水量调度条例》要求,自2006年9月开始发布汛期水量调度方案,对汛期用水进行计划管理,有效控制了各省(区)汛期耗水量。宁夏、内蒙古两自治区汛期耗水分别较2005年同期减少6.08亿 m^3 和1.93亿 m^3。

统一调度的前7年,由于汛期用水控制不严,部分省(区)超计划用水较多导致年度总量控制难度增大。2006~2007年度开始对汛期用水进行计划管理,促进各省(区)按计划实行年度耗水总量控制管理,为年度用水不超指标奠定了基础。

三、存在的问题

(一)沿黄省(区)不断扩大种植面积,水资源供需矛盾加大

黄河流域属于资源型缺水流域,水资源供需矛盾比较突出。随着中央一系列惠农政策的实施,农民种粮的积极性提高,一些省(区)连年扩大农业种植面积,尤其是高耗水作物种植面积,用水需求持续增加;同时,随着沿黄地区经济的发展,工业用水量也逐步增加,一些比较干旱的省(区)还利用黄河水发展旅游事业,更加大了水资源供需缺口,水资源供需矛盾进一步加大。

有关省(区)要认清黄河流域缺水现状,规划灌溉面积要充分考虑水资源承载能力,按照总量控制的原则,合理确定灌溉规模,改善种植结构,控制高耗水作物种植面积,严禁盲目建设大水面景观,进一步加强节水型社会建设力度,确保按计划用水。

(二)用水监管不全面,急需进一步推进二期黄河水量调度系统建设

目前,对黄河上中游河段的引水信息采集和引水监控技术手段非常薄弱,省(区)引水信息主要靠人工统计上报,不少省(区)存在引水信息统计上报不及时、不准确或根本不上报现象。

引水统计信息不准确、上报不及时,给水量统一调度造成很大困难,也直接影响到客观、公正、合理地进行水量分配。因此,黄河上中游有关省(区)应加强引水控制和统计工作,提高用水统计精度,按要求及时向流域管理机构上报引水计划、引水统计报表。同时,尽快推进黄河水量调度系统建设，建立黄河上中游河段引退水信息采集和引水监控系统，对上中游青海、甘肃、宁夏、内蒙古、山西、陕西等省(区)重要引水口根据不同情况分别实施远程监测、监视或监控，为黄河不断流提供强有力的技术保证。

(三)支流调度管理体制不健全，督察机制尚未建立

由于支流调度刚刚起步，存在着机构不健全、体制不完善、职责不明确、管理不到位、基础研究薄弱等问题，水情信息共享协调难度较大，督查机制尚未建立，对应急事件处理时效性差，支流调度管理难度很大。需进一步完善支流调度的管理体制和机制，加强协商沟通和基础研究，建立督查机制。

(四)《黄河水量调度条例》实施细则急需出台

《黄河水量调度条例》的颁布实施对推动黄河水量调度工作顺利开展提供了法律保障，但是由于实施细则还未出台，一些方面规定不够明确，可操作性不够强，例如调度指令执行标准的定量化、水量调度文书报送及发布时间等。为切实贯彻落实条例，需尽快出台《黄河水量调度条例》实施细则。

(五)水量调度工作经费不足，应多渠道增加黄河水量调度业务经费

黄河水量统一调度将是一项长期而经常性的水行政管理业务。根据《黄河水量调度条例》要求，黄河水量调度范围有部分干流河段扩大到全河干支流，调度时段由非汛期延伸至全年，调度管理工作量大幅增加。但是，工作经费并没有增加。同时，近年来，在黄河水量调度管理、现场督查、水文预报预测和水质监测等方面，工作量也成倍增加，特别是水文和水质监测工作，由原来的5~7天测一次(水文)和一个月测一次(水质)，增加到现在一天2次报汛(有时4次、8次)和一个月3次水质监测，导致水量调度运行成本增加，工作经费不足。建议增加业务经费，促进黄河水量调度工作顺利开展。

第十章　黄河水资源管理与调度的扩展与深化——迈向全面调度

第一节　黄河重要支流调度——干支流统一调度

随着《黄河水量调度条例》的实施，黄河水量调度的范围，已由刘家峡水库以下干流河段扩展到龙羊峡水库以下全部干流河段，由干流河段水量调度扩展到干支流水量统一调度，黄河水资源管理与调度工作推向新阶段，支流水资源统一调度正在逐步走上规范化管理轨道。

一、黄河支流水资源利用概况

黄河流域集水面积大于1 000 km^{2}的支流有76条，其多年平均天然来水量440亿m^3（1956～2000年系列），占黄河流域多年平均天然径流量的82%；1990～2000年平均耗水量72.8亿m^3，占黄河供水区同期年平均耗水量的25%。

黄河支流耗水量分布集中，年平均耗水量大于1 000万m^{3}的支流有18条，其天然径流量占全河的55%，耗水量占支流（流域面积大于1 000 km^{2}的支流）总耗水量的95%；黄河支流中年平均耗水量大于1亿m^3、年平均天然径流量大于10亿m^{3}的支流有洮河、湟水、渭河、汾河、伊洛河、沁河、大汶河7条，多年平均天然径流量占全河的45%，耗水量占支流（流域面积大于1 000 km^2）总耗水量的85%。

二、实施黄河支流水量统一调度的必要性

随着流域经济社会的发展，黄河支流水资源利用量一直呈增长趋势，1990～2000年的支流耗水量较1956～1959年翻了一番。虽然20世纪70年代以来受缺水影响支流耗水量增速趋缓，但此时段整个黄河流域耗水的小幅增长主要集中于支流地区。

随着支流水资源利用率的升高，加之缺乏有效的管理，黄河重要支流断流趋势加剧，断流的支流数量不断增加，断流历时不断延长，断流支流入黄河段不断向黄河干流上游蔓延。黄河部分中小支流20世纪60年代开始陆续断流，目前天然径流量大于10亿m^{3}的7条支流，除湟水、洮河外，汾河、沁河、伊洛河、大汶河、渭河等5条支流干流均出现断流。其中，汾河从1972年开始几乎年年断流（2003年除外），2001年断流长达118天。沁河武陟站1962年开始断流，1965年开始几乎年年断流（2005年除外），1991年断流长达287天。伊洛河龙门镇断面1993年以来频繁出现断流。大汶河1966年出现断流，1977年以来2/3的年份出现断流，1989年全年断流。黄河最大支流渭河，20世纪80年代陇西至武山河段开始断流，葫芦河口至藉河口河段1995年开始出现断流；2001年6月28日，入黄口华县断面日平均流量仅为0.01 m^3/s，几乎断流。不断加剧的支流断流情势，影响和制

约了相关地区经济社会的可持续发展,同时由于支流入黄水量不断减少,加剧了干流水资源管理与调度压力,迫切需要对支流尤其是跨省重要支流水资源实施统一调度与管理。

三、黄河支流水量调度管理的目标与模式

(一)调度管理依据

自2006年8月1日起实施的《黄河水量调度条例》,要求对支流实施水量调度。条例规定,黄河干、支流的年度和月计划用水建议由省(区)水行政主管部门向黄委申报,由国务院水行政主管部门批准并下达;重要支流水文断面及其流量控制指标,由黄委会同黄河流域有关省(区)人民政府水行政主管部门规定;各省(区)境内黄河支流的水量,分别由各省(区)水行政主管部门负责调度。

按照《取水许可和水资源费征收管理条例》及《水利部关于授予黄河水利委员会取水许可管理权限的通知》,黄委对重要跨省(区)支流的取水许可实行全额管理或限额管理,其中大通河、泾河、沁河紫柏滩以上干流河段工业及城镇生活日取水5万 m^3 以上、农业取水流量10 m^3/s 以上,以及渭河干流工业及城镇生活日取水8万 m^3 以上、农业取水流量10 m^3/s 以上的取水由黄委实施取水许可管理;沁河干流紫柏滩以下、金堤河干流北耿庄至张庄闸的取水口由黄委实施全额管理;另外,由国务院或者国务院投资主管部门审批、核准的大型建设项目的取水以及跨省(区)行政区域的取水由黄委实施取水许可管理。《取水许可和水资源费征收管理条例》还规定,县级以上地方人民政府水行政主管部门应当按照国务院水行政主管部门的规定,及时向上一级水行政主管部门或者所在流域的流域管理机构报送本行政区域上一年度取水许可证发放情况。

(二)黄河支流水量调度管理目标

1.支流水量调度管理的形势

黄河支流水量调度管理有较好的客观条件:一是有完善的法律法规支撑;二是有黄河干流8年来成功的调度实践经验借鉴;三是地方各级政府和水行政主管部门也有不断加强本行政区域水资源管理的要求。

支流水量调度管理也面临诸多困难:一是不少支流水资源供需矛盾尖锐由来已久,规范用水秩序难度很大;二是多数支流缺乏控制性的调蓄工程,水量调度管理的工程措施薄弱;三是支流水量调度基础研究薄弱,用水计量统计不完整,径流预报和河道枯水演进研究基础差;四是流域和区域水行政主管部门支流水文资料共享不足,水文资料实时性差,部分跨省(区)支流缺乏省(区)界断面;五是支流水污染问题突出,从黄河干流控制纳污出发,目前还应避免一些污染严重的支流小流量污水入黄。

2.支流水量调度管理的目标

根据有关法规要求,考虑黄河支流水资源及其利用情况,按照突出重点、分类管理的思路,确定支流水量调度管理的目标:一是加强用水计量统计,对各省(区)实施有效的取水许可总量控制;二是对部分较大支流,实施用水总量管理,并保障省(区)界和入黄断面的最小流量;三是对黄河较大的跨省(区)支流,实施动态的月计划调度,实行引水总量和断面流量双控制,在调度管理初期,由于水文预报和水平衡基础较差,重点以引水总量控制为主。

（三）支流水量调度管理模式

1.调度管理支流的选取

黄河支流众多，每条支流的灌溉面积、耗水量、天然径流量、水资源管理现状、水资源存在的问题以及所处的地理位置等都有很大差别，初期可选取一些重点支流实施调度，在积累一定支流调度经验的基础上，再扩展支流调度的范围。初期实施调度管理支流的选取原则如下：①平均年耗水量大于1亿m^3，平均天然年径流量大于10亿m^3，水资源问题比较突出的支流；②跨省（区）的支流；③省（区）用水比较集中的支流。

根据上述原则，先期选取调度的支流有洮河、湟水、清水河、大黑河、渭河、汾河、伊洛河、沁河、大汶河9条。9条支流中，清水河和大黑河分别是宁夏和内蒙古两自治区用水比较集中的支流，宁夏回族自治区支流耗水主要集中在清水河上，内蒙古自治区支流耗水主要集中在大黑河上。其他7条支流年平均耗水量均大于1亿m^3，年平均天然径流量均大于10亿m^3，且湟水、渭河、伊洛河、沁河为跨省（区）支流。其中，渭河为黄河第一大支流，水资源供需矛盾突出，水污染严重；沁河水资源供需矛盾突出，几乎年年断流。9条支流集水总面积约为30万km^2，约占黄河流域面积（75.3万km^2）的40%；20世纪90年代9条支流平均地表水耗水量为63.59亿m^3，占黄河流域支流地表水耗水总量的87%；9条支流多年平均天然径流量为262.5亿m^3，占黄河流域多年平均天然径流量的49%。

2.支流水量调度管理模式

根据支流水量调度管理的条件和目标，近期对选取的9条支流实行三类调度管理模式，分述如下：

（1）用水总量管理。此种管理模式针对清水河和大黑河。这两条支流年来水量和年用水量都不大，对这两条支流只进行用水总量管理，制订用水计划，定期进行用水统计，核算每年用水总量。

（2）用水总量管理和省界及入黄断面最小流量管理。此种管理模式针对洮河、湟水、汾河、伊洛河、大汶河5条支流，湟水跨青海和甘肃两省，洮河仅涉及甘肃省，汾河仅涉及山西省，伊洛河主要涉及河南省，大汶河仅涉及山东省。对这5条支流实行用水总量管理和省界及入黄断面最小流量管理，一方面核算其每年用水总量，掌握逐月用水过程，同时对省界和入黄断面制定最小流量指标和相应保证率，以达到减缓支流断流、保障入黄水量的目的。各支流确定的省界及入黄断面最小流量指标及相应保证率见表10-1。

（3）用水总量管理和实施非汛期逐月水量调度。此种管理模式针对渭河和沁河。这两条河流均为跨省（区）支流且水资源问题比较严重，渭河是黄河最大的支流，跨甘肃、宁夏、陕西3省（区），见图10-1，沁河跨山西、河南两省，见图10-2。对这两条支流实施非汛期月水量调度，除进行用水计划管理、保证省（区）界和入黄最小流量外，还实施非汛期月调度，发布月调度方案，确定逐月有关省（区）各河段分水指标和省（区）界、入黄及重要水文断面流量控制指标。渭河、沁河省（区）界和入黄断面最小流量指标及保证率见表10-1。

在渭河水量调度中选取北道、雨落坪、杨家坪为省（区）界站，华县为入黄控制站，北洛河（渭河支流）近期不纳入调度范围。在沁河水量调度中选取润城为省（区）界站，五龙口为干流控制站，武陟为入黄控制站，沁河的支流丹河近期不纳入调度范围。

表 10-1　重要支流各控制断面最小流量指标及保证率

河流	水文断面	最小流量指标（m^3/s）	保证率（%）	备注
洮河	红旗	27	95	入黄站
湟水	连城	9	95	省界站
	享堂	10	95	入黄站
	民和	8	95	入黄站
汾河	河津	1	80	入黄站
伊洛河	黑石关	4	95	入黄站
大汶河	戴村坝	1	80	入黄站
渭河	北道	2	90	省界站
	雨落坪	2	90	省界站
	杨家坪	2	90	省界站
	华县	12	90	入黄站
沁河	润城	1	95	省界站
	五龙口	3	80	干流控制站
	武陟	1	50	入黄站

四、支流水量调度管理取得的效果

（一）管理体制与机制建设方面

《黄河水量调度条例》明确规定了在黄河水量调度管理中流域机构与地方水行政主管部门的职责和管理权限。经过一年的支流调度实践，有关各方的职责和权限更加明晰，初步建立了水量调度的工作程序和沟通协商机制，各省（区）水利厅逐步明确了支流水量调度管理部门，流域与区域相结合的管理体制正在逐步加强。陕西省根据《黄河水量调度条例》制定了《渭河水量统一调度暂行办法》，并将分配到渭河上的用水指标细化到地市和重要灌区。河南省水利厅制订了沁河水量调度管理的工作机制。支流水资源管理与调度工作正在逐步走上规范化管理轨道。

（二）水资源管理与调度方面

通过对湟水、洮河、清水河、大黑河、汾河、伊洛河、大汶河、沁河、渭河 9 条支流实施调度管理和现场调研，初步掌握了这些支流的用水规模和特点。调度期各支流入黄断面小流量出现的频率都达到了年度计划规定的保证率指标要求，并有效处置、及时化解了 2007 年 4 月下旬、5 月中旬沁河武陟站和 6 月中旬渭河华县站濒临断流的危机。

2006 年 11 月 ~2007 年 6 月，渭河、沁河调度区域各省耗水量均未超过计划指标，两条支流上 8 个省界及支流控制断面月流量达标率在 60% 以上，其中 2006 年 11 月 ~2007 年 3 月，各断面逐月流量均达到计划控制指标。详见表 10-2、表 10-3、表 10-4、表 10-5。

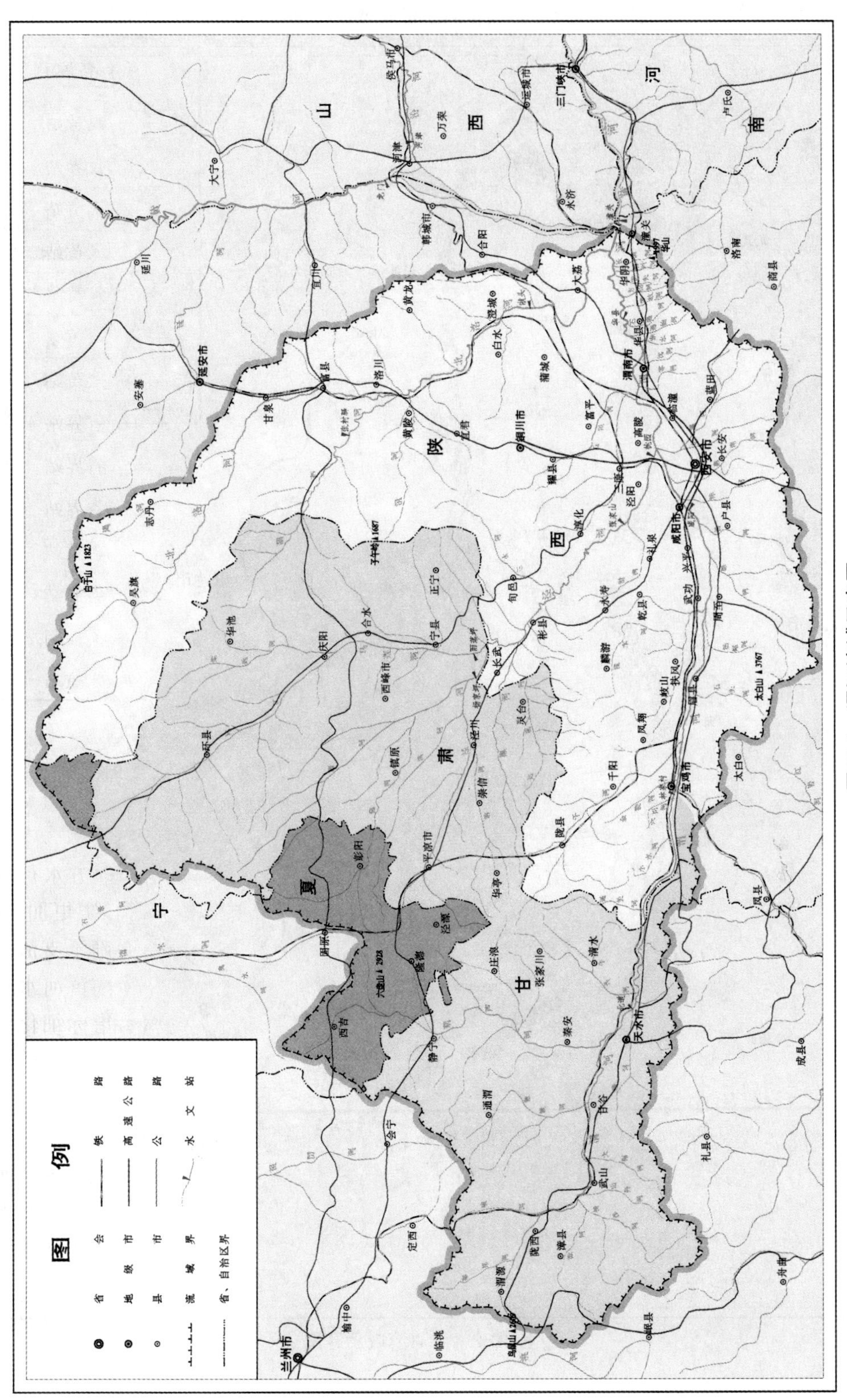

图10-1 渭河流域示意图

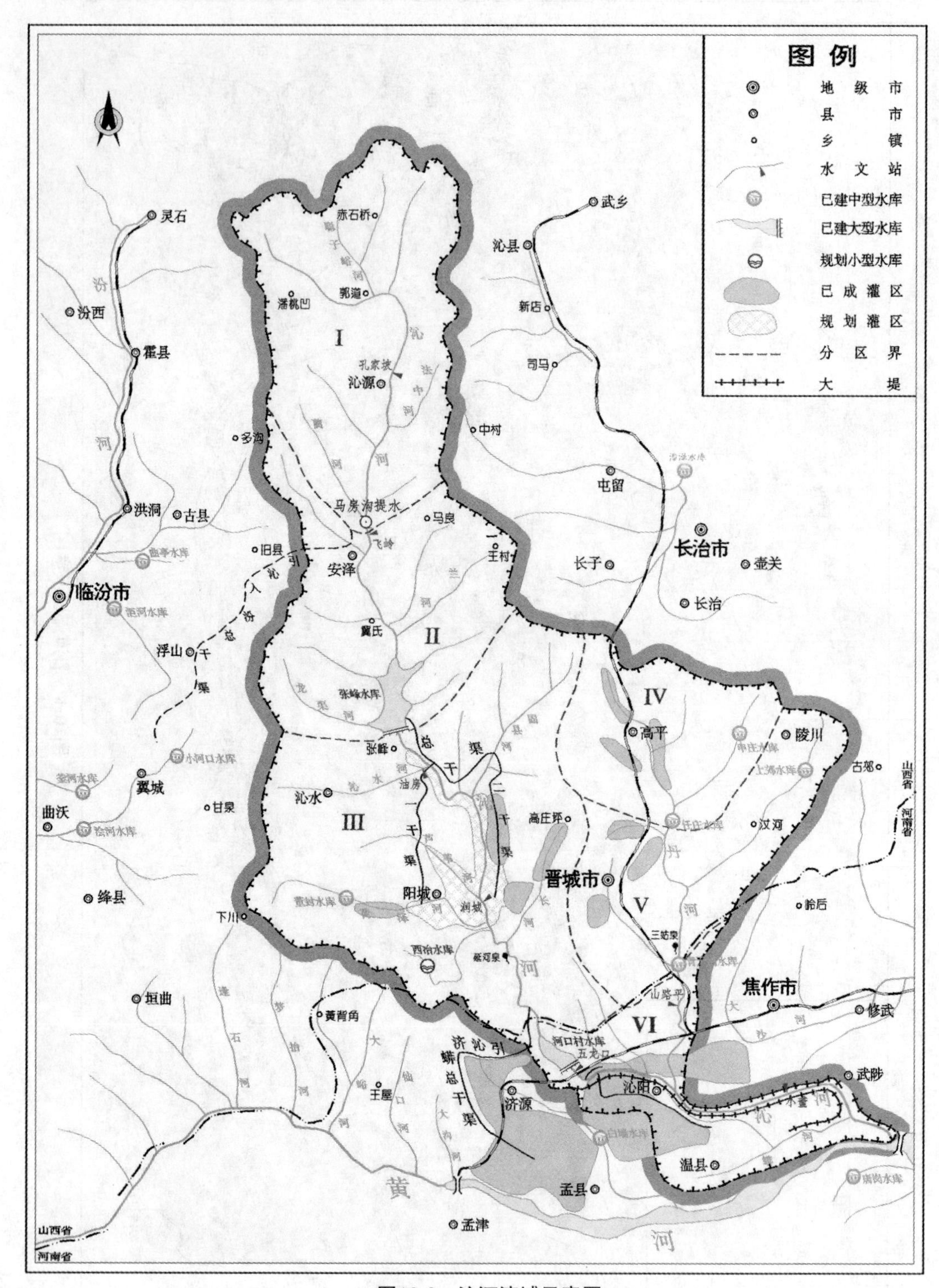

图10-2　沁河流域示意图

表 10-2　渭河控制断面流量与方案指标比较　（单位：流量，m^3/s；水量，亿 m^3）

月份		北道			雨落坪			杨家坪			华县		
		方案指标	实况	实况－指标	方案指标	实况	实况－指标	方案指标	实况	实况－指标	方案指标	实况	实况－指标
流量	11 月	9.0	10.1	1.1	6.0	2.4	-3.6	11.0	12.2	1.2	110.0	129.0	19.0
	12 月	6.0	5.1	-0.9	4.0	1.8	-2.2	6.0	6.8	0.8	80.0	65.0	-15.0
	1 月	6.0	8.1	2.1	3.0	2.2	-0.8	6.0	8.0	2.0	40.0	52.6	12.6
	2 月	10.0	8.4	-1.6	4.0	8.2	4.2	9.0	8.1	-0.9	50.0	47.2	-2.8
	3 月	9.0	8.6	-0.4	7.0	11.4	4.4	9.0	9.3	0.3	30.0	76.5	46.5
	4 月	10.0	6.3	-3.7	10.0	3.2	-6.8	7.0	3.5	-3.5	110.0	37.0	-73.0
	5 月	8.0	2.2	-5.8	5.0	3.5	-1.5	5.0	4.1	-0.9	60.0	25.6	-34.4
	6 月	5.0	14.0	9.0	6.0	5.9	-0.1	6.0	2.5	-3.5	80.0	42.4	-37.6
水量		1.64	1.63	-0.01	1.18	1.00	-0.18	1.54	1.42	-0.12	14.61	12.43	-2.18

表 10-3　沁河控制断面流量与方案指标比较　（单位：流量，m^3/s；水量，亿 m^3）

月份		润城			五龙口			武陟		
		方案指标	实况	实况－指标	方案指标	实况	实况－指标	方案指标	实况	实况－指标
流量	11 月	2.0	2.1	0.1	12.0	12.5	0.5	20.0	16.7	-3.3
	12 月	2.0	2.1	0.1	6.0	10.7	4.7	10.0	11.9	1.9
	1 月	2.0	2.2	0.2	6.0	4.5	-1.5	6.0	4.9	-1.1
	2 月	2.0	2.1	0.1	5.0	6.3	1.3	2.0	4.7	2.7
	3 月	2.0	2.1	0.1	6.0	13.5	7.5	5.0	7.4	2.4
	4 月	3.0	2.1	-0.9	12.0	6.5	-5.5	6.0	2.6	-3.4
	5 月	4.0	2.2	-1.8	7.0	2.0	-5.0	2.0	1.0	-1.0
	6 月	3.0	1.9	-1.1	4.0	4.6	0.6	2.0	1.3	-0.7
水量		0.52	0.44	-0.08	1.52	1.59	0.07	1.39	1.32	-0.07

表 10-4　2006 年 11 月～2007 年 6 月渭河水量调度控制指标

（单位：$10^6 m^3$）

月份	甘肃						宁夏						陕西					
	取水量			耗水量			取水量			耗水量			取水量			耗水量		
	月方案	实际	实际－方案	月方案	实际	实际－方案	月方案	实际	实际－方案	月方案	实际	实际－方案	月方案	实际	实际－方案	月方案	实际	实际－方案
11 月	98	98	0	64	64	0	5	2	－3	4	2	－2	39	58	19	25	33	8
12 月	35	11	－24	24	6	－18	11	2	－9	8	2	－6	120	160	40	76	101	25
1 月	11	11	0	5	6	1	5	2	－3	3	2	－1	195	161	－34	123	101	－22
2 月	10	17	7	7	9	2	5	2	－3	2	2	0	165	88	－77	104	52	－52
3 月	29	33	4	16	18	2	5	2	－3	3	2	－1	139	157	18	88	99	11
4 月	56	57	1	31	32	1	10	10	0	8	8	0	314	182	－132	194	114	－80
5 月	118	49	－69	78	27	－51	11	13	2	8	8	0	217	144	－73	134	91	－43
6 月	80	80	0	52	48	－4	10	11	1	8	11	3	156	231	75	104	146	42
合计水量	437	356	－81	277	210	－67	62	44	－18	44	37	－7	1 345	1 181	－164	848	737	－111

表 10-5　2006 年 11 月～2007 年 6 月沁河水量调度控制指标

（单位：$10^6 m^3$）

月份	山西						河南					
	取水量			耗水量			取水量			耗水量		
	月方案	实际	实际－方案	月方案	实际	实际－方案	月方案	实际	实际－方案	月方案	实际	实际－方案
11 月	5.00	2.28	－2.72	4.00	2.28	－1.72	57.00	41.16	－15.84	22.00	6.75	－15.25
12 月	5.00	2.30	－2.70	4.00	2.30	－1.70	72.00	24.67	－47.33	53.00	24.67	－28.33
1 月	2.50	3.50	1.00	2.50	3.50	1.00	129.00	59.61	－69.39	33.00	34.23	1.23
2 月	4.84	3.50	－1.34	3.63	3.50	－0.13	54.68	36.56	－18.12	27.34	33.04	5.70
3 月	6.10	7.50	1.40	6.10	7.50	1.40	64.55	50.40	－14.15	33.75	23.01	－10.74
4 月	5.52	7.50	1.98	5.52	7.50	1.98	60.76	49.70	－11.06	60.31	35.42	－24.89
5 月	4.56	10.50	5.94	3.21	10.50	7.29	84.64	38.39	－46.25	71.25	29.42	－41.83
6 月	5.50	3.00	－2.50	5.50	3.00	－2.50	74.90	75.88	0.98	60.39	22.23	－38.16
合计水量	39.02	40.08	1.06	34.46	40.08	5.62	597.53	376.37	－221.16	361.04	208.77	－152.27

五、存在的问题与对策措施

(一)存在的问题

支流水量调度管理虽然取得了初步成效,但由于开展时间短、管理基础薄弱,存在不少突出问题。

一是支流取水计量设施缺乏,用水计量管理薄弱,直接影响取水许可管理的精细水平。

二是管理体系和机制尚不健全,部分省(区)调度文书上传下达渠道不畅,工作程序还不规范。

三是部分支流用水无序,监管不力,区域内部配水机制尚未形成。

四是流域与区域水文信息共享不足,实时性差。支流重要控制水文站分属流域水文部门和地方水文部门管理,尚未建立长期有效的资料共享机制。

五是支流水量调度管理的基础研究薄弱,水文预报能力差,对河道枯水水流演进规律缺乏深入研究。

(二)对策措施

1. 建立健全水量调度体制和机制

健全调度组织,明确调度职责,建立严格的水量调度程序,同时加强流域管理与区域管理相结合的体制建设,促进支流水量调度工作顺利开展。

2. 完善支流水文监测站网,加强支流径流预报

在重要支流上建立完善的水文监测站网,做到全年测报,同时加快开发重要支流径流预报模型,预报各主要来水区来水,为做好支流水量调度提供支撑。

3. 加强基础研究,建立支流水流演进模型

为满足编制支流调度方案的需要,应利用水文学法,根据实测水情和引水资料抓紧开展调度支流(主要是进行月调度的支流,即渭河和沁河)各主要河段水流尤其是枯水演进规律的研究,确定各河段水流传播时间和水量损失,建立水流演进模型。利用水流演进模型,根据区间来水预报、区间引水计划演算各断面流量,确定省(区)界和入黄断面流量控制指标。

4. 加强用水计量统计,落实总量控制

加强用水计量工作,按照《取水许可和水资源费征收管理条例》的要求,重要用水户用水必须有合格的计量设施,并按有关规范要求计量,提高用水计量精度,有条件的大型取用水户要逐步实现取用水户计量的自动监测。建立全面、准确、及时的用水统计和上报制度,推动用水统计工作的积极开展和规范化管理。根据《取水许可和水资源费征收管理条例》的有关规定,落实各级行政区域直至用水户的总量控制,实现总量控制精细化。

第二节　地下水资源调度——地表水和地下水联合调度

目前在黄河水资源管理中,出现了地表水管理不断得到加强,管理精细化程度不断提高,而地下水资源管理仍十分弱化这样一种局面,已经影响到了流域水资源管理工作的进一步深化。同时,也不利于整体上优化配置黄河水资源,实施用水总量控制。随着经济社会发展对水资源管理要求的不断提高,加强地下水资源的管理,实施地表水和地下水的联合配置和调度,已经刻不容缓。

一、地下水开发利用中存在的问题

(一)地下水开采量持续增加,开发利用程度已达到很高水平

与黄河河川径流开发利用情况不同,黄河流域地下水开采量呈持续增加的势头。据统计,1980 年流域地下水开采量为 93.3 亿 m^3,到 21 世纪前 5 年,年均地下水开采量 134.7 亿 m^3(最少为 2004 年,年开采量为 132.73 亿 m^3),增加了 44%。与当前正在开展的“黄河流域水资源综合规划”地下水资源调查评价成果相比,地下水开采量分别占地下水总资源量、可开采量的 35.7% 和 98%,超过地下水与地表水不重复量 24.5 亿 m^3。由此可见黄河流域地下水开发利用程度已经达到了很高的水平。图 10-3 显示了典型年份黄河地表水和地下水取水量变化情况。

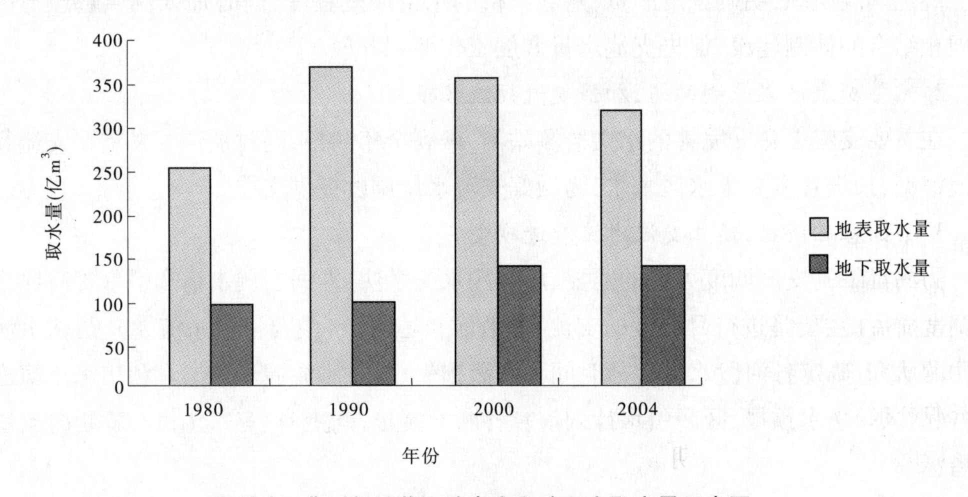

图 10-3　典型年份黄河地表水和地下水取水量示意图

(二)局部地区存在较为严重的地下水降落漏斗

根据水资源综合规划初步统计,2000 年黄河流域存在主要地下水漏斗区 65 处,甘肃、宁夏、内蒙古、陕西、山西、河南、山东等省(区)均有分布。其中陕西、山西两省超采最为严重,分别存在漏斗区 34 处和 18 处。2000 年流域漏斗区面积达到 5 929.9 km^2,其中陕西、山西两省范围分别达到 975.3 km^2 和 2 728.0 km^2,范围最大的漏斗区为涑水河盆地,漏斗区面积达到 912 km^2。从流域的漏斗性质看,既有浅层地下水漏斗,也有深层地

下水漏斗,并存在浅层深层均超采的复合型漏斗,恢复起来较为困难。

(三)地下水水质状况不容乐观

黄河流域地下水资源,丘陵山区及山前平原地区水质较好,部分平原地区的浅层地下水污染比较严重。黄河流域平原区浅层地下水总的评价面积为19.62万km^2,评价区地下水资源量合计174.4亿m^3。其中,Ⅱ类水分布面积占总评价面积的3.4%,地下水资源量占评价区地下水资源总量的7.5%;Ⅲ类水分布面积占总评价面积的48.5%,地下水资源量占评价区地下水资源总量的47.3%;Ⅳ类水分布面积占总评价面积的16.4%,地下水资源量占评价区地下水资源总量的23.4%;Ⅴ类水分布面积占总评价面积的31.7%,地下水资源量占评价区地下水资源总量的21.8%。

据统计,2000年黄河流域地下水供水量中,农业地下水供水不合格率为4.3%,其中不合格区主要分布在兰州至河口镇区间及龙门至三门峡区间,不合格省(区)主要分布在宁夏、陕西和山西;农村生活地下水供水不合格率为27.5%,其中不合格区主要分布在兰州至河口镇区间、龙门至三门峡区间和花园口以下地区,不合格省(区)主要分布在内蒙古、陕西和河南;城镇地下水供水中劣Ⅲ类水占地下供水的5.2%,其中不合格区主要分布在兰州至河口镇区间和龙门至三门峡区间,不合格省(区)主要在内蒙古自治区;工业地下水供水中劣Ⅳ类水占总水量的2.9%,其中不合格区主要分布在兰州至河口镇区间、三门峡至花园口区间和花园口以下地区,不合格省(区)主要分布在内蒙古和河南。

二、加强黄河流域地下水资源管理和实施地表水和地下水联合配置与调度的必要性

(一)地下水管理薄弱,导致地下水开发利用存在失控现象

水资源管理包括地表水和地下水两方面。近几年,在黄河水资源管理方面,主要侧重于黄河地表水的管理,遏制了引黄用水增加的趋势。其主要原因是对黄河地表水进行了统一分配,在此基础上,实行了地表水统一调度,加强取水许可总量控制管理,对省(区)引黄用水控制愈加严格。但在地下水管理方面还很薄弱,主要表现在:一是地下水尚未进行分配,对地下水开发利用进行总量控制缺乏科学依据;二是地下水开采一直呈上升趋势。黄河流域水资源短缺,加上地表径流丰枯变化较大和地表水管理力度加大,一些省(区)靠大量开采地下水来满足经济社会发展的用水需要。根据《黄河用水公报》和《黄河水资源公报》统计,1988~2004年,年均引黄耗水量由调度前的290.5亿m^3下降到统一调度后的269.1亿m^3,同期地下水开采量则由调度前的115.3亿m^3增加到调度后的134.3亿m^3。

(二)地下水过量开采掠夺了黄河河川径流量,总量控制管理存在较大漏洞

地表水和地下水相互转换、相互补给的关系十分密切。一条河流通过透水性良好的地层,高水位期河流地表水补给地下水,低水位期地下水补给河流。在地下水超采的情况下,可能变成河流常年补给地下水,掠夺地表水量,特别是傍河开采地下水。过量开采地下水造成的严重后果是河川径流减少,加剧了黄河水资源的供需矛盾,也说明了仅对黄河地表水实施控制和管理,已不能完全适应监控黄河水资源开发利用、实现水资源可持续利用的目的。

根据《黄河流域水资源综合规划》水资源调查评价分析结果，由于地下水的开采，对河川径流的影响量约为30亿m^3。地下水开采影响河川径流的典型例子是地下水开采量较大的渭河流域，根据《渭河流域综合治理规划》研究成果，地下水开采影响河川径流约10亿m^3。

（三）部分地区地下水开发利用仍有一定的潜力

黄河流域部分地区，地表水对地下水的补给相对较为丰富，可以重复进行利用，如宁夏、内蒙古河套灌区和河南、山东下游引黄灌区（见图10-4），地下水位较浅、易开采。目前，在这些地区，地下水仍有一定的开发利用潜力。根据《黄河流域水资源综合规划》成果，宁夏平原地区地下水可开采量为6.22亿m^3（主要集中在引黄灌区），目前地下水实际开采量只有2.77亿m^3。

在这些地区合理利用地下水，实行井渠双灌，可以减少灌区引黄水量；在引黄灌溉用水高峰期，合理开采利用灌区地下水，还可错开用水高峰，减轻高峰期的供水压力；另外，对防治因灌区引水过多造成的土壤次生盐碱化将起到积极作用。

（四）地下水超采造成了严重的环境地质灾害

地下水的过度开发利用，形成了大面积地下水降落漏斗，造成地面沉陷，影响地面建筑物。部分超采区地下水位下降，地表废污水下渗进而污染地下水，由于地下水补给和排泄都相对困难，一旦造成污染，则很难恢复，使地下水资源丧失利用性能，给缺水地区造成更大的水源危机。如陕西省的宝鸡、咸阳、西安、渭南等地，存在较多的地下水漏斗，部分漏斗在20世纪80年代初已经形成，咸阳等部分城区出现的复合型漏斗，恢复较为困难，已经造成不可估量的损失和影响。

三、实施地表水和地下水统一配置管理的具体措施

（一）开展地下水分配的研究工作

实施地下水的管理，需要合理确定地下水开采的控制规模，其基础是开展地下水水量分配。目前，对于黄河地表水已经进行了分配，下一步需要抓紧开展地下水的分配工作。

进行地下水的分配，需要研究是以地下水的可开采量进行分配和控制，还是以地下水与地表水的不重复量进行分配和控制。其次，需要确定地下水分配的原则，如采补平衡的原则，地下水的分配应达到遏制地下水超采、实现地下水采补平衡和改善生态环境的目的；以浅层水为主原则，浅层水具有埋藏浅、补给条件好的优点，地下水的分配应当以浅层水为主；地表水和地下水统一分配、联合调度原则，进行黄河流域地下水的分配，需要考虑与地表水分配的衔接问题。

近期开展的《黄河流域水资源综合规划》调查评价成果，已经为下一步开展黄河流域地下水的分配奠定了良好的基础。

（二）实行地表水与地下水的统一配置和调度

流域管理机构对地表水和地下水的配置与调度管理要有所区别，对于河川径流的分配和调度要做到精细化，并具体组织实施干流和重要跨省（区）支流省际断面水量的调度和监督。对于地下水则主要从宏观把握地下水的动态和采补平衡，预估年度可以动用的地下水资源量，在此基础上，合理分配和调度河川径流。地方水行政主管部门则具体组织

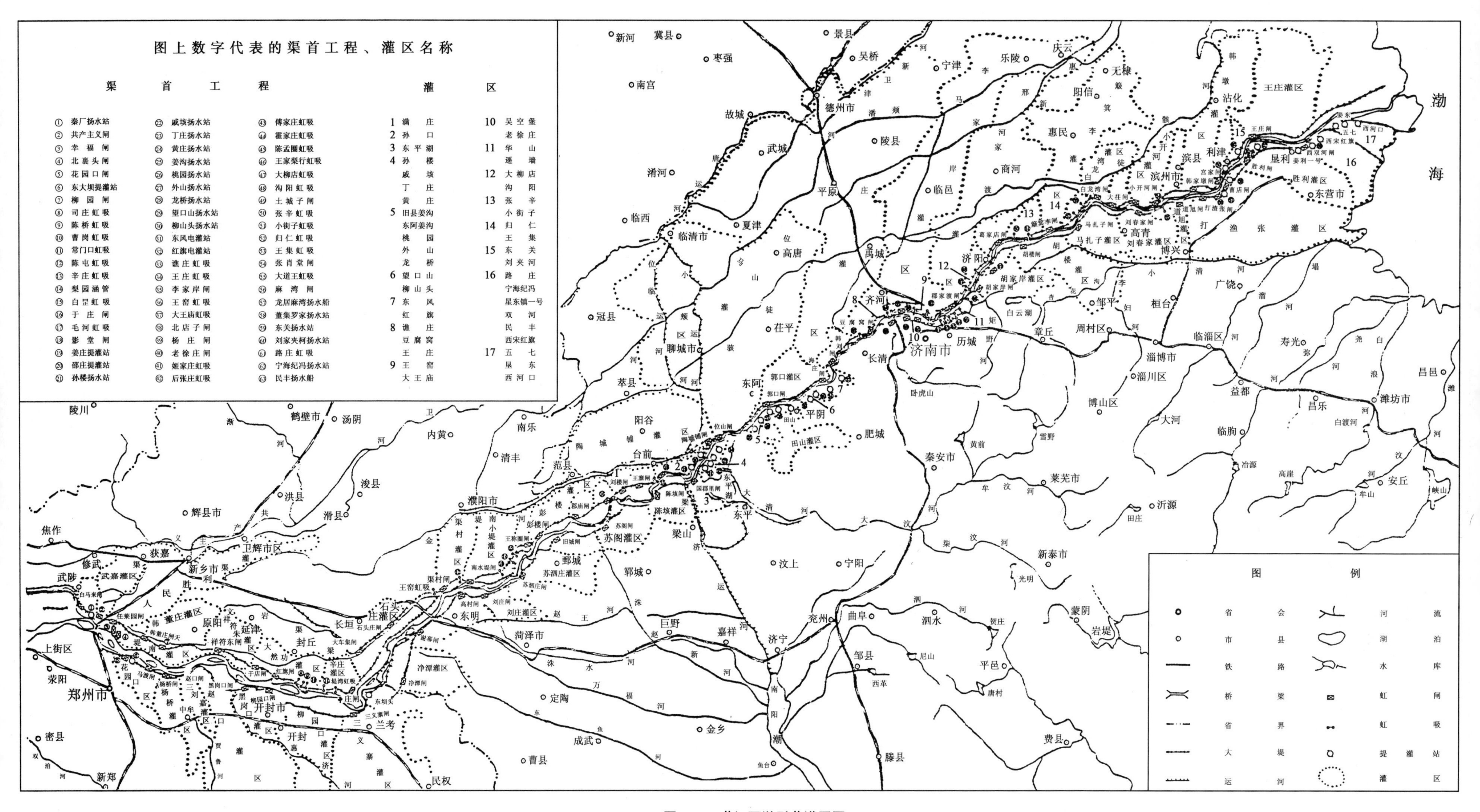

图10-4　黄河下游引黄灌区图

实施地下水和分配额度内地表水的联合配水和调度运行，做到地表水和地下水的相互调剂，在地下水相对丰富的地区，要开展井渠双灌。省（区）级水行政主管部门需要将地表水和地下水联合配水计划或方案报流域管理机构，以便流域管理机构更合理有效地配置全河水资源。

（三）建立完善的地下水监测网络

目前，流域管理机构尚未建立地下水监测站点。从全流域水资源统一管理和调度的需要来看，流域管理机构需要尽快规划和开展地下水监测工作，在地下水开采的重点地区和三水转换比较频繁的地区建立起地下水监测站点，并与地方水利部门所属的地下水监测站点实现监测资料的共享，随时掌握全流域地下水的动态变化。

（四）制度建设与政策保障措施

建立地下水开发利用的总量控制管理制度。像地表水总量控制管理一样，对地下水的开发利用实施总量控制，按照分配的各行政区域地下水水量指标，控制地下水利用项目的审批。

尽快划定地下水超采区、限采区和禁采区，在地下水超采区、限采区要限制开采，并逐步削减开采规模，最终达到采补平衡；在地下水禁采区要严格禁止地下水开发利用，对已有地下水开发利用工程，限期废除。

制定合理的地下水水价和水资源费标准。在地下水丰富的地区，要合理平衡地表水与地下水水价和水资源费标准，鼓励适当开发利用地下水。

第五篇　黄河水资源统一管理与调度的显著效果

为全面系统地分析评估黄河水量统一调度以来产生的效果,2004 年黄委组织委水调局、黄河勘测规划设计有限公司、黄河流域水资源保护局、黄委水文局、中国水利科学研究院和清华大学等单位对黄河水量统一调度后的效果进行了分析研究。以下三章内容主要引用当时的研究成果。

第十一章　社会效果

本章主要介绍黄河实施水量统一调度产生的社会效益,包括初步遏制黄河下游断流恶化趋势、兼顾各地区各部门用水、促进用水均匀性、促进节水型社会建设、改善部分地区人畜引水条件、促进调水调沙实施等情况。

第一节　初步遏制了黄河下游断流的恶化趋势

自 20 世纪 70 年代开始,黄河下游频繁断流,进入 90 年代,几乎年年断流,且呈愈演愈烈之势,1997 年下游断流长达 226 天。实施黄河水量统一调度,结束了 20 世纪 90 年代黄河频繁断流的局面,实现了 1999 年 8 月 11 日以来黄河在来水持续偏枯的情况下连续 8 年不断流,还维持了一定河道基流。

黄河水量统一调度后,黄河下游的断流情况变化,拟通过与调度前水情类似的典型年对比分析予以说明。选取与 1998 ~ 2003 年黄河来水相近的典型年份为 1991 ~ 1992 年、1995 ~ 1996 年及 1997 ~ 1998 年,对比情况见表 11-1。

表 11-1　水量统一调度前后水情相近年份及断流情况对比

调度年	利津实测最小流量(m^3/s)	断流天数	调度前来水相近年份	利津实测最小流量(m^3/s)	断流天数	断流长度(km)
1998 ~ 1999	0	80	1995 ~ 1996	0	118	579
1999 ~ 2000	3.11	0	1997 ~ 1998	0	129	704
2000 ~ 2001	8.55	0	1997 ~ 1998	0	129	704
2001 ~ 2002	6.92	0	1991 ~ 1992	0	56	303
2002 ~ 2003	25.5	0	1997 ~ 1998	0	129	704
2003 ~ 2004	51.2	0	暂缺			
多年平均	15.88					

根据实测资料统计,1991~1992年、1995~1996年及1997~1998年,黄河调度期(11月~次年6月)利津站断流时间分别为56天、118天和129天。断流时间最长的月份为6月,1991~1992年、1995~1996年全月断流。1997年11月,虽然实施了从上游到下游的应急调水工作,但利津、泺口、艾山站仍分别断流4天、14天和8天。统一调度前各典型年利津站、泺口站、艾山站非汛期各月断流情况见表11-2。

表11-2 统一调度前各典型年利津站、泺口站、艾山站非汛期断流情况

水文站	典型年	11月	12月	1月	2月	3月	4月	5月	6月	11月~次年6月
利津站	1991~1992	0	0	0	0	2	6	18	30	56
	1995~1996	0	0	0	16	30	20	22	30	118
	1997~1998	4	0	0	6	0	0	0	0	10
泺口站	1991~1992	0	0	0	0	0	0	0	26	26
	1995~1996	0	0	0	12	10	5	15	29	71
	1997~1998	14	0	0	11	2	4	8	3	42
艾山站	1991~1992									
	1995~1996	0	0	0	0	0	0	9	16	25
	1997~1998	8	0	0	9	0	0	0	0	17

统一调度后的第一年,花园口站实测来水量比调度前相似典型年偏小,但通过水量统一管理与调度,结束了利津自1999年2月6日~3月11日已持续34天的断流局面,黄河下游自3月11日恢复过流后利津断面仅断流8天,最后一次断流时间是1999年8月11日。随后,黄河下游再未发生过断流,初步遏制了黄河下游断流的恶化趋势。

通过统一调度,不仅确保了黄河不断流,还保证了一定的河道基流。调度期利津站最小流量为3.11 m^3/s,且有逐年增大的趋势。

第二节 兼顾了各地区、各部门用水

通过黄河水量统一调度兼顾了各省(区)、各河段、上下游、左右岸用水,各地区的供水保证程度趋于平衡,遏制了省(区)不断上升的用水趋势,协调了各地用水矛盾,减少了用水纠纷,在一定程度上促进了社会安定和民族团结。

一、遏制了超计划用水

与来水相似年份相比,统一调度后,调度期内内蒙古自治区的平均耗用水量相当于1987年国务院分水方案分配水量的120.8%,比调度前的127.9%减少了7.1%,与流域平均耗水比例相比,缩小了4.6%;下游山东的平均用水量相当于1987年国务院分水方案分配水量的77.9%,比调度前的86.4%减少了8.5%,与流域平均耗水比例相比,缩小了5.6%。可见,统一调度后,内蒙古和山东的耗用水量仍然大于1987年国务院分水方案的分配水量,但超出的比例减少了,与流域平均比例的差距缩小了。统一调度前后各省(区)调度期耗水量变化情况见表11-3。

表 11-3　统一调度前后各省(区)调度期耗水量变化情况

时段	典型年	项　目	青海	四川	甘肃	宁夏	内蒙古	陕西	山西	河南	山东	河北	合计
1987	分水方案	耗水量(亿 m^3)	8.5	0.3	19.0	28.0	28.7	25.5	29.3	34.9	52.2	20.0	246.4
调度后	1998 ~ 1999	耗水量(亿 m^3)	7.1	0	16.4	21.9	38.7	16.0	6.5	25.1	51.7	0	183.4
		实际耗水比例(%)	83.5	0	86.3	78.2	134.8	62.7	22.2	71.9	99.0	0	74.4
		距平(%)	9.1	-74.4	11.9	3.8	60.4	-11.7	-52.2	-2.5	24.6	-74.4	0.01
	1999 ~ 2000	耗水量(亿 m^3)	7.6	0.1	15.9	21.6	34.0	12.5	5.7	18.1	36.5	4.1	156.1
		实际耗水比例(%)	89.4	33.3	83.7	77.1	118.5	49.0	19.5	51.9	69.9	20.5	63.4
		距平(%)	26.0	-30.1	20.3	13.7	55.1	-14.4	-43.9	-11.5	6.5	-42.9	0
	2000 ~ 2001	耗水量(亿 m^3)	7.3	0.2	17.6	23.7	39.2	14.1	6.8	19.1	40.9	2.5	171.4
		实际耗水比例(%)	85.9	66.7	92.6	84.6	136.6	55.3	23.2	54.7	78.4	12.5	69.6
		距平(%)	16.3	-2.9	23.0	15.0	67.0	-14.3	-46.4	-14.9	8.8	-57.1	0
	2001 ~ 2002	耗水量(亿 m^3)	6.9	0.2	15.5	21.0	34.6	12.5	6.2	21.3	47.2	3.1	168.5
		实际耗水比例(%)	81.2	66.7	81.6	75.0	120.6	49.0	21.2	61.0	90.4	15.5	68.4
		距平(%)	12.8	-1.7	13.2	6.6	52.2	-19.4	-47.2	-7.4	22.0	-52.9	0
	2002 ~ 2003	耗水量(亿 m^3)	6.3	0.2	17.7	18.0	26.9	10.7	5.3	17.0	27.0	6.4	135.5
		实际耗水比例(%)	74.1	66.7	93.2	64.3	93.7	42.0	18.1	48.7	51.7	32.0	55.0
		距平(%)	19.1	11.7	38.2	9.3	38.7	-13.0	-36.9	-6.3	-3.3	-23.0	0
	平均	耗水量(亿 m^3)	7.0	0.1	16.6	21.2	34.7	13.2	6.1	20.1	40.7	3.2	163.0
		实际耗水比例(%)	82.4	33.3	87.5	75.8	120.8	51.7	20.8	57.7	77.9	16.1	66.1
		距平(%)	16.3	-32.8	21.4	9.7	54.7	-14.4	-45.3	-8.4	11.8	-50.0	0
调度前	1995 ~ 1996	耗水量(亿 m^3)	7.2	0	16.5	22.1	38.9	16.1	6.5	24.9	53.2	0	185.4
		实际耗水比例(%)	84.7	0	86.8	78.9	135.5	63.1	22.2	71.3	101.9	0	75.2
		距平(%)	9.5	-75.2	11.6	3.7	60.3	-12.1	-53.0	-3.9	26.7	-75.2	0
	1997 ~ 1998	耗水量(亿 m^3)	6.8	0.1	14.6	22.0	34.1	14.1	6.8	20.8	49.1	0	168.4
		实际耗水比例(%)	80.0	33.3	76.8	78.6	118.8	55.3	23.2	59.6	94.1	0	68.3
		距平(%)	11.7	-35.0	8.5	10.3	50.5	-13.0	-45.1	-8.7	25.8	-68.3	0
	1997 ~ 1998	耗水量(亿 m^3)	6.8	0.1	14.6	22.0	34.1	14.1	6.8	20.8	47.6	0	166.9
		实际耗水比例(%)	80.0	33.3	76.8	78.6	118.8	55.3	23.2	59.6	91.2	0	67.7
		距平(%)	12.3	-34.4	9.1	10.9	51.1	-12.4	-44.5	-8.1	23.5	-67.7	0
	1991 ~ 1992	耗水量(亿 m^3)	10.2	0	15.9	21.7	42.5	13.5	8.5	21.8	51.0	0	185.1
		实际耗水比例(%)	120.0	0	83.7	77.5	148.1	52.9	29.0	62.5	97.7	0	75.1
		距平(%)	44.9	-75.1	8.6	2.4	73.0	-22.2	-46.1	-12.6	22.6	-75.1	0
	1997 ~ 1998	耗水量(亿 m^3)	6.8	0.1	14.6	22.0	34.1	14.1	6.8	20.8	24.5	0	143.8
		实际耗水比例(%)	80.0	33.3	76.8	78.6	118.8	55.3	23.2	59.6	46.9	0	58.4
		距平(%)	21.6	-25.1	18.4	20.2	60.4	-3.1	-35.2	1.2	-11.5	-58.4	0
	平均	耗水量(亿 m^3)	7.6	0	15.2	22.0	36.7	14.4	7.1	21.8	45.1	0	169.9
		实际耗水比例(%)	89.4	0	80.0	78.6	127.9	56.5	24.2	62.5	86.4	0	69.0
		距平(%)	20.4	-69.0	11.0	9.6	58.9	-12.5	-44.8	-6.5	17.4	-69.0	0

注:实际耗水比例为耗水量与分配方案耗水量的比值。

以上分析表明,统一调度控制用水大省(区)的耗用水量,遏制了省(区)不断上升的用水趋势,兼顾了各省(区)、各河段、上下游、左右岸的地区供水,各地区的供水保证程度趋于平衡。

二、兼顾了各部门用水

统一调度强化了水资源管理,优化了水资源配置,在满足城镇生活用水和农村人畜用水的前提下,合理安排了农业、工业、生态环境用水。农业用水量由调度前的 153.85

亿 m³减少到 142.21 亿 m³,减少了 11.64 亿 m³,比例由调度前的 90.57% 下降到 87.25%,下降了 3.32%。工业用水量由调度前的 10.27 亿 m³ 增加到 12.79 亿 m³,增加了 2.52 亿 m³,比例由调度前的 6.04% 上升到 7.85%,上升了 1.81%。城镇生活用水量由调度前的 2.83 亿 m³增加到 5.43 亿 m³,增加了 2.6 亿 m³,所占比例由调度前的 1.67% 上升到 3.33%,上升了 1.66%。统一调度前后各部门调度期耗水量变化情况见表 11-4。

表 11-4　统一调度前后各部门调度期耗水量变化情况

时段	典型年	项目	合计	农业	工业	城镇生活	农村人畜
调度后	1998～1999	耗水量(亿 m³)	183.45	166.71	10.75	3.36	2.63
		比例(%)	100.00	90.88	5.86	1.83	1.43
	1999～2000	耗水量(亿 m³)	156.11	136.60	12.20	4.86	2.45
		比例(%)	100.00	87.50	7.82	3.11	1.57
	2000～2001	耗水量(亿 m³)	171.45	149.66	12.83	6.31	2.66
		比例(%)	100.00	87.29	7.48	3.68	1.55
	2001～2002	耗水量(亿 m³)	168.47	146.67	13.81	5.40	2.59
		比例(%)	100.00	87.06	8.20	3.20	1.54
	2002～2003	耗水量(亿 m³)	135.45	111.41	14.34	7.25	2.45
		比例(%)	100.00	82.25	10.59	5.35	1.81
	平均	耗水量(亿 m³)	162.99	142.21	12.79	5.43	2.56
		比例(%)	100.00	87.25	7.85	3.33	1.57
调度前	1995～1996	耗水量(亿 m³)	185.42	169.00	10.18	2.70	3.54
		比例(%)	100.00	91.14	5.49	1.46	1.91
	1997～1998	耗水量(亿 m³)	168.37	152.97	10.32	2.61	2.47
		比例(%)	100.00	90.85	6.13	1.55	1.47
	1997～1998	耗水量(亿 m³)	166.86	151.46	10.32	2.61	2.47
		比例(%)	100.00	90.77	6.19	1.56	1.48
	1991～1992	耗水量(亿 m³)	184.99	167.52	10.24	3.60	3.63
		比例(%)	100.00	90.56	5.53	1.95	1.96
	1997～1998	耗水量(亿 m³)	143.69	128.29	10.32	2.61	2.47
		比例(%)	100.00	89.28	7.18	1.82	1.72
	平均	耗水量(亿 m³)	169.87	153.85	10.27	2.83	2.92
		比例(%)	100.00	90.57	6.04	1.67	1.72

生态用水也有所增加,基本上保证了下游河道生态环境用水的需求。据统计,“十五”期间,利津平均入海水量 137 亿 m³,占黄河平均天然径流量的比例由“九五”期间的

18%提高到30%;头道拐5、6月平均实测径流量比“九五”期间增加2.8亿m^3。

第三节 促进了节水型社会的发展

随着国民经济的发展,黄河流域需水量逐渐增加,但黄河来水持续偏枯,使黄河流域水资源供需矛盾进一步加剧。统一调度不仅科学地明确了黄河供水省(区)和部门的水权以及地表水可供水量,而且依法使水资源的利用从以往的无序状态变为有序状态,更限制了过去用水多、浪费多的地区用水,促使部分省(区)在节水措施和产业结构调整上下工夫,提高用水效率,推进流域的节水型社会建设。

一、促进农业节水

农业用水是黄河流域用水大户。根据1988~1999年《黄河水资源公报》资料分析,全流域农业年均耗用地表水量占全河总耗用地表水量的92%,其中耗用水量比较大的山东、内蒙古和宁夏3省(区)农业年均地表耗水量分别占本省(区)地表总耗水量的93.2%、97.1%和98.6%。

农业用水不仅量大,而且用水管理粗放。例如,地处黄河中上游的宁夏引黄灌区,其为我国最古老的灌区之一。千百年来自流排灌,取水便利,加上为洗盐压碱,农民养成了大引大排、大田漫灌的习惯,种植一季庄稼,要浇灌五六次甚至更多,灌水定额大、水资源利用效率很低。灌溉渠道绝大多数为明渠且衬砌比例较小,暗管输水很少见,水资源的渗漏和蒸发浪费现象严重,渠系水利用系数仅为0.41~0.45。除宁夏回族自治区外,其他省(区)用水也存在不同程度的浪费现象。由此可见,农业节水潜力很大。黄河水量统一调度对黄河水资源进行需求管理,促使省(区)调整农业种植结构,促进了灌区节水技术应用和节水改造措施的实施。

(一)宁夏面对黄河限量供水,加大节水型社会建设力度

面对黄河限量供水的严峻形势,宁夏回族自治区采取打井补灌和人工增雨、压减农业灌溉配水定额、超定额水价翻番、减种高耗水农作物、加大节水技术推广力度等多项开源节流措施,积极应对近年来宁夏引黄灌区因流域统一计划供水出现的“水荒”。

1.农业种植结构的调整

根据区域水资源条件进行农作物布局和种植结构调整,压低并控制高耗水、低效益作物种植面积,扩大抗旱节水高效益作物种植面积。

宁夏在政府部门的引导下,坚持“量水而种”的原则,大面积压缩高耗水的农作物,在农业种植结构调整中“找水”。例如宁夏盐池县西滩、红寺堡扶贫开发区,近年部分农民在政府的引导下,调整种植业结构引种耐旱饲草苜蓿,每年只需淌两到三次水便可获得丰收,节水效果相当明显。据测算,土地种植苜蓿每亩至少能比种高耗水的粮食作物少灌水300 m^3。“中国枸杞之乡”中宁县的农民,纷纷压缩粮食种植面积,扩大高效节水经济作物枸杞的种植面积,经营一亩地的枸杞,每年不仅比种粮少灌好几次水,还能获得种粮5倍以上的经济收入。

为适应黄河水资源统一调度对水资源的需求调控管理,《宁夏建设节水型社会规划

纲要》规划,宁夏农业种植结构做出了较大的调整,粮食:经济作物:林草的种植面积比例将从2000~2002年的77:14:9调整到2010年水平的72:16:12。

2. 促进了灌区节水技术应用

面对黄河限量供水,宁夏回族自治区加大了农业节水技术推广力度。1999年以来,在全灌区强力推行小畦灌溉和水稻控制灌溉高产技术,部分经济作物实施喷灌、管灌、滴灌等节灌措施,对旱作物引进喷施"旱地龙"保水剂,千方百计节约用水。其中,水稻控制灌溉高产技术效果最为明显。1998年,宁夏引进水稻节水控制灌溉技术,截至2002年,该项技术在宁夏平均技术覆盖率达到72%,主要推广市(县)已达到80%以上,其中青铜峡、灵武、利通区3市(县)已超过水稻种植面积的90%。5年来,累计增产节支总效益高达9 800余万元,亩均效益70元;总增产粮食近5 000万kg,平均增产幅度为6.4%,节约灌溉水量近6亿m^3,节水幅度达43.5%,如考虑渠系损失在内,少引黄河水9.7亿m^3,此外还减少了灌溉清淤用工及农药支出,节约农业成本。

3. 推进农业节水工程建设

建设不同的节水灌溉工程,实施大中型灌区节水改造和渠系配套工程、节水灌溉示范工程、农业综合开发节水灌溉工程等,提高渠系、田间水资源利用系数,降低农业用水量。如宁夏青铜峡灌区,根据"续建配套与节水改造规划",通过渠道砌护、支斗渠系优化等措施,规划将使渠道水利用系数由2000~2002年的0.44提高到0.5,田间水利用率由2000~2002年的0.8提高到2010年的0.85以上,减少渗漏损失2.27亿m^3。

4. 实行农业灌溉管理体制创新和水价改革

宁夏回族自治区水利厅、财政厅每年拨出300万元专项资金,灌区市(县)也想方设法安排配套资金,用于扶持农业节水。一些市县实行支渠承包经营,灵武、石嘴山等水稻种植区还成立了农民用水协会,自主管水,345个用水协会通过群众自筹的资金超过600万元,群众用这些钱完成了支斗渠承包2 313条,覆盖灌区面积174万亩,水稻控灌面积超过65万亩。1999年至2002年7月,灌区累计少引黄河水18.4亿m^3,用水量比1999年减少20.8%,减少水费2 200万元。自治区涉农部门从政策、协调配水计划、开关支渠口等方面对节水区给予大力支持。2000年4月,宁夏回族自治区政府大幅度调整引黄灌区农业灌溉用水价格,北部自流灌区干渠直开口每立方米黄河水的供水价格,由0.6分提高到1.2分,加上征工折价款,每立方米水的综合价格实际达到1.5分;固海、盐环定两大扬水灌区由5分调至8分和10分,加上征工折价款每立方米水的综合价格分别为9.2分和11.25分。通过经济杠杆有效调动了群众的节水积极性,也保障了一部分农田的适时灌溉。

(二)内蒙古河套灌区创新管理体制

内蒙古河套灌区是黄河灌溉的主要用水户之一,黄河水资源统一调度实行计划供水,改变了以往水从门前过,想用多少就用多少的情况。面对限量供水的形势,巴盟河套灌区深化水利改革,组建农民用水者协会,农民用水农民自己管,基本形成了灌溉管理、工程养护、水费征收一体化的群管体系,提高了用水效率,节约了农业用水。1999~2000年巴盟河套灌区组建农民用水者协会357个,共辖灌溉面积422.29万亩,占全灌区灌溉总面积的48.82%。

河套灌区农民用水者协会，是一个具有严密章程和制度的民主管水组织。农民直接参与管理，在水利工程维护、投入等方面变被动为主动，形成了国家、集体、个人一齐上的社会办水利格局。乌拉特前旗新安镇新安村农民用水者协会成立以来，针对渠道输水状况差的实际，共同集资7 000多元兴建节制闸2座，并对渠道阻水地段进行了清淤，大大改善了渠道输水条件，2000年前三轮水就节水10.9万m^3，节约水费4 300元。

农民用水者协会与水管部门积极配合，规范了用水程序。过去，乡水管站向管理所（段）报用水计划出入很大，给管理部门工作带来了许多困难。现在由协会直接向管理所（段）上报用水计划，水管单位统一调度安排水量，真正做到了计划用水、节约用水。义长灌区的蔡家渠协会，涉及2个旗县、3个乡、6个村、17个社。1999年秋浇，他们按土地等级以户落实浇地，节水效果非常明显。当时包干水量为807.84万m^3，实际用水773.26万m^3，比计划用水还少34.58万m^3，发挥了明显节水作用。在用水收费方面，协会与水管部门共监互测，实行了以浇灌亩次计费的办法，每轮浇水结束后，协会组织专人将每户的实际用水面积查清后，张榜公布总用水量，做到了水价、水量、水费、面积四公开。乌拉特灌域的北场渠实行承包以后，改革亩次计费做法，将用水量不同的土地区别对待，使分摊水费趋于合理。由于协会负责工程维护、用水和收费，使水管部门得以集中精力搞好国有渠道的管理工作，地方政府也从繁杂的水事务中解脱出来，促进了当地经济建设。

（三）山东省东营市建成农业节水技术体系

山东省东营市地处黄河入海口的黄河三角洲腹地，是胜利油田主产区。黄河水量统一调度以来，以省（区）为单元实行计划限量供水，对地处黄河河口、以黄河为主要淡水资源的东营市供水影响较大。近年来，东营市紧紧围绕淡水资源紧缺这一影响和制约黄河三角洲工农业快速发展的主要矛盾，认真贯彻新时期治水思路，解放思想，因地制宜，大力发展节水灌溉，优化水资源配置，改善农业生产条件，农业节水工作取得长足发展。

一是实施水利三百利民工程灌区节水改造和续建配套。灌区续建配套和节水改造项目累计投资18 598万元。渠道衬砌采用全断面铺塑、混凝土板护坡的结构型式，有效地减少了渗漏损失。

二是加强措施管理，完善制度，多渠道筹集资金，初步建立起科学的引黄调水管理体系，确保了灌区用水的科学调度、节约使用，为实现农业用水零增长甚至负增长打下了坚实的工程基础。

三是搞好高标准节水灌溉示范项目。先后实施了节水增产重点县、高标准国家级和省级节水增效示范项目以及重点抓了高标准节水灌溉技术推广应用。截至2004年底，全市已兴建各类节水灌溉工程50余处，发展节水灌溉面积433.24万亩。通过实施节水灌溉，全市每年可节水4.2亿m^3。

四是重视节水工程项目完建后管理。以实现工程良性运行为目的，对项目示范区的井、机、房、泵和输水管道通过拍卖、承包等形式，责任到人、利益到人，将责、权、利有机地融为一体，保证节水灌溉工程良性运行。

五是在注重工程措施节水的同时，加大节水技术的应用与推广。该市大力采取耕作保墒、秸秆覆盖、地膜覆盖、喷洒旱地龙、增种抗旱品种、畦田标准化、土壤墒情监测与灌溉预报技术和射频卡技术等非工程节水措施，加大了对节水新技术、新工艺、新材料、新设备的推广应用,初步建立了从工程措施到管理措施的全方位农业节水技术体系。

二、促进城市节水

根据水资源和城市承载能力,调整和优化产业结构,在节水的同时,努力挖掘污水、雨洪水资源化的潜力,提高水资源利用效率;确定合理水价,建立市场机制,充分发挥经济杠杆作用。

如宁夏回族自治区规划调整产业结构,加快高耗水行业(火电、石油化工、造纸、冶金、纺织、建材、食品)的节水改造,形成以农业为基础,化工、冶金、机电、轻纺、建材等为主导,旅游、信息服务为支撑的经济发展格局,三产业结构比例由2000~2002年的14.4:49.8:35.8调整到2010年的10:40:50。同时,建设非传统水源开发工程,建立污水收集、处理和回用管网系统,实现水资源在一定范围内的重复利用,建设城市防洪及水资源中和利用工程,地表水综合利用与地下水有效补偿相结合,实现洪水、沟水、湿地资源化。通过非传统水资源的开发利用,宁夏回族自治区的城市生活污水处理率由33%提高到50%,水重复利用率由44%提高到60%,中水回用率由20%提高到50%。按照补偿成本、合理收益、优质优价、公平负担的原则,制定城市用水价格,合理调整水价,实行用水定额管理、超定额累进加价制度。宁夏回族自治区自2004年起,推行了水价形成机制改革。

又如天津市,落实各项节水措施,狠抓节约用水,建立激励节约用水又科学完善的水价形成机制;加大水资源保护工作力度,治理水污染;建设再生水利用工程,合理利用再生水资源;加快城市供水管网改造,降低管网供水的损失率;实施水资源规划,优化水资源配置。

三、培育水权转换和水市场

黄河水量实行统一调度、用水总量控制、分级管理、分级负责的原则。随着各省(区)剩余水量指标的减少或无地表水余留水量指标,在黄河水资源总量不变的情况下,解决工业和城市发展用水问题,只能从实际出发,改变现有水资源利用格局,调整用水结构,从宏观上提高水资源的配置效率,从微观上提高水资源的利用效率,确保流域经济社会发展的用水需求。

为促进宁、蒙两自治区经济社会的发展,黄委、内蒙古自治区和宁夏回族自治区水行政主管部门于2003年开展了水权转换试点工作。水权转换试点的实施在统筹地方经济发展的基础上,调整工业用水和农业用水的水权,将农业节余水量有偿转让给工业项目,工业再投资农业,促进农业节水改造工程的建设。目前,黄河水利委员会已正式批复了宁夏、内蒙古两自治区水权转换试点项目5个,其中宁夏3个,内蒙古2个。截至2006年底,5个试点项目对应的灌区节水改造工程累计到位资金2.324亿元。

第四节　改善了部分供水区的人畜饮水水质条件

水量统一调度提高了黄河供水安全保障程度,在来水偏枯的情况下,通过强化调度管理,不仅改善了黄河流域内部分地区人畜饮水条件,而且改善了流域外相关地区人畜饮水条件。统一调度前,下游断流严重,城乡居民饮水发生困难,部分缺水地区不得不饮用当地高氟水或苦咸水。统一调度后,解决了黄河流域人畜饮水问题,还多次向流域外应急调水。其中,引黄济津输水线路采用位山—临清路线全长 580 km,近 4 次引黄济津共引黄河水 23.94 亿 m^3,天津市九宣闸收水 12.61 亿 m^3,不仅有效缓解了河北、天津的工农业生产和城市生活用水的紧张局面,而且改善了河北省沧州、衡水地区农村缺水地区的人畜饮水水质和水源条件,供水保证程度和供水水质状况比原来明显提高。引黄济青工程自 1989 年至 2004 年共引黄河水 23.57 亿 m^3,累计向青岛市区供水 9.24 亿 m^3,为青岛市和沿线补充地下水近 5 亿 m^3,同时解决了输水沿线(滨州、东营、潍坊、青岛等市)的高氟区、缺水区的城镇及农村生活供水问题。

第五节　保证了中下游水库调水调沙用水

黄河治理的终极目标是维持黄河健康生命。由于近十几年黄河下游河道萎缩严重,主槽过洪能力日渐衰减,遇自然洪水,要么流量过小,水沙不协调持续淤积主槽;要么流量过大,大面积漫滩造成灾情,要么清水运行空载入海,造成水流的能量与资源浪费,长此以往,黄河下游河道的健康生命形态不可能得以塑造和维持,而通过调水调沙塑造“和谐”的流量、含沙量和泥沙颗粒级配的水沙过程,则可以遏制黄河下游河道形态持续恶化的趋势,进而逐渐使其恢复健康生命形态,并最终得以良性维持。

通过黄河水量统一调度,优化了水资源配置,保证生活和生产用水,合理安排了农业用水,同时通过干流水库联合调度,使小浪底、三门峡、万家寨等水库在汛前具有一定超出汛限水位的蓄水量,为黄河调水调沙大型水利科学试验创造了条件,增加了下游河道的输沙用水。2002 年首次调水调沙试验,取得了净冲刷黄河下游河道泥沙 0.362 亿 t,共入海泥沙计 0.664 亿 t 的效果。2004 年汛末,小浪底、三门峡、万家寨 3 座水库汛限水位以上有 38.59 亿 m^3 的水量,调水调沙试验使利津以上各河段均发生冲刷,小浪底至利津河段共冲刷泥沙 0.642 2 亿 t,有效地提高了黄河下游河道的输沙输水能力。

第十二章　生态环境效果

黄河断流不仅仅造成城镇生活和工业、农业生产用水困难，直接限制经济社会发展，同时还使下游河流生态环境系统受到不同程度的破坏，如河道萎缩、水质污染、生物多样性衰减、黄河口淡水湿地濒临消亡等，直接危及黄河健康生命的维持及流域经济社会的可持续发展。黄河水量统一调度的实施，扭转了下游频繁断流的局面，较好地协调了生活、生产和生态用水关系，维持了黄河的基本功能，对黄河下游及其周边地区的生态环境产生了较大的影响，取得了明显的生态环境效益。本章从对水环境质量、河道及河口湿地生态系统、地下水位及地下水环境、近海水域生态环境等方面的影响，介绍水量调度产生的生态环境效果。

第一节　改善了水环境质量

一、对河流水质的影响

河流水质与入河污染物量的多少、水量大小及河流的自净能力等因素有关。黄河水量统一调度改变了黄河干流水量的时空分布，使有限的水资源得到更加合理的配置，也使部分河段的水环境质量有所改善，河段水体功能得到提高。

在黄河干流刘家峡至河口河段范围内，选取小川、兰州、下河沿、石嘴山、头道拐、龙门、潼关、花园口、高村、艾山、泺口、利津12个重点监测断面，以当年11月～次年6月为一个调度时段，统一调度前选取1993年11月～1998年6月5个调度时段，共40个月，统一调度后选取1999年11月～2004年6月，共40个月。按照国家《地表水环境质量标准》（GB 3838—2002），选取水温、pH值、高锰酸盐指数、氨氮等主要水质参数作为评价因子，对调度河段主要断面水调前后40个月各月的水质状况进行评价。重点监测断面调度前后11月～次年6月水质评价结果见表12-1。

经综合评价，情况如下。

（一）刘家峡至下河沿河段

该河段水质良好，基本为Ⅱ类、Ⅲ类水质。水量统一调度后，该河段满足Ⅲ类水质标准的月份所占比例均有所提高，整体水质明显优于统一调度前。其中，小川断面由水调前97.5%提高到100%，兰州断面由水调前的75%提高到92.5%，下河沿断面由水调前的77.5%提高到97.5%。该河段的水体功能目标基本得以实现。

（二）下河沿至潼关河段

该河段为黄河干流污染比较严重的河段，各断面满足Ⅲ类水质标准的月份所占比例均低于统一调度前，其中石嘴山、头道拐断面，水质有所下降，龙门、潼关断面水质基本维持原有水平。

表 12-1 重点监测断面调度前后 11 月～次年 6 月水质评价结果统计

断面名称	统计时段	≤Ⅲ类水月数	满足各类水质的月数(个)			断流月数(个)	Ⅲ类水比例(%)
			Ⅳ类水月数	Ⅴ类水月数	劣Ⅴ类水月数		
小川	水调前	39	1	0	0	0	97.5
	水调后	40	0	0	0	0	100
兰州	水调前	30	6	2	2	0	75
	水调后	37	3	0	0	0	92.5
下河沿	水调前	31	7	2	0	0	77.5
	水调后	39	1	0	0	0	97.5
石嘴山	水调前	22	7	9	2	0	55
	水调后	7	10	9	14	0	17.5
头道拐	水调前	22	14	4	3	0	55
	水调后	11	8	5	16	0	27.5
龙门	水调前	28	7	3	2	0	70
	水调后	27	5	2	6	0	67.5
潼关	水调前	2	8	7	23	0	5
	水调后	1	5	5	29	0	2.5
花园口	水调前	15	12	6	7	0	37.5
	水调后	12	16	7	5	0	30
高村	水调前	26	4	6	4	0	65
	水调后	21	13	3	3	0	52.5
艾山	水调前	30	3	2	3	2	75
	水调后	23	13	1	3	0	57.5
泺口	水调前	25	4	2	3	6	62.5
	水调后	30	5	3	2	0	75
利津	水调前	22	2	2	1	13	55
	水调后	29	5	4	2	0	72.5

上述现象的出现主要是由于该河段宁夏、内蒙古两自治区部分大中城市、重要工业区污水排入以及较多污染严重的支流汇入造成。宁夏回族自治区小造纸厂较多,污水排入黄河造成严重污染,加之吴忠市、石嘴山市、包头市较多的工业废水和生活污水的加入,导致石嘴山、头道拐断面水质长期不达标。汾河、渭河、涑水河等污染严重的支流汇入黄河,导致龙门至潼关河段水质超过水功能区水质要求。所以,水量统一调度后该河段的水质没有明显改观,统一调度对该河段的水质影响不明显。

(三)小浪底以下河段

由于小浪底至花园口区间有新蟒河、老蟒河、沁河、伊洛河等污染严重的支流汇入,导致花园口至利津河段水质较差。总体来看,满足Ⅳ类水质标准的月份所占比例均高于水调前,由水调前的71%提高到84%,增加了13%,见图12-1。

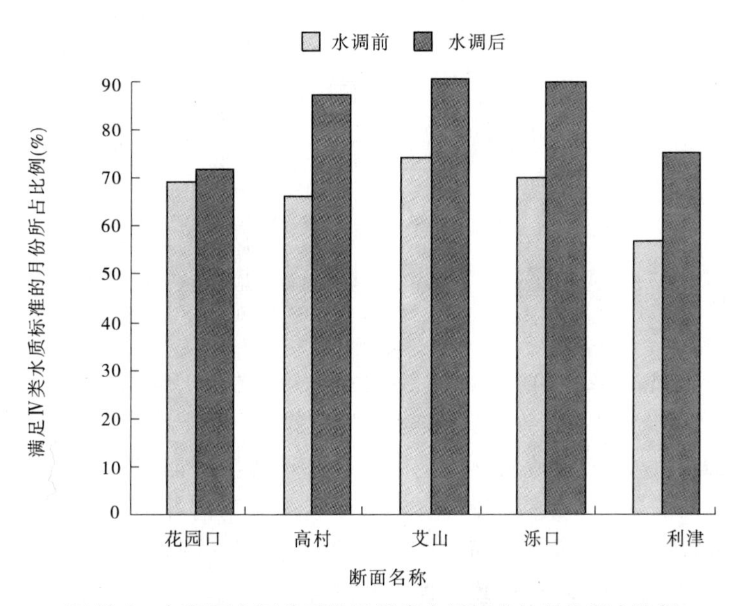

图12-1　各断面水调前后满足Ⅳ类水质标准的月份所占比例

Ⅳ类水质可满足工农业用水及一般景区用水要求,经澄清去除泥沙后可基本满足生活饮用水源水质标准。从水体功能需求角度来说,劣Ⅴ类水质的水体没有使用功能;当河流出现小流量(小于50 m^3/s)时,则河流不能满足河道内基本生态环境需水量,也难以实现水体功能;断流更使水体功能完全丧失。可以认为,当出现以上三种情况时,河段水体功能可视为丧失。统一调度后,花园口、高村、艾山、泺口、利津各断面劣Ⅴ类水质、流量小于50 m^3/s和断流的月份所占比例均低于统一调度前,水体丧失功能的比例由水调前的19%下降为7.5%,降低了11.5%。其中,泺口、利津断面情况有了较大的好转:泺口断面完全丧失水体功能的月数所占比例由水调前的28%降至水调后的5%,下降了23个百分点;利津断面完全丧失水体功能的月数所占比例由42.5%降至25%,下降17.5%,见图12-2。

上述情况表明,通过水量统一调度,下游各断面水质状况整体有所好转,水体功能得到一定满足,水环境质量得到一定提高。

二、对下游水污染事件的影响

黄河花园口以下河段,虽然两岸大堤挡住了沿岸城市的直接排污,但位于泰山北坡的长(长清)平(平阴)滩区有龙桥造纸厂、翟庄闸、鲁雅制药厂3个入黄排污口,仍有源源不断的污水排入黄河。这些废污水在黄河水量少时,对黄河水质构成直接威胁。

20世纪90年代,黄河下游多次出现连续长时段断流,长清、平阴两县所排污水积存于河道及两岸滩地内,形成一定范围的重污染水体,造成河道底质和滩区土壤污染。黄河

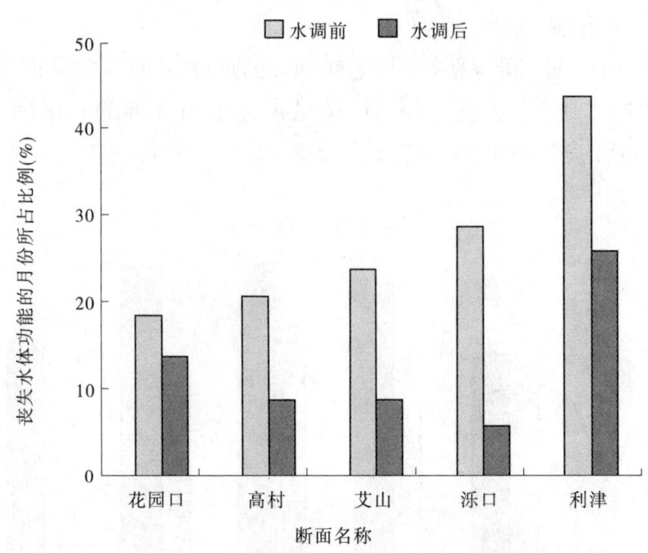

图 12-2　各断面水调前后丧失水体功能的月份所占比例

复流后,上游来水将大量积存污水及污染物冲刷起来,一起带入下游,使水质急剧恶化,造成死鱼等水污染事件发生,并危及河口地区的生态环境。譬如 1995 年 6 月下旬,断流 40 多天的黄河济南段盼来了一次过流的机会,然而缓缓而来的并不是人们盼望已久的甘甜黄河水,而是一股黑糊糊的污水,黄河变成了黑河,污染河道长达 25 km,河面上漂浮着大面积的白沫和被毒死的各种鱼类,散发着一股刺鼻的臭气。这次水污染事件就是由于断流期间位于其上游的长清平阴滩区的废污水积存造成的。

统一调度使黄河不断流,杜绝了由于断流后复流将大量积存污水及污染物冲刷到下游造成严重水污染事件的再度发生,避免了水污染事件给河口地区的生产造成损失及河口生态环境的破坏。

第二节　保证了下游河流生态系统功能的正常发挥

河流是流域范围中其他各种斑块栖息地的连接通道,起着提供原始物质的"源"和通道的作用。黄河作为一个典型的生态系统,是联系黄河流域陆地生态系统与海洋的纽带,是黄河水生生物的通道、源和栖息地。河流纵向和横向的连通性对于许多河流物种种群的生命是非常重要的,纵向和横向连通性的丧失会导致种群的隔离以及鱼类和其他生物的局部灭绝。黄河断流将使河流面积萎缩,连通性破坏,生物多样性衰减,河流生态系统的稳定性及正常发育难以维持。水量统一调度使黄河下游保持一定的基流,在一定程度上保证了下游河流生态系统功能的发挥,使黄河真正起到了连通流域内各种生态系统斑块及海洋的"廊道"作用。

一、对黄河河道湿地的修复作用

黄河河道湿地是黄河河流生态系统的重要组成之一,它是指常年浸水湿润的滩地、洪泛区等所形成的湿地,其主要湿地分布情况见图 12-3。黄河自孟津进入平原, 河宽流缓,

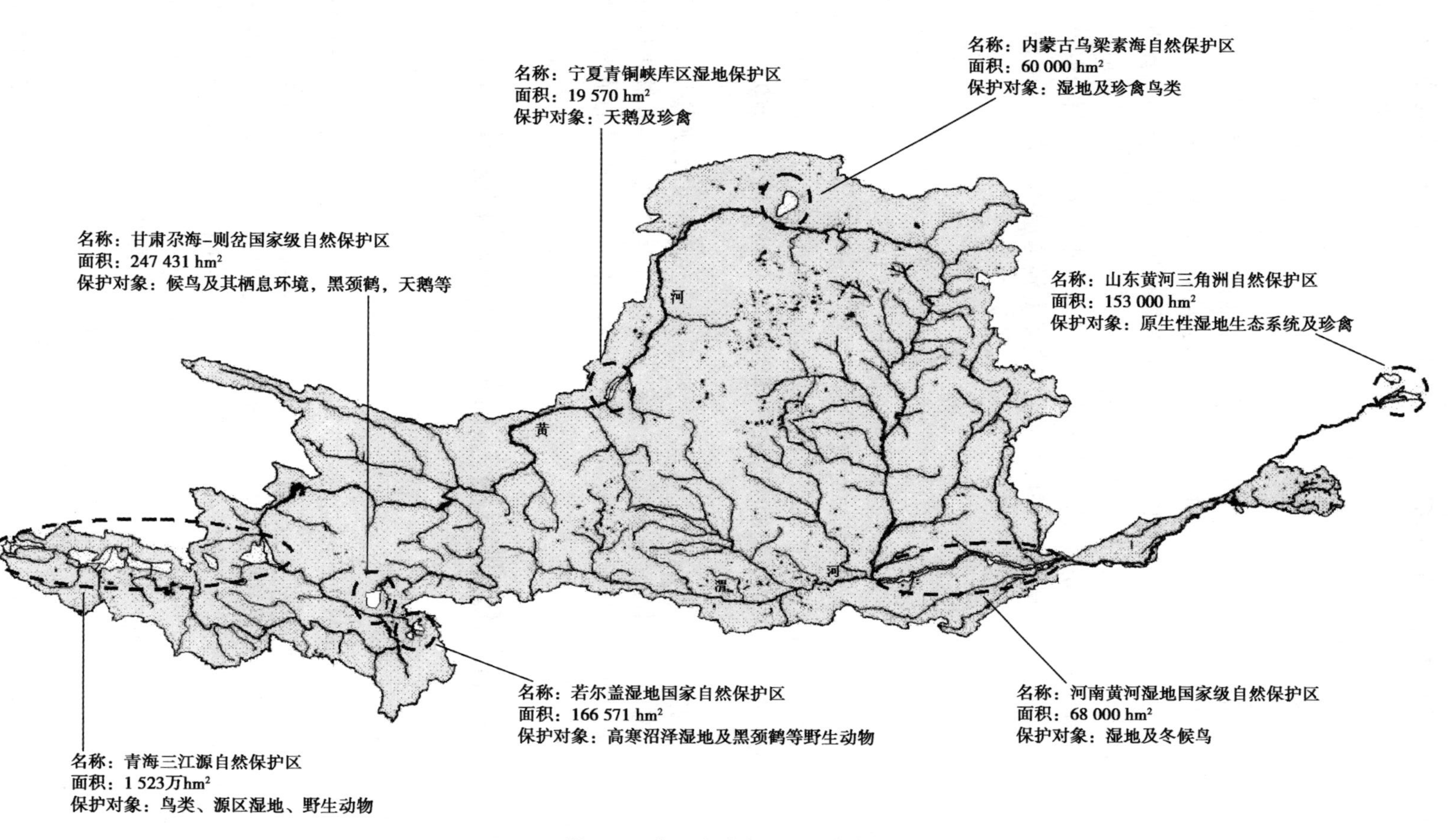

图12-3　黄河流域主要湿地分布图

泥沙淤积，由于主河道的游荡滚动及汛期漫滩，造成黄河滩涂此起彼伏，水流分支在河床中留下许多夹河滩，一些低洼地常年积水，形成特殊的黄河河道湿地。黄河下游河道湿地是我国湿地的重要组成部分，其中三门峡库区湿地及洛阳孟津、吉利湿地是国家级自然保护区的核心区，也是我国生物多样性分布的关键地带，是候鸟基本的迁徙路线、基本的繁殖地和基本的觅食地区。

据初步框算，若黄河不断流，黄河下游天然河道湿地总面积约为 800 km^2。但是，20 世纪 90 年代黄河断流严重，泺口、利津断面 1992 ~ 1998 年连年断流，阻止了河道湿地生态系统的正常发育，系统的稳定性难以维持，河道湿地受到很大破坏。初步估算下游河道湿地受断流的影响而无法发挥其正常功能的面积约有 200 多 km^2，占下游河道湿地总面积的 1/4 多。黄河水量统一调度后，由于黄河下游具备基本正常的水流条件，受黄河断流破坏的 200 多 km^2 的河道湿地得到修复，加上沿黄各地对河道湿地保护的加强，黄河下游河道湿地能够稳定发育。

二、对黄河水生生物多样性的影响

黄河水生生物贫乏，鱼类是黄河水生物保护的主体。20 世纪 70、80 年代，黄河断流主要集中在 5、6 月，进入 90 年代后，断流时段迅速向冬春季节和夏秋季节延伸，甚至汛期也经常发生断流。黄河季节性的断流和水量的减少，使黄河水质不断恶化，破坏了鱼类产卵场、栖息地，严重影响下游河道鱼类的生存和产卵繁殖，使黄河下游的鱼类资源濒临绝迹。

水量统一调度的实施，在一定程度上保证了黄河下游生态环境用水，尤其是保证了鱼类产卵育幼期的生态环境用水，黄河水生态环境得到改善，水生生物的多样性正得到恢复。20 世纪 80 年代消失的黄河铜鱼又重新在中下游成群出现，多年未见的黄河刀鱼也重现在下游河段。

第三节　促进黄河三角洲湿地良性发展

一、黄河三角洲湿地概况

黄河三角洲湿地是因黄河口不断向海域推进和尾闾在三角洲内频繁摆动改道，由新淤陆地的低洼地、河道及浅海滩涂上演变形成。黄河水资源是维持黄河口湿地生态系统发展和稳定的最基本条件。受天然水量减少和流域用水量增加影响，自 20 世纪 90 年代起，黄河最下游的利津断面及三角洲来水量锐减，90 年代黄河下游河道年来水量比 50、60 年代平均减少 40% 以上，其中 1999 ~ 2001 年利津断面的实测来水量仅是 1976 ~ 1998 年同期均值的 23%。连续出现的小流量过程和长时段断流，造成湿地的干旱及盐碱化，直接影响到湿地植被的正常生长，使大片的芦苇地退化、消失，土壤的次生盐渍化加剧，同时，黄河的断流也使原来生长于河口的浮游生物、底栖生物等大量减少和死亡。随着黄河排入渤海的水沙量日趋减少，以及黄河口河道渠化和区域城市化进程的加快，黄河口淡水湿地出现快速萎缩局面。至黄河水量统一调度前，河口陆域湿地的萎缩面积已在原有规模基础上削减了 70% 左右，且湿地生态系统斑块的廊道连通性和生态完整性受到破坏，珍稀鸟类生长和生存所赖以维持的黄河口湿地生境面临消亡，黄河三角洲的生态稳定性受到严重威胁。

二、对三角洲湿地面积的影响

影响黄河三角洲湿地面积变化的因素很多，其中黄河的水沙资源、自然环境变化及人类活动是最主要的因素。研究表明，造陆面积与年输沙量有较好的正相关关系，且当年来沙量为 2.45 亿 t 时，三角洲整体趋于动态冲淤平衡状态。由于人类活动的影响，黄河排入渤海的水沙量与 20 世纪 70 年代相比大大减少，黄河三角洲整体处于净蚀退状态。

根据现有的遥感影像数据解译分类成果，选取了 6 年枯水期的 Landsat 以及中巴影像，并在天然湿地和人工湿地中挑选芦苇、灌丛、水库 3 种具有典型代表意义且解译误差较小的类别进行对比分析，同时比较三角洲地区近几年的降雨量。三角洲湿地总面积及 3 种类型湿地面积变化见表 12-2。

表 12-2 水调前后黄河三角洲湿地总面积及 3 种类型湿地面积变化

项目	1996 年	1997 年	1998 年	2000 年	2001 年	2004 年
湿地总面积(km^2)	43.91	42.84	40.32	41.68	42.45	40.65
其中：芦苇(km^2)	4.82	5.33	4.33	4.45	4.67	4.41
灌丛(km^2)	0.26	0.36	0.19	0.52	0.36	1.31
水库(km^2)	1.32	1.57	1.59	2.09	2.39	2.36
降水量(mm)	556	482	597	327	444	—

从表 12-2 中可以看出，虽然实施调度前的 3 年比实施调度后的降水量多，但湿地总面积基本保持稳定，且灌丛、水库湿地面积有所增加，湿地质量有所提高见图 12-4。说明水量调度增加了入海水量，保证了一定的生态用水，初步遏制了三角洲湿地面积急剧萎缩的势头，有利于三角洲湿地生态系统完整性和稳定性的维持。

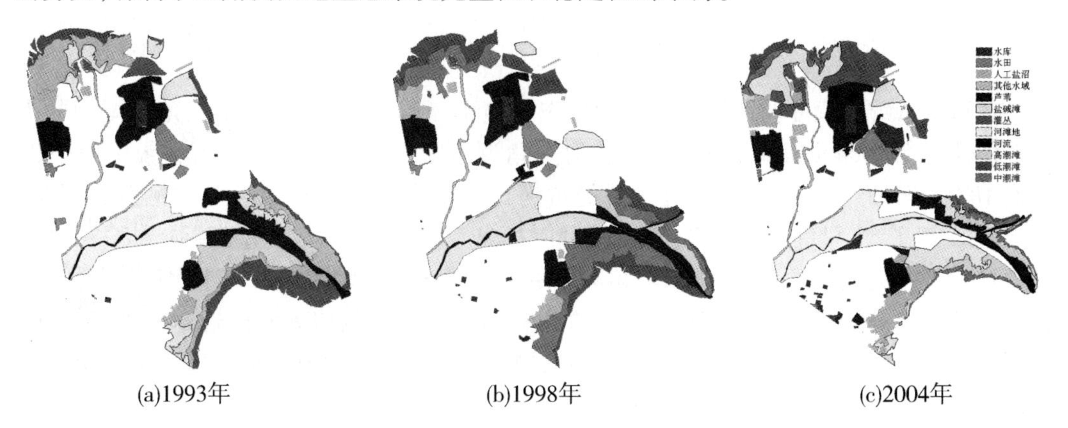

(a)1993年 (b)1998年 (c)2004年

图 12-4 黄河三角洲湿地变化

另外，水量调度增加了河口地区的生态用水，为河口淡水湿地的恢复提供了条件。为保护好黄河三角洲自然保护区内的资源和环境，有关单位于 2001 年进行恢复试验研究，并于2002年正式开展了湿地恢复工程,目前河口淡水湿地正逐渐恢复。从2004年遥感影像资料上非常清晰地分辨出,有65 835亩稀疏盐碱植被荒草地演变为非常典型的淡水湿地,而且植被长势好,水分含量高。

黄河三角洲自然保护区功能分区见图12-5。

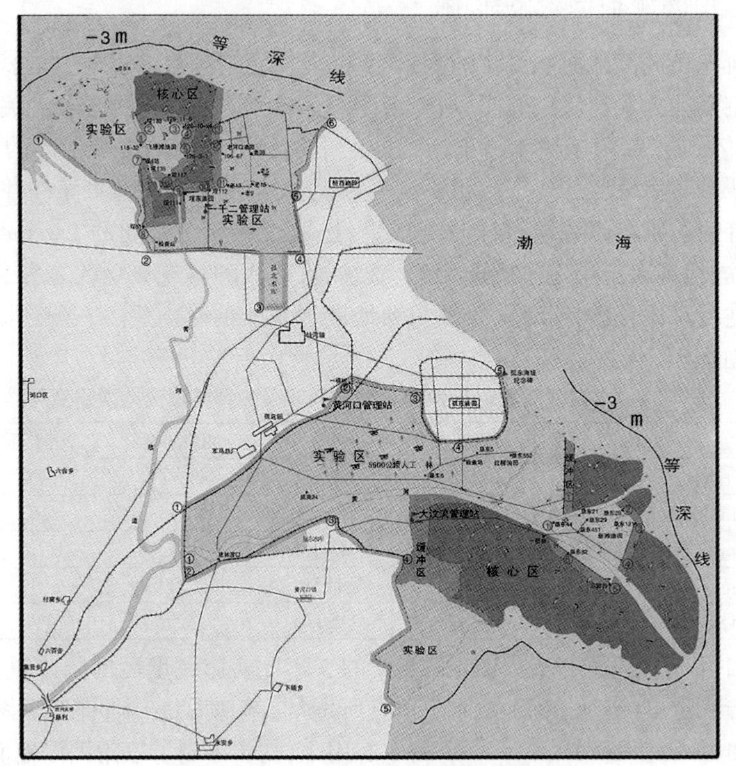

图12-5　黄河三角洲自然保护区功能分区

三、对三角洲生物多样性的影响

黄河水量统一调度使黄河三角洲的生态环境不断得到改善,丰富了三角洲湿地的生物多样性。据2004年最新调查,山东黄河三角洲国家级自然保护区的鸟类数量由1992年的187种增加到283种;靠引黄充蓄的黄河孤北水库附近已经成为鸟类栖息的天堂,2004年发现了31只世界濒危鸟类白鹳,同时栖息于此的还有草鹭、苍鹭、须浮鸥等10多种数量达几万只的鸟类;位于黄河三角洲上的亚洲最大平原水库——广南水库,近年来以其良好的自然环境、广阔的水面、充足的食物成为各种候鸟及白天鹅南迁越冬的新乐园。特别是自从2000年以来,先后有2 000多只白天鹅在此栖息越冬,而且每年来这里越冬的白天鹅数量越来越多。

据中国科学研究院海洋研究所专家2004年最新调查发现,在黄河三角洲第二大自然保护区——贝壳与湿地系统自然保护区内,发现有野生珍稀生物459种,比4年前增加了近一倍,野生珍稀生物众多,有文蛤、四角蛤、扁玉螺等贝类和鱼、虾、蟹、海豹等海洋生物50余种;有落叶盐生灌丛、盐生草甸、浅水沼泽湿地植被等各种植物群落,包含各类植物共350种；湿地动物有豹猫等6种野生动物，有东方铃蛙、黑眉锦蛇等两栖爬行动物8种，有包括国家一级保护动物大鸨、白头鹤，二级保护动物大天鹅等在内的鸟类45种。

由于湿地环境的改善，许多珍稀、濒危鸟类在湿地恢复区内成群的出现，如国家一级保护鸟类丹顶鹤、白鹤、白鹳、黑鹳等；国家二级保护鸟类白枕鹤、灰鹤、大天鹅、疣鼻天鹅、黑脸琵鹭、白琵鹭等。其中，白鹤、黑鹳、疣鼻天鹅、黑脸琵鹭等15种鸟类是自然保护区近年来新发现的鸟类，并且白鹳在湿地恢复区筑巢繁殖，使黄河三角洲成为白鹳最南的繁殖地。

四、对三角洲湿地演替的影响

黄河是新生湿地的生命线，它的水沙资源造就了黄河三角洲，形成了它特有的生态演替规律。然而，由于人类不合理的利用及黄河水沙资源的减少改变了这种自然演替模式，使黄河口新生湿地发生逆向演替，植物群落不断向盐生灌丛、一年生盐生草本植物群落、盐碱荒地和光板地方向演替，或者大面积消亡。演替的结果是群落的物种组成减少，结构单调化，系统功能降低，进一步恶化了野生动物尤其是鸟类的栖息场所，导致一些动物种类和数量的减少，破坏了黄河口新生湿地作为多种珍稀、濒危鸟类栖息地的生态价值与未来潜在的开发利用价值，影响黄河三角洲生态系统的稳定性乃至黄河健康生命的维持。

水量统一调度，增加了河口地区的水量，最大限度地满足河口地区的生态环境用水，有效地抑制了黄河口新生淡水湿地的逆向演替，使黄河口新生湿地环境演变朝“纵向演进”过程和黄河冲淤填洼的“扇形展开”过程进行，保证了新生湿地内生态系统的顺向演替方向，使新生湿地的植被质量不断得到提高，群落物种组成多样化，系统更加稳定，有效地促进了河口地区生态环境的不断改善。

第四节　对地下水的影响

黄河水量调度促使宁夏、内蒙古地区加大地下水的开采利用，有利于减轻土地盐渍化。根据《黄河水资源公报》统计，宁夏、内蒙古两自治区，调度后的1999～2002年4年间，平均地下水开采量分别增加0.40亿m^3和3.53亿m^3，相当于两自治区水资源耗用量的0.7%和4.7%，减轻了对地表水资源的依赖程度，对控制当地农用耕地的盐渍化有着一定的作用，也促进了两自治区水资源的合理利用。

水量调度保证了引黄济津、引黄济青、引黄入晋工程的供水，减轻了天津、青岛和太原等城市对地下水的开采，有利于地下水水位的恢复和地下水环境的改善。

太原市是中国北方缺水最为严重的城市之一，特别是改革开放后，随着工农业的快速发展和城市人口的增加，城市用水量持续上升，地下水位急剧下降。地下水位的下降不但增加了供水成本，造成水资源匮乏，还引起城市地面下沉，影响水资源的可持续利用和城市的可持续发展。2003年自黄河万家寨引水首次进入太原后，关闭全市公共供水区域内116眼自备井，日压缩地下水开采量12.4万t。随着自备水井的关闭，太原市终于遏制住了地下水水位连年下降的势头，城市地下水水位55年来首次停降转升。据太原市水资源动态监测站2003年监测结果，太原市各个水源地水位均有不同程度的上升，与往年同期相比,最高的上升了3.23 m,城区地下水水位上升了3.03 m。

2003年9月,济南市有着“天下第一泉”盛誉的趵突泉从1976年3月停喷后首次恢复喷涌,于2004年首次实现了28年来全年不停喷。青岛市利用引黄济青工程补给地下水,减小了工程沿线及青岛市地下水漏斗区的地面沉降,有效地减缓了青岛市海水入侵,扭转了因缺水给青岛对外开放和经济发展造成的被动局面。

第五节　水量调度对近海生态环境影响分析

营养盐主要指水域中由N、P、Si等元素组成的某些盐类。这些盐类是近海水域浮游植物光合作用所必需的营养物质,通常称为“植物营养盐”、“微量营养盐”或“生源要素”。它是水生生物所必须的物质基础,是构成河口及近海生态环境的重要化学物质基础。较高浓度的营养盐是提高渔场初级生产能力的基础,但营养盐浓度过高时易发生富营养化和赤潮问题,使渔业遭受巨大损失。黄河断流不仅破坏了流域本身的生态平衡,而且使入海营养盐通量也大幅降低,直接影响了海域渔业的初级生产力,造成河口海域鱼类种类及数量的大幅度下降,严重破坏了近海的生态环境平衡。统一调度改变了黄河水资源的时空分布,使黄河入海营养盐发生改变,对河口及近海水域的生态环境产生了一定的影响。

一、对黄河入海营养盐的影响分析

由于营养盐入海通量与黄河入海径流量密切相关,黄河水量统一调度使黄河水量在时空分布上趋于均匀,保证黄河非汛期一定的径流量入海,因此水量统一调度也改变了不同时段的营养盐入海通量。以硝酸盐氮为例,选取水量调度前后各两年(1997年、1998年和2000年、2001年)的利津断面监测资料,进行硝酸盐氮入海通量的逐月分析,计算月入海通量占全年入海通量的比例,结果见图12-6和图12-7。

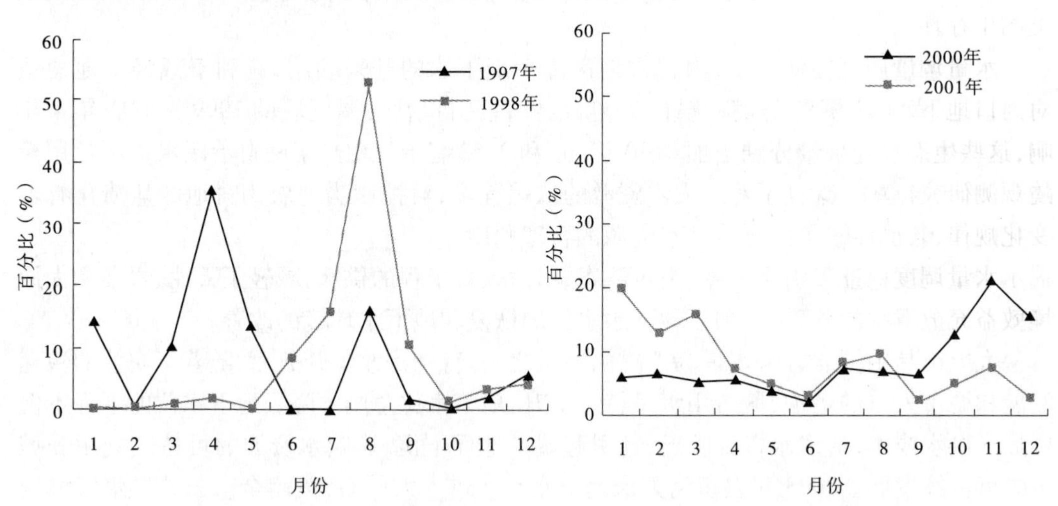

图12-6　水量调度前硝酸盐氮月入海通量占全年通量比值变化图

图12-7　水量调度后硝酸盐氮月入海通量占全年通量比值变化图

从图12-6和图12-7中可以看出，水量调度之前，营养盐的入海通量在全年的不同时段相差很大，在全年的各个时段分布极为不均，营养盐大多在汛期入海，非汛期所占比例较小。水量统一调度后，改变了营养盐入海通量的年内分布，保证了各月都有一定数量的营养盐入海，尤其是增加了非汛期的营养盐入海通量，保证了水生植物生长及鱼类产卵育幼期的营养盐供应。

二、营养盐时段分布的改变对黄河河口—近海生态环境的影响

黄河河口—近海生态环境系统是一个开放、复杂的系统，由于黄河每年给近海水域提供了大量的营养物质，所以黄河河口近海区域水生生物种类繁多，鱼类资源丰富。调度前黄河下游频繁断流，使黄河河口—近海的生态环境遭到了较为严重的破坏。水量统一调度使黄河不断流，对黄河河口—近海环境生态系统的修复起到了一定积极作用。

（一）对黄河河口—近海水域浮游植物的影响

营养盐是近海水域浮游植物光合作用所必需的营养物质。水量调度前，黄河断流和入海径流量的减少，切断了营养盐的入海途径，特别是3～6月，正是浮游植物生长繁殖季节，没有营养盐的输入，浮游植物的生长受到限制、数量大大减少，海洋初级生产力降低。水量调度将营养盐入海通量在不同时段内进行了均化，增加了3～6月的入海通量，在浮游植物生长繁殖季节提供了丰富的营养物质，同时减少了汛期的入海通量，降低了赤潮的发生概率。

（二）对水域鱼类资源的影响

水量调度前，黄河入海营养盐的减少或切断，使浮游植物数量降低，恶化了洄游鱼类的生存环境，使大量洄游鱼类游移他处，同时影响了鱼类正常的产卵和仔鱼的生长，使优质卵数量减少，造成使渤海湾海洋生物链的断裂及鱼类种类的减少。水量调度后，增加了营养盐的适时输入，使洄游鱼类的饵料增多，改善了河口近海水域浮游植物生长条件和鱼类的生存环境，提高了鱼类的数量和质量，有利于渤海渔业生产力的恢复。

水量调度产生的生态环境影响是深远的，效益也是多方面的，除以上几方面外，还有对河口地下水、三角洲岸线侵蚀、河口湿地生态系统结构、生物量、近海渔业生产力等的影响，这些生态环境效益研究需要长期的生态环境观测研究工作做支撑。只有通过生态环境观测研究，通过长期的对比分析，研究受水直接影响和间接影响的生态环境因子的长期变化规律，才能科学地揭示水量调度与这些生态环境因子之间的内在联系及制约关系。揭示水量调度对这些因子的影响及效益，从而为黄河水资源优化配置及水量调度生态环境效益充分发挥提出合理的建议与措施。

第十三章　经济效果

通过近几年黄河水量统一调度，优化配置了水资源，改善了黄河流域经济带的经济发展环境，使水资源的利用从效益低的部门向效益高的部门转移，支撑 GDP 快速稳定增长，有力支持了国家西部大开发和中部地区崛起的战略实施，以流域水资源的可持续利用支持流域经济社会的可持续发展。本章全面介绍水量统一调度对于工业、农业和生态环境的供水效益，以及促进产业结构调整、提高用水效率等情况，并分析了统一调度对 GDP 的影响。

第一节　统一调度的经济效益估算

黄河水资源短缺，供需矛盾突出，水量统一调度在协调流域生产、生活和生态用水过程中，增加一个部门的供水，必然要减少另一个部门的供水。也就是说，在单方水供水效益稳定的情况下，一个部门因增加供水而获得效益的同时，另一个部门也会因减少供水而效益减少。从近几年水量统一调度的情况来看，工业生活、生态供水量是增加的，农业灌溉水量是减少的。

一、工业生活供水效益

黄河水量统一调度，不仅保障了兰州、银川、包头、郑州、开封、濮阳、济南、东营等沿黄大中城市及河口地区的生活用水，还解决了距离黄河较远的流域外天津市、河北省、青岛市等地的用水紧张状况。同时，还为国家大型工业基地包头钢铁公司、中原油田和胜利油田的生产提供了水源保证。

统一调度工业供水效益计算，采用工业供水建设项目经济效益计算的分摊系数法，按实施黄河水量统一调度后工业增加值乘以一般工业供水建设项目的效益分摊系数估算统一调度供水效益。生活供水的保证程度高于工业，其单方水效益应大于工业供水单方水效益，但目前还没有比较成熟的可操作方法计算生活供水效益，其经济价值难以准确定量，且在城镇供水管网中生活供水和工业供水密切相关、难以区分，目前暂按工业供水计算效益。计算参数分析选取如下。

（一）工业万元产值耗水定额

各省（区）工业总产值采用调查统计的 2000 年指标，工业耗水量采用《2000 年黄河水资源公报》数据，分析各省（区）工业万元产值耗水定额指标，详见表 13-1。

表 13-1　各省（区）工业万元产值耗水定额指标　（单位：m^3/万元）

省（区）	青海	四川	甘肃	宁夏	内蒙古	陕西	山西	河南	山东	河北
2000 年	67.6	65.0	64.0	31.6	36.0	35.3	27.6	29.9	43.4	28.0

（二）工业供水效益分摊系数

根据有关调查资料，世界银行、亚洲开发银行采用的估算工业供水效益常规方法是，按供水项目投产而增加工业产值的2.5%～3.5%估算；在《南水北调工程东线论证报告》计算河北、天津等省市工业供水效益时，采用的工业供水效益分摊系数为2.5%；在《南水北调工程中线论证报告》计算河南、河北、北京、天津等省（市）工业供水效益时，分摊系数取值为2.28%～2.71%。分摊系数与万元产值耗水定额也有关，一般来说，耗水定额越大，分摊系数也越大。综合考虑上述资料情况，工业供水效益分摊系数取值为：青海、四川、甘肃采用3%，宁夏、内蒙古、陕西、山西、河南、山东、河北采用2.5%。

根据以上分析的有关参数，估算黄河流域及河北省工业供水的效益为4.44～9.06元/m^3，平均为6.78元/m^3。计算时，各省（区）城乡生活供水单方水效益均采用工业单方水效益平均值6.78元/m^3。实施黄河水量统一调度5年来，总增供水量23.79亿m^3，总供水效益183.73亿元；年平均增供水量4.76亿m^3，年平均供水效益36.75亿元。

二、农业灌溉供水效益

水量统一调度，总体上流域灌溉用水是减少的，河道生态用水和工业生活用水是增加的。各用户配水量的变化，导致了供水效益在各用户之间的转移，但是这种转移是一种有序的转移，并且总体上具有增值意义的转移。一方面提高了工业生活用水的保证程度，促进流域水资源向效益更大、重要性更高的用户转移；另一方面有效遏制了农业用水的严重浪费，促进地方在农业生产中推行节水灌溉，推进流域水资源高效利用，提高水资源利用效率。为估计灌溉效益转移量，假定在不采取其他节水措施的情况下，采用分摊系数法计算灌溉效益减少量。

综合考虑主要作物水分生产函数、作物生长期有效降水、农产品价格等参数，经分析估算，上游地区考虑现状灌溉破坏深度为25%条件下，灌溉综合效益为0.80元/m^3，灌溉效益分摊系数取0.6；下游地区考虑现状灌溉破坏深度为50%条件下，灌溉综合效益为1.67元/m^3，灌溉效益分摊系数采用0.4；黄河中游汾渭河盆地、伊洛河、沁河的作物种植结构与下游沿黄地区相近，因此黄河中游地区的灌溉综合效益采用与下游相同的估算指标1.67元/m^3。

由以上分析计算的沿黄地区灌溉综合单方水效益指标以及相应的年供水量变化，估算黄河水量统一调度带来的农业灌溉效益转移。1999～2003年，减少供水总量58.20亿m^3，年均减少11.64亿m^3；减少灌溉效益82.01亿元，年均减少16.40亿元。

三、生态环境供水效益

生态系统服务功能的经济价值评估比较复杂，20世纪70年代以来成为国际上研究的热点和难点。根据目前研究成果，生态系统服务功能的经济价值评估方法可分为两类：一是揭示偏好的方法，根据实际的公众消费或社会支出背景，揭示公众或社会选择所反映的生态系统服务功能的潜在经济价值，分析的方法有很多，包括费用支出法、市场价值法、机会成本法、旅行费用法和享乐价格法等。二是陈述偏好的方法，评价方法主要是条件估值法，通过设计问卷进行受益人群的抽样调查，在统计分析的基础上得到生态系统服务功能的价值。考虑到黄河河道及河口地区生态环境问题的复杂性，黄河河道生态环境增供水量的生态效益计算采用机会成本法计算，即黄河河道生态供水效益为河道生态环境增供水量如果不用于河道生态供水，而最可能用于的其他用途所放弃的效益或产生的损失。

整个黄河下游地区的河道内和河口地区的生态环境需水量大约为210亿m^3，其中河道耗水量约为10亿m^3，汛期输沙维持河道、河口冲淤基本平衡并兼顾河口湿地生态需水量约为150亿m^3，非汛期河口地区生态基流需水量约为50亿m^3。下游除对生态环境需水总量有要求外，对时空分配也有相应的要求，主要表现在不同断面最小下泄流量有控制要求，年内不同月份也有水量要求。本次生态环境供水效益分析针对非汛期进行，因各断面不同的流量要求是为了满足不同断面的引水水位和流量等要求，有关引耗水的经济效益已在工农业经济效益计算中包含，因此只分析非汛期利津断面生态基流、河口地区湿地等供水量的经济效益。

由于这部分环境供水不用于生态环境供水量，则最有可能用于农业灌溉而带来经济效益，应按黄河下游农业灌溉效益损失估算环境供水效益。但有关专家认为，黄河统一调度解决黄河日益严峻的断流问题，产生了重大的社会、政治、经济影响，具有巨大的间接效益，因此计算河流生态供水效益时，将农业灌溉单方水效益指标进行了适当扩大。经估算，统一调度以来，河流生态供水总效益为70.19亿元，年均14.04亿元。

四、总经济效益

综合上述分析成果，1999～2003年黄河水量统一调度产生的总经济效益为172.9亿元，最大年效益62亿元，最小年效益2.27亿元，年均效益34.58亿元。

第二节　统一调度对国内生产总值(GDP)影响的初步分析

水量统一调度实行总量控制、以供定需、分级管理、分级负责的供配水方式，优化配置了水资源，使水资源的利用从效益低的部门向效益高的部门转移，促进了节水型社会的发展，促进了用水效率的提高，对国民经济的发展做出了一定的贡献。为了分析水量统一调度对国民经济的影响，中国水利科学研究院和清华大学进行了相关数据的调查和分析工作，主要成果分析如下。

一、水量调度促进了产业结构的调整

根据《全国水资源综合规划》中的黄河流域相关各省(区)的统计数据，水量调度以前的1997年流域9个省(区)(含河南、山东流域外供水)GDP总量为7 651.9亿元，到1998年流域9个省(区)GDP总量为8 266.6亿元，年增加8.03%。1999年3月实施黄河水量统一调度后，到2003年，流域9个省(区)GDP总量增加到13 099.5亿元，年增加速度为7.86%。这说明黄河水量调度虽然限制了各省(区)的用水总量，但对国民经济总量影响较小，或者说没有影响国民经济的正常发展。

从1997～2003年黄河流域GDP变化表(见表13-2)中可以看到，水量调度以后，农业在国民经济构成中的比例逐渐减小，第二产业、第三产业的比例则为上升趋势。以上情况

说明,虽然水量调度限制了各省(区)用水,但加快各省(区)经济结构调整的步伐,传统的高耗水农业发展受到了限制,第二产业,尤其是耗水量较小的第三产业比例在国民经济中的作用明显增强。

表 13-2　1997 ~ 2003 年黄河流域 GDP 变化

年份	GDP(亿元)				所占比例(%)		
	总计	农业	第二产业	第三产业	农业	第二产业	第三产业
1997	7 651.9	1 533.6	3 125	2 993.3	20.0	40.8	39.2
1998	8 266.6	1 617.9	3 384.2	3 264.5	19.6	40.9	39.5
1999	8 971.7	1 637.2	3 667.9	3 666.6	18.2	40.9	40.9
2000	9 645.7	1 639.7	4 026.6	3 979.4	17.0	41.7	41.3
2001	10 406.1	1 683.1	4 361.5	4 361.5	16.2	41.9	41.9
2002	11 301.6	1 828.7	4 708.6	4 764.4	16.2	41.7	42.1
2003	13 099.5	2 089.6	5 486.8	5 523.1	15.9	41.9	42.2

二、水量调度促进了用水效率的提高

流域的耗水量不仅包括地表水,还包括地下水。根据《全国水资源综合规划》、《黄河水资源公报》等资料统计,1997 ~ 2003 年黄河流域平均总耗水量为 413.46 亿 m^3,其中地表耗水量 277.69 亿 m^3,占总耗水量的 67.1%(见表 13-3),可见地表水对国民经济发展具有举足轻重的地位。

以流域分行业的总耗水量和对应的 GDP 总量为基础,分析流域内用水效率的变化。从黄河流域一、二、三产业万元 GDP 用水定额变化(见表 13-4)可以看出,水量调度以前的 1997 年和 1998 年,各行业平均 GDP 耗用水定额平均为 526.1 m^3/万元;水量调度以后,1999 ~ 2003 年各行业年平均用水定额下降为 392.66 m^3/万元,下降幅度为 25.4%。分析黄河流域城市和农村生活用水定额(见表 13-5)可以看出,水量调度以后城市和农村生活用水定额有较大幅度的下降。

表 13-3　黄河流域各省(区)平均总耗水量统计　(单位:亿 m^3)

省(区)	1997 年		1998 年		1999 年		2000 年	
	总耗水	其中地表水	总耗水	其中地表水	总耗水	其中地表水	总耗水	其中地表水
青海	12.23	9.19	14.52	11.58	15.35	12.07	16.52	13.24
四川	0.19	0.07	0.17	0.05	0.28	0.25	0.26	0.23
甘肃	29.51	22.90	30.04	23.51	32.57	25.81	34.17	27.37
宁夏	44.47	38.41	43.11	37.12	47.61	41.50	44.76	37.76
内蒙古	79.63	62.89	81.13	61.46	88.12	66.48	81.47	59.46
山西	35.57	9.71	35.45	10.45	35.13	9.59	35.25	9.94

续表 13-3

省(区)	1997 年		1998 年		1999 年		2000 年	
	总耗水	其中地表水	总耗水	其中地表水	总耗水	其中地表水	总耗水	其中地表水
陕西	66.62	33.10	50.89	19.74	52.13	20.85	53.55	21.78
河南	68.40	38.52	54.08	29.54	61.59	34.57	57.48	31.47
山东	92.02	77.63	97.37	83.62	98.45	84.46	79.29	63.92
总计	428.64	292.42	406.76	277.07	431.23	295.58	402.75	265.17

省(区)	2001 年		2002 年		2003 年		7 年平均	
	总耗水	其中地表水	总耗水	其中地表水	总耗水	其中地表水	总耗水	其中地表水
青海	14.60	11.26	14.94	11.69	14.83	11.48	14.71	11.50
四川	0.27	0.24	0.28	0.25	0.27	0.25	0.25	0.19
甘肃	34.13	26.92	33.29	26.12	32.85	26.52	32.37	25.59
宁夏	43.59	37.00	41.69	35.74	42.82	36.37	44.01	37.70
内蒙古	84.13	61.03	82.62	59.18	83.81	60.11	82.99	61.52
山西	35.84	10.46	35.79	10.43	34.99	10.45	35.43	10.15
陕西	52.69	21.78	52.05	21.11	51.66	21.45	54.23	22.83
河南	57.49	29.42	63.82	36.01	61.84	32.72	60.67	33.18
山东	78.34	63.41	93.67	80.32	82.57	71.87	88.81	75.03
总计	401.08	261.52	418.15	280.85	405.64	271.22	413.47	277.69

表 13-4 黄河流域一、二、三产业万元 GDP 用水定额变化 (单位:m^3/万元)

年份	1997	1998	1999	2000	2001	2002	2003
第一产业 GDP 耗水	2 259.41	1 998.67	2 111.67	1 969.2	1 894.77	1 827.89	1 511.74
第二产业 GDP 耗水	142.81	134.73	127.66	102.05	97.33	92.39	87.87
第三产业 GDP 耗水	12.36	11.24	10.49	9.14	8.75	8.37	8.34
平均 GDP 耗水	560.17	492.03	480.66	417.54	385.42	370	309.66

表 13-5 黄河流域城市和农村生活用水定额统计 (单位:m^3/(人·月))

年份	1997	1998	1999	2000	2001	2002	2003
城市生活	2.54	2.51	2.51	2.48	2.48	2.47	2.47
农村生活	1.66	1.65	1.65	1.62	1.62	1.62	1.62

从 1997 ~2003 年流域的用水效率来看,统一调度由于限制了各省(区)的用水总量,

对于各省(区)的用水效率提高起到了比较大的促进作用。从用水效率的变化趋势还可以看出(见图 13-1),1999 年以前耗用水农业定额变化不大,而在 2000 年以后,各种生产用水的定额出现了非常明显的下降趋势,反映了统一调度对流域用水效率提高作用具有滞后性特点,水量调度对用水效率提高的促进作用实际上是从统一调度后的第二年即 2000 年开始体现的。

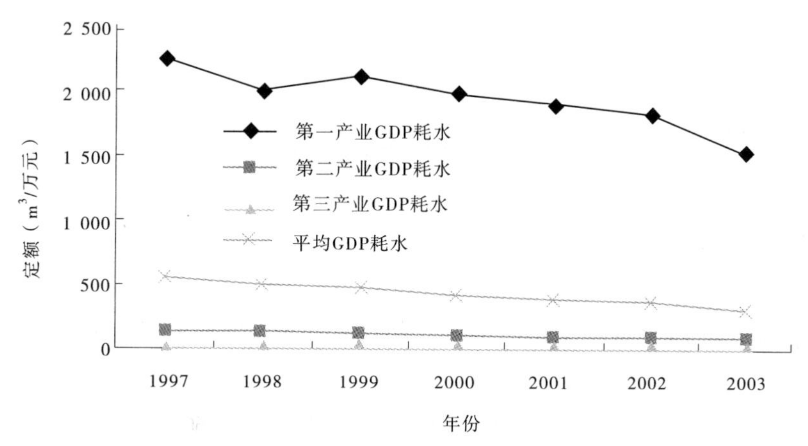

图 13-1 黄河流域第一、二、三产业用水定额变化图

三、水量调度对 GDP 的影响量分析

目前,国内外对水量统一调度对国民经济影响的评估尚没有现成的评价技术和成熟的评价方法。为分析水量统一调度对国民经济的影响,中国水利科学研究院和清华大学进行了相关数据的调查,运用整体模型进行了研究分析。研究的方法为有、无水量统一调度情景对比分析法。

基本思路:第一是进行整体模型研究,从流域经济发展和水资源利用关系的角度,定量分析了水量统一调度对流域经济发展的全方位影响,包括对经济发展总量的影响、对各产业的影响、对粮食生产的影响、对水力发电的影响、对流域外调水量的影响以及对整个流域用水效率和耗水量的影响等;第二是利用调查数据对模型进行了参数率定和校核,并分析水量统一调度对国民经济发展和水资源的供用耗排等影响的边界条件;第三是利用整体模型模拟"无统一调度"情景,重现黄河水量在"无统一调度"下经济社会发展与水资源利用情景;第四是进行"有统一调度"和"无统一调度"两种情景下主要统计指标的对比分析,进而对水量统一调度实施效果进行宏观经济评价。

经过模型逐年重现模拟计算,分析成果是:1999 ~ 2003 年统一调度使黄河流域及相关地区累计增加国内生产总值(GDP)1 544 亿元,年均 309 亿元。

附　件

附件1：

中华人民共和国水法

（2002年10月1日起施行）

（2002年8月29日第九届全国人民代表大会常务委员会第二十九次会议通过）

第一章　总　则

第一条　为了合理开发、利用、节约和保护水资源，防治水害，实现水资源的可持续利用，适应国民经济和社会发展的需要，制定本法。

第二条　在中华人民共和国领域内开发、利用、节约、保护、管理水资源，防治水害，适用本法。

本法所称水资源，包括地表水和地下水。

第三条　水资源属于国家所有。水资源的所有权由国务院代表国家行使。农村集体经济组织的水塘和由农村集体经济组织修建管理的水库中的水，归各该农村集体经济组织使用。

第四条　开发、利用、节约、保护水资源和防治水害，应当全面规划、统筹兼顾、标本兼治、综合利用、讲求效益，发挥水资源的多种功能，协调好生活、生产经营和生态环境用水。

第五条　县级以上人民政府应当加强水利基础设施建设，并将其纳入本级国民经济和社会发展计划。

第六条　国家鼓励单位和个人依法开发、利用水资源，并保护其合法权益。开发、利用水资源的单位和个人有依法保护水资源的义务。

第七条　国家对水资源依法实行取水许可制度和有偿使用制度。但是，农村集体经济组织及其成员使用本集体经济组织的水塘、水库中的水的除外。国务院水行政主管部门负责全国取水许可制度和水资源有偿使用制度的组织实施。

第八条　国家厉行节约用水，大力推行节约用水措施，推广节约用水新技术、新工艺，发展节水型工业、农业和服务业，建立节水型社会。

各级人民政府应当采取措施，加强对节约用水的管理，建立节约用水技术开发推广体系，培育和发展节约用水产业。

单位和个人有节约用水的义务。

第九条 国家保护水资源,采取有效措施,保护植被,植树种草,涵养水源,防治水土流失和水体污染,改善生态环境。

第十条 国家鼓励和支持开发、利用、节约、保护、管理水资源和防治水害的先进科学技术的研究、推广和应用。

第十一条 在开发、利用、节约、保护、管理水资源和防治水害等方面成绩显著的单位和个人,由人民政府给予奖励。

第十二条 国家对水资源实行流域管理与行政区域管理相结合的管理体制。

国务院水行政主管部门负责全国水资源的统一管理和监督工作。

国务院水行政主管部门在国家确定的重要江河、湖泊设立的流域管理机构(以下简称流域管理机构),在所管辖的范围内行使法律、行政法规规定的和国务院水行政主管部门授予的水资源管理和监督职责。

县级以上地方人民政府水行政主管部门按照规定的权限,负责本行政区域内水资源的统一管理和监督工作。

第十三条 国务院有关部门按照职责分工,负责水资源开发、利用、节约和保护的有关工作。

县级以上地方人民政府有关部门按照职责分工,负责本行政区域内水资源开发、利用、节约和保护的有关工作。

第二章 水资源规划

第十四条 国家制定全国水资源战略规划。

开发、利用、节约、保护水资源和防治水害,应当按照流域、区域统一制定规划。规划分为流域规划和区域规划。流域规划包括流域综合规划和流域专业规划;区域规划包括区域综合规划和区域专业规划。

前款所称综合规划,是指根据经济社会发展需要和水资源开发利用现状编制的开发、利用、节约、保护水资源和防治水害的总体部署。前款所称专业规划,是指防洪、治涝、灌溉、航运、供水、水力发电、竹木流放、渔业、水资源保护、水土保持、防沙治沙、节约用水等规划。

第十五条 流域范围内的区域规划应当服从流域规划,专业规划应当服从综合规划。

流域综合规划和区域综合规划以及与土地利用关系密切的专业规划,应当与国民经济和社会发展规划以及土地利用总体规划、城市总体规划和环境保护规划相协调,兼顾各地区、各行业的需要。

第十六条 制定规划,必须进行水资源综合科学考察和调查评价。水资源综合科学考察和调查评价,由县级以上人民政府水行政主管部门会同同级有关部门组织进行。

县级以上人民政府应当加强水文、水资源信息系统建设。县级以上人民政府水行政主管部门和流域管理机构应当加强对水资源的动态监测。

基本水文资料应当按照国家有关规定予以公开。

第十七条 国家确定的重要江河、湖泊的流域综合规划,由国务院水行政主管部门会同国务院有关部门和有关省、自治区、直辖市人民政府编制,报国务院批准。跨省、自治区、直辖市的其他江河、湖泊的流域综合规划和区域综合规划,由有关流域管理机构会同江河、湖泊所在地的省、自治区、直辖市人民政府水行政主管部门和有关部门编制,分别经有关省、自治区、直辖市人民政府审查提出意见后,报国务院水行政主管部门审核;国务院水行政主管部门征求国务院有关部门意见后,报国务院或者其授权的部门批准。

前款规定以外的其他江河、湖泊的流域综合规划和区域综合规划,由县级以上地方人民政府水行政主管部门会同同级有关部门和有关地方人民政府编制,报本级人民政府或者其授权的部门批准,并报上一级水行政主管部门备案。

专业规划由县级以上人民政府有关部门编制,征求同级其他有关部门意见后,报本级人民政府批准。其中,防洪规划、水土保持规划的编制、批准,依照防洪法、水土保持法的有关规定执行。

第十八条 规划一经批准,必须严格执行。

经批准的规划需要修改时,必须按照规划编制程序经原批准机关批准。

第十九条 建设水工程,必须符合流域综合规划。在国家确定的重要江河、湖泊和跨省、自治区、直辖市的江河、湖泊上建设水工程,其工程可行性研究报告报请批准前,有关流域管理机构应当对水工程的建设是否符合流域综合规划进行审查并签署意见;在其他江河、湖泊上建设水工程,其工程可行性研究报告报请批准前,县级以上地方人民政府水行政主管部门应当按照管理权限对水工程的建设是否符合流域综合规划进行审查并签署意见。水工程建设涉及防洪的,依照防洪法的有关规定执行;涉及其他地区和行业的,建设单位应当事先征求有关地区和部门的意见。

第三章 水资源开发利用

第二十条 开发、利用水资源,应当坚持兴利与除害相结合,兼顾上下游、左右岸和有关地区之间的利益,充分发挥水资源的综合效益,并服从防洪的总体安排。

第二十一条 开发、利用水资源,应当首先满足城乡居民生活用水,并兼顾农业、工业、生态环境用水以及航运等需要。

在干旱和半干旱地区开发、利用水资源,应当充分考虑生态环境用水需要。

第二十二条 跨流域调水,应当进行全面规划和科学论证,统筹兼顾调出和调入流域的用水需要,防止对生态环境造成破坏。

第二十三条 地方各级人民政府应当结合本地区水资源的实际情况,按照地表水与地下水统一调度开发、开源与节流相结合、节流优先和污水处理再利用的原则,合理组织开发、综合利用水资源。

国民经济和社会发展规划以及城市总体规划的编制、重大建设项目的布局,应当与当地水资源条件和防洪要求相适应,并进行科学论证;在水资源不足的地区,应当对城市规模和建设耗水量大的工业、农业和服务业项目加以限制。

第二十四条 在水资源短缺的地区,国家鼓励对雨水和微咸水的收集、开发、利用和对海水的利用、淡化。

第二十五条　地方各级人民政府应当加强对灌溉、排涝、水土保持工作的领导,促进农业生产发展;在容易发生盐碱化和渍害的地区,应当采取措施,控制和降低地下水的水位。

农村集体经济组织或者其成员依法在本集体经济组织所有的集体土地或者承包土地上投资兴建水工程设施的,按照谁投资建设谁管理和谁受益的原则,对水工程设施及其蓄水进行管理和合理使用。

农村集体经济组织修建水库应当经县级以上地方人民政府水行政主管部门批准。

第二十六条　国家鼓励开发、利用水能资源。在水能丰富的河流,应当有计划地进行多目标梯级开发。

建设水力发电站,应当保护生态环境,兼顾防洪、供水、灌溉、航运、竹木流放和渔业等方面的需要。

第二十七条　国家鼓励开发、利用水运资源。在水生生物洄游通道、通航或者竹木流放的河流上修建永久性拦河闸坝,建设单位应当同时修建过鱼、过船、过木设施,或者经国务院授权的部门批准采取其他补救措施,并妥善安排施工和蓄水期间的水生生物保护、航运和竹木流放,所需费用由建设单位承担。

在不通航的河流或者人工水道上修建闸坝后可以通航的,闸坝建设单位应当同时修建过船设施或者预留过船设施位置。

第二十八条　任何单位和个人引水、截(蓄)水、排水,不得损害公共利益和他人的合法权益。

第二十九条　国家对水工程建设移民实行开发性移民的方针,按照前期补偿、补助与后期扶持相结合的原则,妥善安排移民的生产和生活,保护移民的合法权益。

移民安置应当与工程建设同步进行。建设单位应当根据安置地区的环境容量和可持续发展的原则,因地制宜,编制移民安置规划,经依法批准后,由有关地方人民政府组织实施。所需移民经费列入工程建设投资计划。

第四章　水资源、水域和水工程的保护

第三十条　县级以上人民政府水行政主管部门、流域管理机构以及其他有关部门在制定水资源开发、利用规划和调度水资源时,应当注意维持江河的合理流量和湖泊、水库以及地下水的合理水位,维护水体的自然净化能力。

第三十一条　从事水资源开发、利用、节约、保护和防治水害等水事活动,应当遵守经批准的规划;因违反规划造成江河和湖泊水域使用功能降低、地下水超采、地面沉降、水体污染的,应当承担治理责任。

开采矿藏或者建设地下工程,因疏干排水导致地下水水位下降、水源枯竭或者地面塌陷,采矿单位或者建设单位应当采取补救措施;对他人生活和生产造成损失的,依法给予补偿。

第三十二条　国务院水行政主管部门会同国务院环境保护行政主管部门、有关部门和有关省、自治区、直辖市人民政府,按照流域综合规划、水资源保护规划和经济社会发展

要求,拟定国家确定的重要江河、湖泊的水功能区划,报国务院批准。跨省、自治区、直辖市的其他江河、湖泊的水功能区划,由有关流域管理机构会同江河、湖泊所在地的省、自治区、直辖市人民政府水行政主管部门、环境保护行政主管部门和其他有关部门拟定,分别经有关省、自治区、直辖市人民政府审查提出意见后,由国务院水行政主管部门会同国务院环境保护行政主管部门审核,报国务院或者其授权的部门批准。

前款规定以外的其他江河、湖泊的水功能区划,由县级以上地方人民政府水行政主管部门会同同级人民政府环境保护行政主管部门和有关部门拟定,报同级人民政府或者其授权的部门批准,并报上一级水行政主管部门和环境保护行政主管部门备案。

县级以上人民政府水行政主管部门或者流域管理机构应当按照水功能区对水质的要求和水体的自然净化能力,核定该水域的纳污能力,向环境保护行政主管部门提出该水域的限制排污总量意见。

县级以上地方人民政府水行政主管部门和流域管理机构应当对水功能区的水质状况进行监测,发现重点污染物排放总量超过控制指标的,或者水功能区的水质未达到水域使用功能对水质的要求的,应当及时报告有关人民政府采取治理措施,并向环境保护行政主管部门通报。

第三十三条 国家建立饮用水水源保护区制度。省、自治区、直辖市人民政府应当划定饮用水水源保护区,并采取措施,防止水源枯竭和水体污染,保证城乡居民饮用水安全。

第三十四条 禁止在饮用水水源保护区内设置排污口。

在江河、湖泊新建、改建或者扩大排污口,应当经过有管辖权的水行政主管部门或者流域管理机构同意,由环境保护行政主管部门负责对该建设项目的环境影响报告书进行审批。

第三十五条 从事工程建设,占用农业灌溉水源、灌排工程设施,或者对原有灌溉用水、供水水源有不利影响的,建设单位应当采取相应的补救措施;造成损失的,依法给予补偿。

第三十六条 在地下水超采地区,县级以上地方人民政府应当采取措施,严格控制开采地下水。在地下水严重超采地区,经省、自治区、直辖市人民政府批准,可以划定地下水禁止开采或者限制开采区。在沿海地区开采地下水,应当经过科学论证,并采取措施,防止地面沉降和海水入侵。

第三十七条 禁止在江河、湖泊、水库、运河、渠道内弃置、堆放阻碍行洪的物体和种植阻碍行洪的林木及高秆作物。

禁止在河道管理范围内建设妨碍行洪的建筑物、构筑物以及从事影响河势稳定、危害河岸堤防安全和其他妨碍河道行洪的活动。

第三十八条 在河道管理范围内建设桥梁、码头和其他拦河、跨河、临河建筑物、构筑物,铺设跨河管道、电缆,应当符合国家规定的防洪标准和其他有关的技术要求,工程建设方案应当依照防洪法的有关规定报经有关水行政主管部门审查同意。

因建设前款工程设施,需要扩建、改建、拆除或者损坏原有水工程设施的,建设单位应当负担扩建、改建的费用和损失补偿。但是,原有工程设施属于违法工程的除外。

第三十九条 国家实行河道采砂许可制度。河道采砂许可制度实施办法,由国务院规定。

在河道管理范围内采砂,影响河势稳定或者危及堤防安全的,有关县级以上人民政府水行政主管部门应当划定禁采区和规定禁采期,并予以公告。

第四十条　禁止围湖造地。已经围垦的,应当按照国家规定的防洪标准有计划地退地还湖。

禁止围垦河道。确需围垦的,应当经过科学论证,经省、自治区、直辖市人民政府水行政主管部门或者国务院水行政主管部门同意后,报本级人民政府批准。

第四十一条　单位和个人有保护水工程的义务,不得侵占、毁坏堤防、护岸、防汛、水文监测、水文地质监测等工程设施。

第四十二条　县级以上地方人民政府应当采取措施,保障本行政区域内水工程,特别是水坝和堤防的安全,限期消除险情。水行政主管部门应当加强对水工程安全的监督管理。

第四十三条　国家对水工程实施保护。国家所有的水工程应当按照国务院的规定划定工程管理和保护范围。

国务院水行政主管部门或者流域管理机构管理的水工程,由主管部门或者流域管理机构商有关省、自治区、直辖市人民政府划定工程管理和保护范围。

前款规定以外的其他水工程,应当按照省、自治区、直辖市人民政府的规定,划定工程保护范围和保护职责。

在水工程保护范围内,禁止从事影响水工程运行和危害水工程安全的爆破、打井、采石、取土等活动。

第五章　水资源配置和节约使用

第四十四条　国务院发展计划主管部门和国务院水行政主管部门负责全国水资源的宏观调配。全国的和跨省、自治区、直辖市的水中长期供求规划,由国务院水行政主管部门会同有关部门制订,经国务院发展计划主管部门审查批准后执行。地方的水中长期供求规划,由县级以上地方人民政府水行政主管部门会同同级有关部门依据上一级水中长期供求规划和本地区的实际情况制订,经本级人民政府发展计划主管部门审查批准后执行。

水中长期供求规划应当依据水的供求现状、国民经济和社会发展规划、流域规划、区域规划,按照水资源供需协调、综合平衡、保护生态、厉行节约、合理开源的原则制定。

第四十五条　调蓄径流和分配水量,应当依据流域规划和水中长期供求规划,以流域为单元制订水量分配方案。

跨省、自治区、直辖市的水量分配方案和旱情紧急情况下的水量调度预案,由流域管理机构商有关省、自治区、直辖市人民政府制订,报国务院或者其授权的部门批准后执行。其他跨行政区域的水量分配方案和旱情紧急情况下的水量调度预案,由共同的上一级人民政府水行政主管部门商有关地方人民政府制订,报本级人民政府批准后执行。

水量分配方案和旱情紧急情况下的水量调度预案经批准后,有关地方人民政府必须执行。

在不同行政区域之间的边界河流上建设水资源开发、利用项目,应当符合该流域经批准的水量分配方案,由有关县级以上地方人民政府报共同的上一级人民政府水行政主管部门或者有关流域管理机构批准。

第四十六条　县级以上地方人民政府水行政主管部门或者流域管理机构应当根据批准的水量分配方案和年度预测来水量，制订年度水量分配方案和调度计划，实施水量统一调度；有关地方人民政府必须服从。

国家确定的重要江河、湖泊的年度水量分配方案，应当纳入国家的国民经济和社会发展年度计划。

第四十七条　国家对用水实行总量控制和定额管理相结合的制度。

省、自治区、直辖市人民政府有关行业主管部门应当制订本行政区域内行业用水定额，报同级水行政主管部门和质量监督检验行政主管部门审核同意后，由省、自治区、直辖市人民政府公布，并报国务院水行政主管部门和国务院质量监督检验行政主管部门备案。

县级以上地方人民政府发展计划主管部门会同同级水行政主管部门，根据用水定额、经济技术条件以及水量分配方案确定的可供本行政区域使用的水量，制订年度用水计划，对本行政区域内的年度用水实行总量控制。

第四十八条　直接从江河、湖泊或者地下取用水资源的单位和个人，应当按照国家取水许可制度和水资源有偿使用制度的规定，向水行政主管部门或者流域管理机构申请领取取水许可证，并缴纳水资源费，取得取水权。但是，家庭生活和零星散养、圈养畜禽饮用等少量取水的除外。

实施取水许可制度和征收管理水资源费的具体办法，由国务院规定。

第四十九条　用水应当计量，并按照批准的用水计划用水。

用水实行计量收费和超定额累进加价制度。

第五十条　各级人民政府应当推行节水灌溉方式和节水技术，对农业蓄水、输水工程采取必要的防渗漏措施，提高农业用水效率。

第五十一条　工业用水应当采用先进技术、工艺和设备，增加循环用水次数，提高水的重复利用率。

国家逐步淘汰落后的、耗水量高的工艺、设备和产品，具体名录由国务院经济综合主管部门会同国务院水行政主管部门和有关部门制定并公布。生产者、销售者或者生产经营中的使用者应当在规定的时间内停止生产、销售或者使用列入名录的工艺、设备和产品。

第五十二条　城市人民政府应当因地制宜采取有效措施，推广节水型生活用水器具，降低城市供水管网漏失率，提高生活用水效率；加强城市污水集中处理，鼓励使用再生水，提高污水再生利用率。

第五十三条　新建、扩建、改建建设项目，应当制订节水措施方案，配套建设节水设施。节水设施应当与主体工程同时设计、同时施工、同时投产。

供水企业和自建供水设施的单位应当加强供水设施的维护管理，减少水的漏失。

第五十四条　各级人民政府应当积极采取措施，改善城乡居民的饮用水条件。

第五十五条　使用水工程供应的水，应当按照国家规定向供水单位缴纳水费。供水价格应当按照补偿成本、合理收益、优质优价、公平负担的原则确定。具体办法由省级以上人民政府价格主管部门会同同级水行政主管部门或者其他供水行政主管部门依据职权制定。

第六章 水事纠纷处理与执法监督检查

第五十六条 不同行政区域之间发生水事纠纷的，应当协商处理；协商不成的，由上一级人民政府裁决，有关各方必须遵照执行。在水事纠纷解决前，未经各方达成协议或者共同的上一级人民政府批准，在行政区域交界线两侧一定范围内，任何一方不得修建排水、阻水、取水和截（蓄）水工程，不得单方面改变水的现状。

第五十七条 单位之间、个人之间、单位与个人之间发生的水事纠纷，应当协商解决；当事人不愿协商或者协商不成的，可以申请县级以上地方人民政府或者其授权的部门调解，也可以直接向人民法院提起民事诉讼。县级以上地方人民政府或者其授权的部门调解不成的，当事人可以向人民法院提起民事诉讼。

在水事纠纷解决前，当事人不得单方面改变现状。

第五十八条 县级以上人民政府或者其授权的部门在处理水事纠纷时，有权采取临时处置措施，有关各方或者当事人必须服从。

第五十九条 县级以上人民政府水行政主管部门和流域管理机构应当对违反本法的行为加强监督检查并依法进行查处。

水政监督检查人员应当忠于职守，秉公执法。

第六十条 县级以上人民政府水行政主管部门、流域管理机构及其水政监督检查人员履行本法规定的监督检查职责时，有权采取下列措施：

（一）要求被检查单位提供有关文件、证照、资料；

（二）要求被检查单位就执行本法的有关问题做出说明；

（三）进入被检查单位的生产场所进行调查；

（四）责令被检查单位停止违反本法的行为，履行法定义务。

第六十一条 有关单位或者个人对水政监督检查人员的监督检查工作应当给予配合，不得拒绝或者阻碍水政监督检查人员依法执行职务。

第六十二条 水政监督检查人员在履行监督检查职责时，应当向被检查单位或者个人出示执法证件。

第六十三条 县级以上人民政府或者上级水行政主管部门发现本级或者下级水行政主管部门在监督检查工作中有违法或者失职行为的，应当责令其限期改正。

第七章 法律责任

第六十四条 水行政主管部门或者其他有关部门以及水工程管理单位及其工作人员，利用职务上的便利收取他人财物、其他好处或者玩忽职守，对不符合法定条件的单位或者个人核发许可证、签署审查同意意见，不按照水量分配方案分配水量，不按照国家有关规定收取水资源费，不履行监督职责，或者发现违法行为不予查处，造成严重后果，构成犯罪的，对负有责任的主管人员和其他直接责任人员依照刑法的有关规定追究刑事责任；尚不够刑事处罚的，依法给予行政处分。

第六十五条 在河道管理范围内建设妨碍行洪的建筑物、构筑物,或者从事影响河势稳定、危害河岸堤防安全和其他妨碍河道行洪的活动的,由县级以上人民政府水行政主管部门或者流域管理机构依据职权,责令停止违法行为,限期拆除违法建筑物、构筑物,恢复原状;逾期不拆除、不恢复原状的,强行拆除,所需费用由违法单位或者个人负担,并处一万元以上十万元以下的罚款。

未经水行政主管部门或者流域管理机构同意,擅自修建水工程,或者建设桥梁、码头和其他拦河、跨河、临河建筑物、构筑物,铺设跨河管道、电缆,且防洪法未作规定的,由县级以上人民政府水行政主管部门或者流域管理机构依据职权,责令停止违法行为,限期补办有关手续;逾期不补办或者补办未被批准的,责令限期拆除违法建筑物、构筑物;逾期不拆除的,强行拆除,所需费用由违法单位或者个人负担,并处一万元以上十万元以下的罚款。

虽经水行政主管部门或者流域管理机构同意,但未按照要求修建前款所列工程设施的,由县级以上人民政府水行政主管部门或者流域管理机构依据职权,责令限期改正,按照情节轻重,处一万元以上十万元以下的罚款。

第六十六条 有下列行为之一,且防洪法未作规定的,由县级以上人民政府水行政主管部门或者流域管理机构依据职权,责令停止违法行为,限期清除障碍或者采取其他补救措施,处一万元以上五万元以下的罚款:

(一)在江河、湖泊、水库、运河、渠道内弃置、堆放阻碍行洪的物体和种植阻碍行洪的林木及高秆作物的;

(二)围湖造地或者未经批准围垦河道的。

第六十七条 在饮用水水源保护区内设置排污口的,由县级以上地方人民政府责令限期拆除、恢复原状;逾期不拆除、不恢复原状的,强行拆除、恢复原状,并处五万元以上十万元以下的罚款。

未经水行政主管部门或者流域管理机构审查同意,擅自在江河、湖泊新建、改建或者扩大排污口的,由县级以上人民政府水行政主管部门或者流域管理机构依据职权,责令停止违法行为,限期恢复原状,处五万元以上十万元以下的罚款。

第六十八条 生产、销售或者在生产经营中使用国家明令淘汰的落后的、耗水量高的工艺、设备和产品的,由县级以上地方人民政府经济综合主管部门责令停止生产、销售或者使用,处二万元以上十万元以下的罚款。

第六十九条 有下列行为之一的,由县级以上人民政府水行政主管部门或者流域管理机构依据职权,责令停止违法行为,限期采取补救措施,处二万元以上十万元以下的罚款;情节严重的,吊销其取水许可证:

(一)未经批准擅自取水的;

(二)未依照批准的取水许可规定条件取水的。

第七十条 拒不缴纳、拖延缴纳或者拖欠水资源费的,由县级以上人民政府水行政主管部门或者流域管理机构依据职权,责令限期缴纳;逾期不缴纳的,从滞纳之日起按日加收滞纳部分千分之二的滞纳金,并处应缴或者补缴水资源费一倍以上五倍以下的罚款。

第七十一条 建设项目的节水设施没有建成或者没有达到国家规定的要求,擅自投入使用的,由县级以上人民政府有关部门或者流域管理机构依据职权,责令停止使用,限期改正,处五万元以上十万元以下的罚款。

第七十二条　有下列行为之一,构成犯罪的,依照刑法的有关规定追究刑事责任;尚不够刑事处罚,且防洪法未作规定的,由县级以上地方人民政府水行政主管部门或者流域管理机构依据职权,责令停止违法行为,采取补救措施,处一万元以上五万元以下的罚款;违反治安管理处罚条例的,由公安机关依法给予治安管理处罚;给他人造成损失的,依法承担赔偿责任:

(一)侵占、毁坏水工程及堤防、护岸等有关设施,毁坏防汛、水文监测、水文地质监测设施的;

(二)在水工程保护范围内,从事影响水工程运行和危害水工程安全的爆破、打井、采石、取土等活动的。

第七十三条　侵占、盗窃或者抢夺防汛物资,防洪排涝、农田水利、水文监测和测量以及其他水工程设备和器材,贪污或者挪用国家救灾、抢险、防汛、移民安置和补偿及其他水利建设款物,构成犯罪的,依照刑法的有关规定追究刑事责任。

第七十四条　在水事纠纷发生及其处理过程中煽动闹事、结伙斗殴、抢夺或者损坏公私财物、非法限制他人人身自由,构成犯罪的,依照刑法的有关规定追究刑事责任;尚不够刑事处罚的,由公安机关依法给予治安管理处罚。

第七十五条　不同行政区域之间发生水事纠纷,有下列行为之一的,对负有责任的主管人员和其他直接责任人员依法给予行政处分:

(一)拒不执行水量分配方案和水量调度预案的;

(二)拒不服从水量统一调度的;

(三)拒不执行上一级人民政府的裁决的;

(四)在水事纠纷解决前,未经各方达成协议或者上一级人民政府批准,单方面违反本法规定改变水的现状的。

第七十六条　引水、截(蓄)水、排水,损害公共利益或者他人合法权益的,依法承担民事责任。

第七十七条　对违反本法第三十九条有关河道采砂许可制度规定的行政处罚,由国务院规定。

第八章　附　则

第七十八条　中华人民共和国缔结或者参加的与国际或者国境边界河流、湖泊有关的国际条约、协定与中华人民共和国法律有不同规定的,适用国际条约、协定的规定。但是,中华人民共和国声明保留的条款除外。

第七十九条　本法所称水工程,是指在江河、湖泊和地下水源上开发、利用、控制、调配和保护水资源的各类工程。

第八十条　海水的开发、利用、保护和管理,依照有关法律的规定执行。

第八十一条　从事防洪活动,依照防洪法的规定执行。

水污染防治,依照水污染防治法的规定执行。

第八十二条　本法自 2002 年 10 月 1 日起施行。

附件2：

中华人民共和国水污染防治法

（1984年5月11日第六届全国人民代表大会常务委员会第五次会议通过
根据1996年5月15日第八届全国人民代表大会常务委员会第十九次会议
《关于修改〈中华人民共和国水污染防治法〉的决定》修正）

第一章　总　则

第一条　为防治水污染，保护和改善环境，以保障人体健康，保证水资源的有效利用，促进社会主义现代化建设的发展，特制定本办法。

第二条　本法适用于中华人民共和国领域内的江河、湖泊、运河、渠道、水库等地表水体以及地下水体的污染防治。

海洋污染防治另由法律规定，不适用本法。

第三条　国务院有关部门和地方各级人民政府，必须将水环境保护工作纳入计划，采取防治水污染的对策和措施。

第四条　各级人民政府的环境保护部门是对水污染防治实施统一监督管理的机关。

各级交通部门的航政机关是对船舶污染实施监督管理的机关。

各级人民政府的水利管理部门、卫生行政部门、地质矿产部门、市政管理部门、重要江河的水源保护机构，结合各自的职责，协同环境保护部门对水污染防治实施监督管理。

第五条　一切单位和个人都有责任保护水环境，并有权对污染损害水环境的行为进行监督和检举。

因水污染危害直接受到损失的单位和个人，有权要求致害者排除危害和赔偿损失。

第二章　水环境质量标准和污染物排放标准的制定

第六条　国务院环境保护部门制定国家水环境质量标准。

省、自治区、直辖市人民政府可以对国家水环境质量标准中未规定的项目，制定地方补充标准，并报国务院环境保护部门备案。

第七条　国务院环境保护部门根据国家水环境质量标准和国家经济、技术条件，制定国家污染物排放标准。

省、自治区、直辖市人民政府对国家水污染物排放标准中未作规定的项目，可以制定地方水污染物排放标准；对国家水污染物排放标准中已作规定的项目，可以制定严于国家水污染物排放标准的地方水污染物排放标准。地方水污染物排放标准须报国务院环境保护部门备案。

凡是向已有地方污染物排放标准的水体排放污染物的，应当执行地方污染物排放标准。

第八条　国务院环境保护部门和省、自治区、直辖市人民政府，应当根据水污染防治的要求和国家经济、技术条件，适时修订水环境质量标准和污染物排放标准。

第三章　水污染防治的监督管理

第九条　国务院有关部门和地方各级人民政府在开发、利用和调节、调度水资源的时候，应当统筹兼顾，维护江河的合理流量和湖泊、水库以及地下水体的合理水位，维护水体的自然净化能力。

第十条　防治水污染应当按流域或者按区域进行统一规划。

国家确定的重要江河的流域水污染防治规划，由国务院环境保护部门会同计划主管部门、水利管理部门等有关部门和有关省、自治区、直辖市人民政府编制，报国务院批准。

其他跨省、跨县江河的流域水污染防治规划，根据国家确定的重要江河的流域水污染防治规划和本地实际情况，由省级以上人民政府环境保护部门会同水利管理部门等有关部门和有关地方人民政府编制，报国务院或者省级人民政府批准。

跨县不跨省的其他江河的流域水污染防治规划由该省级人民政府报国务院备案。

经批准的水污染防治规划是防治水污染的基本依据，规划的修订须经原批准机关的批准。

县级以上地方人民政府，应当根据依法批准的江河流域水污染防治规划，组织制定本行政区域的水污染防治规划，并纳入本行政区域的国民经济和社会发展中长期和年度计划。

第十一条　国务院有关部门和地方各级人民政府应当合理规划工业布局，对造成水污染的企业进行整顿和技术改造，采取综合防治措施，提高水的重复利用率，合理利用资源，减少废水和污染物排放量。

第十二条　县级以上人民政府可以对风景名胜区水体、重要渔业水体和其他具有特殊经济文化价值的水体，划定保护区，并采取措施，保证保护区的水质符合规定用途的水质标准。

第十三条　新建、扩建、改建直接或者间接向水体排放污染物的建设项目和其他水上设施，必须遵守国家有关建设项目环境保护管理的规定。

建设项目的环境影响报告书，必须对建设项目可能产生的水污染和对生态环境的影响做出评价，规定防治的措施，按照规定的程序报经有关环境保护部门审查批准。在运河、渠道、水库等水利工程内设置排污口，应当经过有关水利工程管理部门同意。

建设项目中防治水污染的设施，必须与主体工程同时设计，同时施工，同时投产使用。防治水污染的设施必须经过环境保护部门检验，达不到规定要求的，该建设项目不准投入生产或者使用。

环境影响报告书中，应当有该建设项目所在地单位和居民的意见。

第十四条　直接或者间接向水体排放污染物的企业事业单位，应当按照国务院环境保护部门的规定，向所在地的环境保护部门申报登记拥有的污染物排放设施、处理设施和在正常作业条件下排放污染物的种类、数量和浓度，并提供防治水污染方面的有关技术资料。

前款规定的排污单位排放水污染物的种类、数量和浓度有重大改变的，应当及时申报；其水污染物处理设施必须保持正常使用，拆除或者闲置水污染物处理设施的，必须事先报经所在地的县级以上地方人民政府环境保护部门批准。

第十五条　企业事业单位向水体排放污染物的，按照国家规定缴纳排污费；超过国家或者地方规定的污染物排放标准的，按照国家规定缴纳超标准排污费。

排污费和超标准排污费必须用于污染的防治，不得挪作他用。

超标准排污的企业事业单位必须制定规划，进行治理，并将治理规划报所在地的县级以上地方人民政府环境保护部门备案。

第十六条　省级以上人民政府对实现水污染物达标排放仍不能达到国家规定的水环境质量标准的水体，可以实施重点污染物排放的总量控制制度，并对有排污量削减任务的企业实施该重点污染物排放量的核定制度。具体办法由国务院规定。

第十七条　国务院环境保护部门会同国务院水利管理部门和有关省级人民政府，可以根据国家确定的重要江河流域水体的使用功能以及有关地区的经济、技术条件，确定该重要江河流域的省界水体适用的水环境质量标准，报国务院批准后施行。

第十八条　国家确定的重要江河流域的水资源保护工作机构，负责监测其所在流域的省界水体的水环境质量状况，并将监测结果及时报国务院环境保护部门和国务院水利管理部门；有经国务院批准成立的流域水资源保护领导机构的，应当将监测结果及时报告流域水资源保护领导机构。

第十九条　城市污水应当进行集中处理。

国务院有关部门和地方各级人民政府必须把保护城市水源和防治城市水污染纳入城市建设规划，建设和完善城市排水管网，有计划地建设城市污水集中处理设施，加强城市水环境的综合整治。

城市污水集中处理设施按照国家规定向排污者提供污水处理的有偿服务，收取污水处理费用，以保证污水集中处理设施的正常运行。向城市污水集中处理设施排放污水、缴纳污水处理费用的，不再缴纳排污费。收取的污水处理费用必须用于城市污水集中处理设施的建设和运行，不得挪作他用。

城市污水集中处理设施的污水处理收费、管理以及使用的具体办法，由国务院规定。

第二十条　省级以上人民政府可以依法划定生活饮用水地表水源保护区。生活饮用水地表水源保护区分为一级保护区和其他等级保护区。在生活饮用水地表水源取水口附近可以划定一定的水域和陆域为一级保护区。在生活饮用水地表水源一级保护区外，可以划定一定的水域和陆域为其他等级保护区。各级保护区应当有明确的地理界线。

禁止向生活饮用水地表水源一级保护区的水体排放污水。禁止在生活饮用水地表水源一级保护区内从事旅游、游泳和其他可能污染生活饮用水水体的活动。

禁止在生活饮用水地表水源一级保护区内新建、扩建与供水设施和保护水源无关的建设项目。

在生活饮用水地表水源一级保护区内已设置的排污口，由县级以上人民政府按照国务院规定的权限责令限期拆除或者限期治理。对生活饮用水地下水源应当加强保护。

对生活饮用水水源保护的具体办法由国务院规定。

第二十一条　在生活饮用水源受到严重污染，威胁供水安全等紧急情况下，环境保护部门应当报经同级人民政府批准，采取强制性的应急措施，包括责令有关企业事业单位减少或者停止排放污染物。

第二十二条　企业应当采用原材料利用效率高、污染物排放量少的清洁生产工艺，并加强管理，减少水污染物的产生。

国家对严重污染水环境的落后生产工艺和严重污染水环境的落后设备实行淘汰制度。

国务院经济综合主管部门会同国务院有关部门公布限期禁止采用的严重污染水环境的工艺名录和限期禁止生产、禁止销售、禁止进口、禁止使用的严重污染水环境的设备名录。

生产者、销售者、进口者或者使用者必须在国务院经济综合主管部门会同国务院有关部门规定的期限内分别停止生产、销售、进口或者使用列入前款规定的名录中的设备。生产工艺的采用者必须在国务院经济综合主管部门会同国务院有关部门规定的期限内停止采用列入前款规定的名录中的工艺。

依照前两款规定被淘汰的设备，不得转让给他人使用。

第二十三条　国家禁止新建无水污染防治措施的小型化学制纸浆、印染、染料、制革、电镀、炼油、农药以及其他严重污染水环境的企业。

第二十四条　对造成水体严重污染的排污单位，限期治理。

中央或者省、自治区、直辖市人民政府直接管辖的企业事业单位的限期治理，由省、自治区、直辖市人民政府的环境保护部门提出意见，报同级人民政府决定。市、县或者市、县以下人民政府管辖的企业事业单位的限期治理，由市、县人民政府的环境保护部门提出意见，报同级人民政府决定。排污单位应当如期完成治理任务。

第二十五条　各级人民政府的环境保护部门和有关的监督管理部门，有权对管辖范围内的排污单位进行现场检查，被检查的单位必须如实反映情况，提供必要的资料。检查机关有责任为被检查的单位保守技术秘密和业务秘密。

第二十六条　跨行政区域的水污染纠纷，由有关地方人民政府协商解决，或者由其共同的上级人民政府协调解决。

第四章　防止地表水污染

第二十七条　在生活饮用水源地、风景名胜区水体、重要渔业水体和其他有特殊经济文化价值的水体的保护区内，不得新建排污口。在保护区附近新建排污口，必须保证保护区水体不受污染。

本法公布前已有的排污口，排放污染物超过国家或者地方标准的，应当治理；危害饮用水源的排污口，应当搬迁。

第二十八条　排污单位发生事故或者其他突然性事件，排放污染物超过正常排放量，造成或者可能造成水污染事故的，必须立即采取应急措施，通报可能受到水污染危害和损害的单位,并向当地环境保护部门报告。船舶造成污染事故的,应当向就近的航政机关报告,接受调查处理。

造成渔业污染事故的,应当接受渔政监督管理机构的调查处理。

第二十九条　禁止向水体排放油类、酸液、碱液或者剧毒废液。

第三十条　禁止在水体清洗装贮过油类或者有毒污染物的车辆和容器。

第三十一条　禁止将含有汞、镉、砷、铬、铅、氰化物、黄磷等的可溶性剧毒废渣向水体排放、倾倒或者直接埋入地下。

存放可溶性剧毒废渣的场所,必须采取防水、防渗漏、防流失的措施。

第三十二条　禁止向水体排放、倾倒工业废渣、城市垃圾和其他废弃物。

第三十三条　禁止在江河、湖泊、运河、渠道、水库最高水位线以下的滩地和岸坡堆放、存贮固体废弃物和其他污染物。

第三十四条　禁止向水体排放或者倾倒放射性固体废弃物或者含有高放射性和中放射性物质的废水。

向水体排放含低放射性物质的废水,必须符合国家有关放射防护的规定和标准。

第三十五条　向水体排放含热废水,应当采取措施,保证水体的水温符合水环境质量标准,防止热污染危害。

第三十六条　排放含病原体的污水,必须经过消毒处理;符合国家有关标准后,方准排放。

第三十七条　向农田灌溉渠道排放工业废水和城市污水,应当保证其下游最近的灌溉取水点的水质符合农田灌溉水质标准。

利用工业废水和城市污水进行灌溉,应当防止污染土壤、地下水和农产品。

第三十八条　使用农药,应当符合国家有关农药安全使用的规定和标准。运输、存贮农药和处置过期失效农药,必须加强管理,防止造成水污染。

第三十九条　县级以上地方人民政府的农业管理部门和其他有关部门,应当采取措施,指导农业生产者科学、合理地施用化肥和农药,控制化肥和农药的过量使用,防止造成水污染。

第四十条　船舶排放含油污水、生活污水,必须符合船舶污染物排放标准。从事海洋航运的船舶,进入内河和港口的,应当遵守内河的船舶污染物排放标准。

船舶的残油、废油必须回收,禁止排入水体。禁止向水体倾倒船舶垃圾。

船舶装载运输油类或者有毒货物,必须采取防止溢流和渗漏的措施,防止货物落水造成水污染。

第五章　防止地下水污染

第四十一条　禁止企业事业单位利用渗井、渗坑、裂隙和溶洞排放、倾倒含有毒污染物的废水、含病原体的污水和其他废弃物。

第四十二条　在无良好隔渗地层,禁止企业事业单位使用无防止渗漏措施的沟渠、坑塘等输送或者存贮含有毒污染物的废水、含病原体的污水和其他废弃物。

第四十三条 在开采多层地下水的时候,如果各含水层的水质差异大,应当分层开采;对已受污染的潜水和承压水,不得混合开采。

第四十四条 兴建地下工程设施或者进行地下勘探、采矿等活动,应当采取防护性措施,防止地下水污染。

第四十五条 人工回灌补给地下水,不得恶化地下水质。

第六章 法律责任

第四十六条 违反本法规定,有下列行为之一的,环境保护部门或者交通部门的航政机关可以根据不同情节,给予警告或者处以罚款:

(一)拒报或者谎报国务院环境保护部门规定的有关污染物排放申报登记事项的;

(二)拒绝环境保护部门或者有关的监督管理部门现场检查,或者弄虚作假的;

(三)违反本法第四章、第五章有关规定,贮存、堆放、弃置、倾倒、排放污染物、废弃物的;

(四)不按国家规定缴纳排污费或者超标准排污费的。罚款的办法和数额由本法实施细则规定。

第四十七条 违反本法第十三条第三款规定,建设项目的水污染防治设施没有建成或者没有达到国家规定的要求,即投入生产或者使用的,由批准该建设项目的环境影响报告书的环境保护部门责令停止生产或者使用,可以并处罚款。

第四十八条 违反本法第十四条第二款规定,排污单位故意不正常使用水污染物处理设施,或者未经环境保护部门批准,擅自拆除、闲置水污染物处理设施,排放污染物超过规定标准的,由县级以上地方人民政府环境保护部门责令恢复正常使用或者限期重新安装使用,并处罚款。

第四十九条 违反本法第二十条第四款规定,在生活饮用水地表水源一级保护区内新建、扩建与供水设施和保护水源无关的建设项目的,由县级以上人民政府按照国务院规定的权限责令停业或者关闭。

第五十条 违反本法第二十二条规定,生产、销售、进口或者使用禁止生产、销售、进口、使用的设备,或者采用禁止采用的工艺的,由县级以上人民政府经济综合主管部门责令改正;情节严重的,由县级以上人民政府经济综合主管部门提出意见,报请同级人民政府按照国务院规定的权限责令停业、关闭。

第五十一条 违反本法第二十三条规定,建设无水污染防治措施的小型企业,严重污染水环境的,由所在地的市、县人民政府或者上级人民政府责令关闭。

第五十二条 造成水体严重污染的企业事业单位,经限期治理,逾期未完成治理任务的,除按照国家规定征收两倍以上的超标准排污费外,可以根据所造成的危害和损失处以罚款,或者责令其停业或者关闭。

罚款由环境保护部门决定。责令企业事业单位停业或者关闭,由作出限期治理决定的地方人民政府决定;责令中央直接管辖的企业事业单位停业或者关闭的,须报经国务院批准。

第五十三条 违反本法规定,造成水污染事故的排污单位,由事故发生地的县级以上地方人民政府环境保护部门根据所造成的危害和损失处以罚款。

造成渔业污染事故或者船舶造成水污染事故的，分别由事故发生地的渔政监督管理机构或者交通部门的航政机关根据所造成的危害和损失处以罚款。

造成水污染事故，情节较重的，对有关责任人员，由其所在单位或者上级主管机关给予行政处分。

第五十四条 当事人对行政处罚决定不服的，可以在收到通知之日起十五天内，向人民法院起诉；期满不起诉又不履行的，由做出处罚决定的机关申请人民法院强制执行。

第五十五条 造成水污染危害的单位，有责任排除危害，并对直接受到损失的单位或者个人赔偿损失。

赔偿责任和赔偿金额的纠纷，可以根据当事人的请求，由环境保护部门或者交通部门的航政机关处理；当事人对处理决定不服的，可以向人民法院起诉。当事人也可以直接向人民法院起诉。

水污染损失由第三者故意或者过失所引起的，第三者应当承担责任。水污染损失由受害者自身的责任所引起的，排污单位不承担责任。

第五十六条 完全由于不可抗拒的自然灾害，并经及时采取合理措施，仍然不能避免造成水污染损失的，免予承担责任。

第五十七条 违反本法规定，造成重大水污染事故，导致公私财产重大损失或者人身伤亡的严重后果的，对有关责任人员可以比照刑法第一百一十五条或者第一百八十七条的规定，追究刑事责任。

第五十八条 环境保护监督管理人员和其他有关国家工作人员滥用职权、玩忽职守、徇私舞弊的，由其所在单位或者上级主管机关给予行政处分；构成犯罪的，依法追究刑事责任。

第七章 附 则

第五十九条 对个体工商户向水体排放污染物，污染严重的，由省、自治区、直辖市人民代表大会常务委员会参照本法规定的原则制定管理办法。

第六十条 本法中下列用语的含义是：

（一）“水污染”是指水体因某种物质的介入，而导致其化学、物理、生物或者放射性等方面特性的改变，从而影响水的有效利用，危害人体健康或者破坏生态环境，造成水质恶化的现象。

（二）“污染物”是指能导致水污染的物质。

（三）“有毒污染物”是指那些直接或者间接为生物摄入体内后，导致该生物或者其后代发病、行为反常、遗传异变、生理机能失常、机体变形或者死亡的污染物。

（四）“油类”是指任何类型的油及其炼制品。

（五）“渔业水体”是指划定的鱼虾类的产卵场、索饵场、越冬场、洄游通道和鱼虾贝藻类的养殖场。

第六十一条 国务院环境保护部门根据本法制定实施细则，报国务院批准后施行。

第六十二条 本法自1984年11月1日起施行。

附件3：

取水许可和水资源费征收管理条例

第一章　总　则

第一条　为加强水资源管理和保护，促进水资源的节约与合理开发利用，根据《中华人民共和国水法》，制定本条例。

第二条　本条例所称取水，是指利用取水工程或者设施直接从江河、湖泊或者地下取用水资源。

取用水资源的单位和个人，除本条例第四条规定的情形外，都应当申请领取取水许可证，并缴纳水资源费。

本条例所称取水工程或者设施，是指闸、坝、渠道、人工河道、虹吸管、水泵、水井以及水电站等。

第三条　县级以上人民政府水行政主管部门按照分级管理权限，负责取水许可制度的组织实施和监督管理。

国务院水行政主管部门在国家确定的重要江河、湖泊设立的流域管理机构（以下简称流域管理机构），依照本条例规定和国务院水行政主管部门授权，负责所管辖范围内取水许可制度的组织实施和监督管理。

县级以上人民政府水行政主管部门、财政部门和价格主管部门依照本条例规定和管理权限，负责水资源费的征收、管理和监督。

第四条　下列情形不需要申请领取取水许可证：

（一）农村集体经济组织及其成员使用本集体经济组织的水塘、水库中的水的；

（二）家庭生活和零星散养、圈养畜禽饮用等少量取水的；

（三）为保障矿井等地下工程施工安全和生产安全必须进行临时应急取（排）水的；

（四）为消除对公共安全或者公共利益的危害临时应急取水的；

（五）为农业抗旱和维护生态与环境必须临时应急取水的。

前款第（二）项规定的少量取水的限额，由省、自治区、直辖市人民政府规定；第（三）项、第（四）项规定的取水，应当及时报县级以上地方人民政府水行政主管部门或者流域管理机构备案；第（五）项规定的取水，应当经县级以上人民政府水行政主管部门或者流域管理机构同意。

第五条　取水许可应当首先满足城乡居民生活用水，并兼顾农业、工业、生态与环境用水以及航运等需要。

省、自治区、直辖市人民政府可以依照本条例规定的职责权限，在同一流域或者区域内，根据实际情况对前款各项用水规定具体的先后顺序。

第六条　实施取水许可必须符合水资源综合规划、流域综合规划、水中长期供求规划和水功能区划，遵守依照《中华人民共和国水法》规定批准的水量分配方案；尚未制定水量分配方案的,应当遵守有关地方人民政府间签订的协议。

第七条　实施取水许可应当坚持地表水与地下水统筹考虑,开源与节流相结合、节流优先的原则,实行总量控制与定额管理相结合。流域内批准取水的总耗水量不得超过本流域水资源可利用量。

行政区域内批准取水的总水量,不得超过流域管理机构或者上一级水行政主管部门下达的可供本行政区域取用的水量;其中,批准取用地下水的总水量,不得超过本行政区域地下水可开采量,并应当符合地下水开发利用规划的要求。制定地下水开发利用规划应当征求国土资源主管部门的意见。

第八条　取水许可和水资源费征收管理制度的实施应当遵循公开、公平、公正、高效和便民的原则。

第九条　任何单位和个人都有节约和保护水资源的义务。

对节约和保护水资源有突出贡献的单位和个人,由县级以上人民政府给予表彰和奖励。

第二章　取水的申请和受理

第十条　申请取水的单位或者个人(以下简称申请人),应当向具有审批权限的审批机关提出申请。申请利用多种水源,且各种水源的取水许可审批机关不同的,应当向其中最高一级审批机关提出申请。

取水许可权限属于流域管理机构的,应当向取水口所在地的省、自治区、直辖市人民政府水行政主管部门提出申请。省、自治区、直辖市人民政府水行政主管部门,应当自收到申请之日起20个工作日内提出意见,并连同全部申请材料转报流域管理机构;流域管理机构收到后,应当依照本条例第十三条的规定做出处理。

第十一条　申请取水应当提交下列材料:

(一)申请书;

(二)与第三者利害关系的相关说明;

(三)属于备案项目的,提供有关备案材料;

(四)国务院水行政主管部门规定的其他材料。

建设项目需要取水的,申请人还应当提交由具备建设项目水资源论证资质的单位编制的建设项目水资源论证报告书。论证报告书应当包括取水水源、用水合理性以及对生态与环境的影响等内容。

第十二条　申请书应当包括下列事项:

(一)申请人的名称(姓名)、地址;

(二)申请理由;

(三)取水的起始时间及期限;

(四)取水目的、取水量、年内各月的用水量等;

(五)水源及取水地点;

(六)取水方式、计量方式和节水措施;

（七）退水地点和退水中所含主要污染物以及污水处理措施；

（八）国务院水行政主管部门规定的其他事项。

第十三条　县级以上地方人民政府水行政主管部门或者流域管理机构，应当自收到取水申请之日起5个工作日内对申请材料进行审查，并根据下列不同情形分别做出处理：

（一）申请材料齐全、符合法定形式、属于本机关受理范围的，予以受理；

（二）提交的材料不完备或者申请书内容填注不明的，通知申请人补正；

（三）不属于本机关受理范围的，告知申请人向有受理权限的机关提出申请。

第三章　取水许可的审查和决定

第十四条　取水许可实行分级审批。

下列取水由流域管理机构审批：

（一）长江、黄河、淮河、海河、滦河、珠江、松花江、辽河、金沙江、汉江的干流和太湖以及其他跨省、自治区、直辖市河流、湖泊的指定河段限额以上的取水；

（二）国际跨界河流的指定河段和国际边界河流限额以上的取水；

（三）省际边界河流、湖泊限额以上的取水；

（四）跨省、自治区、直辖市行政区域的取水；

（五）由国务院或者国务院投资主管部门审批、核准的大型建设项目的取水；

（六）流域管理机构直接管理的河道（河段）、湖泊内的取水。

前款所称的指定河段和限额以及流域管理机构直接管理的河道（河段）、湖泊，由国务院水行政主管部门规定。

其他取水由县级以上地方人民政府水行政主管部门按照省、自治区、直辖市人民政府规定的审批权限审批。

第十五条　批准的水量分配方案或者签订的协议是确定流域与行政区域取水许可总量控制的依据。

跨省、自治区、直辖市的江河、湖泊，尚未制订水量分配方案或者尚未签订协议的，有关省、自治区、直辖市的取水许可总量控制指标，由流域管理机构根据流域水资源条件，依据水资源综合规划、流域综合规划和水中长期供求规划，结合各省、自治区、直辖市取水现状及供需情况，商有关省、自治区、直辖市人民政府水行政主管部门提出，报国务院水行政主管部门批准；设区的市、县（市）行政区域的取水许可总量控制指标，由省、自治区、直辖市人民政府水行政主管部门依据本省、自治区、直辖市取水许可总量控制指标，结合各地取水现状及供需情况制定，并报流域管理机构备案。

第十六条　按照行业用水定额核定的用水量是取水量审批的主要依据。

省、自治区、直辖市人民政府水行政主管部门和质量监督检验管理部门对本行政区域行业用水定额的制定负责指导并组织实施。

尚未制定本行政区域行业用水定额的，可以参照国务院有关行业主管部门制定的行业用水定额执行。

第十七条　审批机关受理取水申请后，应当对取水申请材料进行全面审查，并综合考虑取水可能对水资源的节约保护和经济社会发展带来的影响,决定是否批准取水申请。

第十八条　审批机关认为取水涉及社会公共利益需要听证的,应当向社会公告,并举行听证。

取水涉及申请人与他人之间重大利害关系的,审批机关在做出是否批准取水申请的决定前,应当告知申请人、利害关系人。申请人、利害关系人要求听证的,审批机关应当组织听证。

因取水申请引起争议或者诉讼的,审批机关应当书面通知申请人中止审批程序;争议解决或者诉讼终止后,恢复审批程序。

第十九条　审批机关应当自受理取水申请之日起45个工作日内决定批准或者不批准。决定批准的,应当同时签发取水申请批准文件。

对取用城市规划区地下水的取水申请,审批机关应当征求城市建设主管部门的意见,城市建设主管部门应当自收到征求意见材料之日起5个工作日内提出意见并转送取水审批机关。

本条第一款规定的审批期限,不包括举行听证和征求有关部门意见所需的时间。

第二十条　有下列情形之一的,审批机关不予批准,并在做出不批准的决定时,书面告知申请人不批准的理由和依据:

(一)在地下水禁采区取用地下水的;

(二)在取水许可总量已经达到取水许可控制总量的地区增加取水量的;

(三)可能对水功能区水域使用功能造成重大损害的;

(四)取水、退水布局不合理的;

(五)城市公共供水管网能够满足用水需要时,建设项目自备取水设施取用地下水的;

(六)可能对第三者或者社会公共利益产生重大损害的;

(七)属于备案项目,未报送备案的;

(八)法律、行政法规规定的其他情形。

审批的取水量不得超过取水工程或者设施设计的取水量。

第二十一条　取水申请经审批机关批准,申请人方可兴建取水工程或者设施。需由国家审批、核准的建设项目,未取得取水申请批准文件的,项目主管部门不得审批、核准该建设项目。

第二十二条　取水申请批准后3年内,取水工程或者设施未开工建设,或者需由国家审批、核准的建设项目未取得国家审批、核准的,取水申请批准文件自行失效。

建设项目中取水事项有较大变更的,建设单位应当重新进行建设项目水资源论证,并重新申请取水。

第二十三条　取水工程或者设施竣工后,申请人应当按照国务院水行政主管部门的规定,向取水审批机关报送取水工程或者设施试运行情况等相关材料;经验收合格的,由审批机关核发取水许可证。

直接利用已有的取水工程或者设施取水的,经审批机关审查合格,发给取水许可证。

审批机关应当将发放取水许可证的情况及时通知取水口所在地县级人民政府水行政

主管部门,并定期对取水许可证的发放情况予以公告。

第二十四条 取水许可证应当包括下列内容:

(一)取水单位或者个人的名称(姓名);

(二)取水期限;

(三)取水量和取水用途;

(四)水源类型;

(五)取水、退水地点及退水方式、退水量。

前款第(三)项规定的取水量是在江河、湖泊、地下水多年平均水量情况下允许的取水单位或者个人的最大取水量。

取水许可证由国务院水行政主管部门统一制作,审批机关核发取水许可证只能收取工本费。

第二十五条 取水许可证有效期限一般为5年,最长不超过10年。有效期届满,需要延续的,取水单位或者个人应当在有效期届满45日前向原审批机关提出申请,原审批机关应当在有效期届满前,做出是否延续的决定。

第二十六条 取水单位或者个人要求变更取水许可证载明的事项的,应当依照本条例的规定向原审批机关申请,经原审批机关批准,办理有关变更手续。

第二十七条 依法获得取水权的单位或者个人,通过调整产品和产业结构、改革工艺、节水等措施节约水资源的,在取水许可的有效期和取水限额内,经原审批机关批准,可以依法有偿转让其节约的水资源,并到原审批机关办理取水权变更手续。具体办法由国务院水行政主管部门制定。

第四章 水资源费的征收和使用管理

第二十八条 取水单位或者个人应当缴纳水资源费。

取水单位或者个人应当按照经批准的年度取水计划取水。超计划或者超定额取水的,对超计划或者超定额部分累进收取水资源费。

水资源费征收标准由省、自治区、直辖市人民政府价格主管部门会同同级财政部门、水行政主管部门制定,报本级人民政府批准,并报国务院价格主管部门、财政部门和水行政主管部门备案。其中,由流域管理机构审批取水的中央直属和跨省、自治区、直辖市水利工程的水资源费征收标准,由国务院价格主管部门会同国务院财政部门、水行政主管部门制定。

第二十九条 制定水资源费征收标准,应当遵循下列原则:

(一)促进水资源的合理开发、利用、节约和保护;

(二)与当地水资源条件和经济社会发展水平相适应;

(三)统筹地表水和地下水的合理开发利用,防止地下水过量开采;

(四)充分考虑不同产业和行业的差别。

第三十条 各级地方人民政府应当采取措施,提高农业用水效率,发展节水型农业。

农业生产取水的水资源费征收标准应当根据当地水资源条件、农村经济发展状况和促进农业节约用水需要制定。农业生产取水的水资源费征收标准应当低于其他用水的水资源费征收标准，粮食作物的水资源费征收标准应当低于经济作物的水资源费征收标准。农业生产取水的水资源费征收的步骤和范围由省、自治区、直辖市人民政府规定。

第三十一条　水资源费由取水审批机关负责征收；其中，流域管理机构审批的，水资源费由取水口所在地省、自治区、直辖市人民政府水行政主管部门代为征收。

第三十二条　水资源费缴纳数额根据取水口所在地水资源费征收标准和实际取水量确定。

水力发电用水和火力发电贯流式冷却用水可以根据取水口所在地水资源费征收标准和实际发电量确定缴纳数额。

第三十三条　取水审批机关确定水资源费缴纳数额后，应当向取水单位或者个人送达水资源费缴纳通知单，取水单位或者个人应当自收到缴纳通知单之日起7日内办理缴纳手续。

直接从江河、湖泊或者地下取用水资源从事农业生产的，对超过省、自治区、直辖市规定的农业生产用水限额部分的水资源，由取水单位或者个人根据取水口所在地水资源费征收标准和实际取水量缴纳水资源费；符合规定的农业生产用水限额的取水，不缴纳水资源费。取用供水工程的水从事农业生产的，由用水单位或者个人按照实际用水量向供水工程单位缴纳水费，由供水工程单位统一缴纳水资源费；水资源费计入供水成本。

为了公共利益需要，按照国家批准的跨行政区域水量分配方案实施的临时应急调水，由调入区域的取用水的单位或者个人，根据所在地水资源费征收标准和实际取水量缴纳水资源费。

第三十四条　取水单位或者个人因特殊困难不能按期缴纳水资源费的，可以自收到水资源费缴纳通知单之日起7日内向发出缴纳通知单的水行政主管部门申请缓缴；发出缴纳通知单的水行政主管部门应当自收到缓缴申请之日起5个工作日内作出书面决定并通知申请人；期满未作决定的，视为同意。水资源费的缓缴期限最长不得超过90日。

第三十五条　征收的水资源费应当按照国务院财政部门的规定分别解缴中央和地方国库。因筹集水利工程基金，国务院对水资源费的提取、解缴另有规定的，从其规定。

第三十六条　征收的水资源费应当全额纳入财政预算，由财政部门按照批准的部门财政预算统筹安排，主要用于水资源的节约、保护和管理，也可以用于水资源的合理开发。

第三十七条　任何单位和个人不得截留、侵占或者挪用水资源费。

审计机关应当加强对水资源费使用和管理的审计监督。

第五章　监督管理

第三十八条　县级以上人民政府水行政主管部门或者流域管理机构应当依照本条例规定，加强对取水许可制度实施的监督管理。

县级以上人民政府水行政主管部门、财政部门和价格主管部门应当加强对水资源费征收、使用情况的监督管理。

第三十九条　年度水量分配方案和年度取水计划是年度取水总量控制的依据，应当根据批准的水量分配方案或者签订的协议,结合实际用水状况、行业用水定额、下一年度预测来水量等制定。

国家确定的重要江河、湖泊的流域年度水量分配方案和年度取水计划,由流域管理机构会同有关省、自治区、直辖市人民政府水行政主管部门制定。

县级以上各地方行政区域的年度水量分配方案和年度取水计划,由县级以上地方人民政府水行政主管部门根据上一级地方人民政府水行政主管部门或者流域管理机构下达的年度水量分配方案和年度取水计划制订。

第四十条 取水审批机关依照本地区下一年度取水计划、取水单位或者个人提出的下一年度取水计划建议,按照统筹协调、综合平衡、留有余地的原则,向取水单位或者个人下达下一年度取水计划。

取水单位或者个人因特殊原因需要调整年度取水计划的,应当经原审批机关同意。

第四十一条 有下列情形之一的,审批机关可以对取水单位或者个人的年度取水量予以限制:

(一)因自然原因,水资源不能满足本地区正常供水的;

(二)取水、退水对水功能区水域使用功能、生态与环境造成严重影响的;

(三)地下水严重超采或者因地下水开采引起地面沉降等地质灾害的;

(四)出现需要限制取水量的其他特殊情况的。

发生重大旱情时,审批机关可以对取水单位或者个人的取水量予以紧急限制。

第四十二条 取水单位或者个人应当在每年的12月31日前向审批机关报送本年度的取水情况和下一年度取水计划建议。

审批机关应当按年度将取用地下水的情况抄送同级国土资源主管部门,将取用城市规划区地下水的情况抄送同级城市建设主管部门。

审批机关依照本条例第四十一条第一款的规定,需要对取水单位或者个人的年度取水量予以限制的,应当在采取限制措施前及时书面通知取水单位或者个人。

第四十三条 取水单位或者个人应当依照国家技术标准安装计量设施,保证计量设施正常运行,并按照规定填报取水统计报表。

第四十四条 连续停止取水满2年的,由原审批机关注销取水许可证。由于不可抗力或者进行重大技术改造等原因造成停止取水满2年的,经原审批机关同意,可以保留取水许可证。

第四十五条 县级以上人民政府水行政主管部门或者流域管理机构在进行监督检查时,有权采取下列措施:

(一)要求被检查单位或者个人提供有关文件、证照、资料;

(二)要求被检查单位或者个人就执行本条例的有关问题做出说明;

(三)进入被检查单位或者个人的生产场所进行调查;

(四)责令被检查单位或者个人停止违反本条例的行为,履行法定义务。

监督检查人员在进行监督检查时,应当出示合法有效的行政执法证件。有关单位和个人对监督检查工作应当给予配合,不得拒绝或者阻碍监督检查人员依法执行公务。

第四十六条 县级以上地方人民政府水行政主管部门应当按照国务院水行政主管部

门的规定,及时向上一级水行政主管部门或者所在流域的流域管理机构报送本行政区域上一年度取水许可证发放情况。

流域管理机构应当按照国务院水行政主管部门的规定,及时向国务院水行政主管部门报送其上一年度取水许可证发放情况,并同时抄送取水口所在地省、自治区、直辖市人民政府水行政主管部门。

上一级水行政主管部门或者流域管理机构发现越权审批、取水许可证核准的总取水量超过水量分配方案或者协议规定的数量、年度实际取水总量超过下达的年度水量分配方案和年度取水计划的,应当及时要求有关水行政主管部门或者流域管理机构纠正。

第六章　法律责任

第四十七条　县级以上地方人民政府水行政主管部门、流域管理机构或者其他有关部门及其工作人员,有下列行为之一的,由其上级行政机关或者监察机关责令改正;情节严重的,对直接负责的主管人员和其他直接责任人员依法给予行政处分;构成犯罪的,依法追究刑事责任:

(一)对符合法定条件的取水申请不予受理或者不在法定期限内批准的;

(二)对不符合法定条件的申请人签发取水申请批准文件或者发放取水许可证的;

(三)违反审批权限签发取水申请批准文件或者发放取水许可证的;

(四)对未取得取水申请批准文件的建设项目,擅自审批、核准的;

(五)不按照规定征收水资源费,或者对不符合缓缴条件而批准缓缴水资源费的;

(六)侵占、截留、挪用水资源费的;

(七)不履行监督职责,发现违法行为不予查处的;

(八)其他滥用职权、玩忽职守、徇私舞弊的行为。

前款第(六)项规定的被侵占、截留、挪用的水资源费,应当依法予以追缴。

第四十八条　未经批准擅自取水,或者未依照批准的取水许可规定条件取水的,依照《中华人民共和国水法》第六十九条规定处罚;给他人造成妨碍或者损失的,应当排除妨碍、赔偿损失。

第四十九条　未取得取水申请批准文件擅自建设取水工程或者设施的,责令停止违法行为,限期补办有关手续;逾期不补办或者补办未被批准的,责令限期拆除或者封闭其取水工程或者设施;逾期不拆除或者不封闭其取水工程或者设施的,由县级以上地方人民政府水行政主管部门或者流域管理机构组织拆除或者封闭,所需费用由违法行为人承担,可以处5万元以下罚款。

第五十条　申请人隐瞒有关情况或者提供虚假材料骗取取水申请批准文件或者取水许可证的,取水申请批准文件或者取水许可证无效,对申请人给予警告,责令其限期补缴应当缴纳的水资源费,处2万元以上10万元以下罚款;构成犯罪的,依法追究刑事责任。

第五十一条　拒不执行审批机关做出的取水量限制决定,或者未经批准擅自转让取水权的,责令停止违法行为,限期改正,处2万元以上10万元以下罚款;逾期拒不改正或者情节严重的,吊销取水许可证。

第五十二条　有下列行为之一的，责令停止违法行为，限期改正，处 5 000 元以上 2 万元以下罚款；情节严重的，吊销取水许可证：

（一）不按照规定报送年度取水情况的；

（二）拒绝接受监督检查或者弄虚作假的；

（三）退水水质达不到规定要求的。

第五十三条　未安装计量设施的，责令限期安装，并按照日最大取水能力计算的取水量和水资源费征收标准计征水资源费，处 5 000 元以上 2 万元以下罚款；情节严重的，吊销取水许可证。

计量设施不合格或者运行不正常的，责令限期更换或者修复；逾期不更换或者不修复的，按照日最大取水能力计算的取水量和水资源费征收标准计征水资源费，可以处 1 万元以下罚款；情节严重的，吊销取水许可证。

第五十四条　取水单位或者个人拒不缴纳、拖延缴纳或者拖欠水资源费的，依照《中华人民共和国水法》第七十条规定处罚。

第五十五条　对违反规定征收水资源费、取水许可证照费的，由价格主管部门依法予以行政处罚。

第五十六条　伪造、涂改、冒用取水申请批准文件、取水许可证的，责令改正，没收违法所得和非法财物，并处 2 万元以上 10 万元以下罚款；构成犯罪的，依法追究刑事责任。

第五十七条　本条例规定的行政处罚，由县级以上人民政府水行政主管部门或者流域管理机构按照规定的权限决定。

第七章　附　则

第五十八条　本条例自 2006 年 4 月 15 日起施行。1993 年 8 月 1 日国务院发布的《取水许可制度实施办法》同时废止。

附件4：

黄河水量调度条例

第一章　总　则

第一条　为加强黄河水量的统一调度，实现黄河水资源的可持续利用，促进黄河流域及相关地区经济社会发展和生态环境的改善，根据《中华人民共和国水法》，制定本条例。

第二条　黄河流域的青海省、四川省、甘肃省、宁夏回族自治区、内蒙古自治区、陕西省、山西省、河南省、山东省，以及国务院批准取用黄河水的河北省、天津市（以下称十一省区市）的黄河水量调度和管理，适用本条例。

第三条　国家对黄河水量实行统一调度，遵循总量控制、断面流量控制、分级管理、分级负责的原则。

实施黄河水量调度，应当首先满足城乡居民生活用水的需要，合理安排农业、工业、生态环境用水，防止黄河断流。

第四条　黄河水量调度计划、调度方案和调度指令的执行，实行地方人民政府行政首长负责制和黄河水利委员会及其所属管理机构以及水库主管部门或者单位主要领导负责制。

第五条　国务院水行政主管部门和国务院发展改革主管部门负责组织、协调、监督、指导黄河水量调度工作。

黄河水利委员会依照本条例的规定负责黄河水量调度的组织实施和监督检查工作。

有关县级以上地方人民政府水行政主管部门和黄河水利委员会所属管理机构，依照本条例的规定负责所辖范围内黄河水量调度的实施和监督检查工作。

第六条　在黄河水量调度工作中做出显著成绩的单位和个人，由有关县级以上人民政府或者有关部门给予奖励。

第二章　水量分配

第七条　黄河水量分配方案，由黄河水利委员会商十一省区市人民政府制订，经国务院发展改革主管部门和国务院水行政主管部门审查，报国务院批准。

国务院批准的黄河水量分配方案，是黄河水量调度的依据，有关地方人民政府和黄河水利委员会及其所属管理机构必须执行。

第八条　制订黄河水量分配方案，应当遵循下列原则：

（一）依据流域规划和水中长期供求规划；

（二）坚持计划用水、节约用水；

（三）充分考虑黄河流域水资源条件、取用水现状、供需情况及发展趋势，发挥黄河水资源的综合效益；

（四）统筹兼顾生活、生产、生态环境用水；

（五）正确处理上下游、左右岸的关系；

（六）科学确定河道输沙入海水量和可供水量。

前款所称可供水量，是指在黄河流域干、支流多年平均天然年径流量中，除必需的河道输沙入海水量外，可供城乡居民生活、农业、工业及河道外生态环境用水的最大水量。

第九条 黄河水量分配方案需要调整的，应当由黄河水利委员会商十一省区市人民政府提出方案，经国务院发展改革主管部门和国务院水行政主管部门审查，报国务院批准。

第三章 水量调度

第十条 黄河水量调度实行年度水量调度计划与月、旬水量调度方案和实时调度指令相结合的调度方式。

黄河水量调度年度为当年7月1日至次年6月30日。

第十一条 黄河干、支流的年度和月用水计划建议与水库运行计划建议，由十一省区市人民政府水行政主管部门和河南、山东黄河河务局以及水库管理单位，按照调度管理权限和规定的时间向黄河水利委员会申报。河南、山东黄河河务局申报黄河干流的用水计划建议时，应当商河南省、山东省人民政府水行政主管部门。

第十二条 年度水量调度计划由黄河水利委员会商十一省区市人民政府水行政主管部门和河南、山东黄河河务局以及水库管理单位制定，报国务院水行政主管部门批准并下达，同时抄送国务院发展改革主管部门。

经批准的年度水量调度计划，是确定月、旬水量调度方案和年度黄河干、支流用水量控制指标的依据。年度水量调度计划应当纳入本级国民经济和社会发展年度计划。

第十三条 年度水量调度计划，应当依据经批准的黄河水量分配方案和年度预测来水量、水库蓄水量，按照同比例丰增枯减、多年调节水库蓄丰补枯的原则，在综合平衡申报的年度用水计划建议和水库运行计划建议的基础上制订。

第十四条 黄河水利委员会应当根据经批准的年度水量调度计划和申报的月用水计划建议、水库运行计划建议，制订并下达月水量调度方案；用水高峰时，应当根据需要制订并下达旬水量调度方案。

第十五条 黄河水利委员会根据实时水情、雨情、旱情、墒情、水库蓄水量及用水情况，可以对已下达的月、旬水量调度方案做出调整，下达实时调度指令。

第十六条 青海省、四川省、甘肃省、宁夏回族自治区、内蒙古自治区、陕西省、山西省境内黄河干、支流的水量，分别由各省级人民政府水行政主管部门负责调度；河南省、山东省境内黄河干流的水量，分别由河南、山东黄河河务局负责调度，支流的水量，分别由河南省、山东省人民政府水行政主管部门负责调度；调入河北省、天津市的黄河水量，分别由河北省、天津市人民政府水行政主管部门负责调度。

市、县级人民政府水行政主管部门和黄河水利委员会所属管理机构，负责所辖范围内分配水量的调度。

实施黄河水量调度，必须遵守经批准的年度水量调度计划和下达的月、旬水量调度方案以及实时调度指令。

第十七条　龙羊峡、刘家峡、万家寨、三门峡、小浪底、西霞院、故县、东平湖等水库，由黄河水利委员会组织实施水量调度，下达月、旬水量调度方案及实时调度指令；必要时，黄河水利委员会可以对大峡、沙坡头、青铜峡、三盛公、陆浑等水库组织实施水量调度，下达实时调度指令。

水库主管部门或者单位具体负责实施所辖水库的水量调度，并按照水量调度指令做好发电计划的安排。

第十八条　黄河水量调度实行水文断面流量控制。黄河干流水文断面的流量控制指标，由黄河水利委员会规定；重要支流水文断面及其流量控制指标，由黄河水利委员会会同黄河流域有关省、自治区人民政府水行政主管部门规定。

青海省、甘肃省、宁夏回族自治区、内蒙古自治区、河南省、山东省人民政府，分别负责并确保循化、下河沿、石嘴山、头道拐、高村、利津水文断面的下泄流量符合规定的控制指标；陕西省和山西省人民政府共同负责并确保潼关水文断面的下泄流量符合规定的控制指标。

龙羊峡、刘家峡、万家寨、三门峡、小浪底水库的主管部门或者单位，分别负责并确保贵德、小川、万家寨、三门峡、小浪底水文断面的出库流量符合规定的控制指标。

第十九条　黄河干、支流省际或者重要控制断面和出库流量控制断面的下泄流量以国家设立的水文站监测数据为依据。对水文监测数据有争议的，以黄河水利委员会确认的水文监测数据为准。

第二十条　需要在年度水量调度计划外使用其他省、自治区、直辖市计划内水量分配指标的，应当向黄河水利委员会提出申请，由黄河水利委员会组织有关各方在协商一致的基础上提出方案，报国务院水行政主管部门批准后组织实施。

第四章　应急调度

第二十一条　出现严重干旱、省际或者重要控制断面流量降至预警流量、水库运行故障、重大水污染事故等情况，可能造成供水危机、黄河断流时，黄河水利委员会应当组织实施应急调度。

第二十二条　黄河水利委员会应当商十一省区市人民政府以及水库主管部门或者单位，制订旱情紧急情况下的水量调度预案，经国务院水行政主管部门审查，报国务院或者国务院授权的部门批准。

第二十三条　十一省区市人民政府水行政主管部门和河南、山东黄河河务局以及水库管理单位，应当根据经批准的旱情紧急情况下的水量调度预案，制订实施方案，并抄送黄河水利委员会。

第二十四条　出现旱情紧急情况时，经国务院水行政主管部门同意，由黄河水利委员会组织实施旱情紧急情况下的水量调度预案，并及时调整取水及水库出库流量控制指标；

必要时,可以对黄河流域有关省、自治区主要取水口实行直接调度。

县级以上地方人民政府、水库管理单位应当按照旱情紧急情况下的水量调度预案及其实施方案,合理安排用水计划,确保省际或者重要控制断面和出库流量控制断面的下泄流量符合规定的控制指标。

第二十五条　出现旱情紧急情况时,十一省区市人民政府水行政主管部门和河南、山东黄河河务局以及水库管理单位,应当每日向黄河水利委员会报送取(退)水及水库蓄(泄)水情况。

第二十六条　出现省际或者重要控制断面流量降至预警流量、水库运行故障以及重大水污染事故等情况时,黄河水利委员会及其所属管理机构、有关省级人民政府及其水行政主管部门和环境保护主管部门以及水库管理单位,应当根据需要,按照规定的权限和职责,及时采取压减取水量直至关闭取水口、实施水库应急泄流方案、加强水文监测、对排污企业实行限产或者停产等处置措施,有关部门和单位必须服从。

省际或者重要控制断面的预警流量,由黄河水利委员会确定。

第二十七条　实施应急调度,需要动用水库死库容的,由黄河水利委员会商有关水库主管部门或者单位,制订动用水库死库容的水量调度方案,经国务院水行政主管部门审查,报国务院或者国务院授权的部门批准实施。

第五章　监督管理

第二十八条　黄河水利委员会及其所属管理机构和县级以上地方人民政府水行政主管部门应当加强对所辖范围内水量调度执行情况的监督检查。

第二十九条　十一省区市人民政府水行政主管部门和河南、山东黄河河务局,应当按照国务院水行政主管部门规定的时间,向黄河水利委员会报送所辖范围内取(退)水量报表。

第三十条　黄河水量调度文书格式,由黄河水利委员会编制、公布,并报国务院水行政主管部门备案。

第三十一条　黄河水利委员会应当定期将黄河水量调度执行情况向十一省区市人民政府水行政主管部门以及水库主管部门或者单位通报,并及时向社会公告。

第三十二条　黄河水利委员会及其所属管理机构、县级以上地方人民政府水行政主管部门,应当在各自的职责范围内实施巡回监督检查,在用水高峰时对主要取(退)水口实施重点监督检查,在特殊情况下对有关河段、水库、主要取(退)水口进行驻守监督检查;发现重点污染物排放总量超过控制指标或者水体严重污染时,应当及时通报有关人民政府环境保护主管部门。

第三十三条　黄河水利委员会及其所属管理机构、县级以上地方人民政府水行政主管部门实施监督检查时,有权采取下列措施:

(一)要求被检查单位提供有关文件和资料,进行查阅或者复制;

(二)要求被检查单位就执行本条例的有关问题进行说明;

(三)进入被检查单位生产场所进行现场检查;

（四）对取（退）水量进行现场监测；

（五）责令被检查单位纠正违反本条例的行为。

第三十四条　监督检查人员在履行监督检查职责时，应当向被检查单位或者个人出示执法证件，被检查单位或者个人应当接受和配合监督检查工作，不得拒绝或者妨碍监督检查人员依法执行公务。

第六章　法律责任

第三十五条　违反本条例规定，有下列行为之一的，对负有责任的主管人员和其他直接责任人员，由其上级主管部门、单位或者监察机关依法给予处分：

（一）不制订年度水量调度计划的；

（二）不及时下达月、旬水量调度方案的；

（三）不制订旱情紧急情况下的水量调度预案及其实施方案和动用水库死库容水量调度方案的。

第三十六条　违反本条例规定，有下列行为之一的，对负有责任的主管人员和其他直接责任人员，由其上级主管部门、单位或者监察机关依法给予处分；造成严重后果，构成犯罪的，依法追究刑事责任：

（一）不执行年度水量调度计划和下达的月、旬水量调度方案以及实时调度指令的；

（二）不执行旱情紧急情况下的水量调度预案及其实施方案、水量调度应急处置措施和动用水库死库容水量调度方案的；

（三）不履行监督检查职责或者发现违法行为不予查处的；

（四）其他滥用职权、玩忽职守等违法行为。

第三十七条　省际或者重要控制断面下泄流量不符合规定的控制指标的，由黄河水利委员会予以通报，责令限期改正；逾期不改正的，按照控制断面下泄流量的缺水量，在下一调度时段加倍扣除；对控制断面下游水量调度产生严重影响或者造成其他严重后果的，本年度不再新增该省、自治区的取水工程项目。对负有责任的主管人员和其他直接责任人员，由其上级主管部门、单位或者监察机关依法给予处分。

第三十八条　水库出库流量控制断面的下泄流量不符合规定的控制指标，对控制断面下游水量调度产生严重影响的，对负有责任的主管人员和其他直接责任人员，由其上级主管部门、单位或者监察机关依法给予处分。

第三十九条　违反本条例规定，有关用水单位或者水库管理单位有下列行为之一的，由县级以上地方人民政府水行政主管部门或者黄河水利委员会及其所属管理机构按照管理权限，责令停止违法行为，给予警告，限期采取补救措施，并处 2 万元以上 10 万元以下罚款；对负有责任的主管人员和其他直接责任人员，由其上级主管部门、单位或者监察机关依法给予处分：

（一）虚假填报或者篡改上报的水文监测数据、取用水量数据或者水库运行情况等资料的；

（二）水库管理单位不执行水量调度方案和实时调度指令的；

(三)超计划取用水的。

第四十条 违反本条例规定,有下列行为之一的,由公安机关依法给予治安管理处罚;构成犯罪的,依法追究刑事责任:

(一)妨碍、阻挠监督检查人员或者取用水工程管理人员依法执行公务的;

(二)在水量调度中煽动群众闹事的。

第七章 附 则

第四十一条 黄河水量调度中,有关用水计划建议和水库运行计划建议申报时间,年度水量调度计划制订、下达时间,月、旬水量调度方案下达时间,取(退)水水量报表报送时间等,由国务院水行政主管部门规定。

第四十二条 在黄河水量调度中涉及水资源保护、防洪、防凌和水污染防治的,依照《中华人民共和国水法》、《中华人民共和国防洪法》和《中华人民共和国水污染防治法》的有关规定执行。

第四十三条 本条例自2006年8月1日起施行。

附件5：

取水许可管理办法

第一章 总 则

第一条 为加强取水许可管理，规范取水的申请、审批和监督管理，根据《中华人民共和国水法》和《取水许可和水资源费征收管理条例》（以下简称《取水条例》）等法律法规，制定本办法。

第二条 取用水资源的单位和个人以及从事取水许可管理活动的水行政主管部门和流域管理机构及其工作人员，应当遵守本办法。

第三条 水利部负责全国取水许可制度的组织实施和监督管理。

水利部所属流域管理机构（以下简称流域管理机构），依照法律法规和水利部规定的管理权限，负责所管辖范围内取水许可制度的组织实施和监督管理。

县级以上地方人民政府水行政主管部门按照省、自治区、直辖市人民政府规定的分级管理权限，负责本行政区域内取水许可制度的组织实施和监督管理。

第四条 流域内批准取水的总耗水量不得超过国家批准的本流域水资源可利用量。

行政区域内批准取水的总水量，不得超过流域管理机构或者上一级水行政主管部门下达的可供本行政区域取用的水量。

第二章 取水的申请和受理

第五条 实行政府审批制的建设项目，申请人应当在报送建设项目（预）可行性研究报告前，提出取水申请。

纳入政府核准项目目录的建设项目，申请人应当在报送项目申请报告前，提出取水申请。

纳入政府备案项目目录的建设项目以及其他不列入国家基本建设管理程序的建设项目，申请人应当在取水工程开工前，提出取水申请。

第六条 申请取水并需要设置入河排污口的，申请人在提出取水申请的同时，应当按照《入河排污口监督管理办法》的有关规定一并提出入河排污口设置申请。

第七条 直接取用其他取水单位或者个人的退水或者排水的，应当依法办理取水许可申请。

第八条 需要申请取水的建设项目，申请人应当委托具备相应资质的单位编制建设项目水资源论证报告书。其中，取水量较少且对周边环境影响较小的建设项目，申请人可不编制建设项目水资源论证报告书，但应当填写建设项目水资源论证表。

不需要编制建设项目水资源论证报告书的情形以及建设项目水资源论证表的格式及填报要求，由水利部规定。

第九条　县级以上人民政府水行政主管部门或者流域管理机构应当组织有关专家对建设项目水资源论证报告书进行审查，并提出书面审查意见，作为审批取水申请的技术依据。

第十条　《取水条例》第十一条第一款第四项所称的国务院水行政主管部门规定的其他材料包括：

（一）取水单位或者个人的法定身份证明文件；

（二）有利害关系第三者的承诺书或者其他文件；

（三）建设项目水资源论证报告书的审查意见；

（四）不需要编制建设项目水资源论证报告书的，应当提交建设项目水资源论证表；

（五）利用已批准的入河排污口退水的，应当出具具有管辖权的县级以上地方人民政府水行政主管部门或者流域管理机构的同意文件。

第十一条　申请人应当向具有审批权限的审批机关提出申请。申请利用多种水源，且各种水源的取水审批机关不同的，应当向其中最高一级审批机关提出申请。

申请在地下水限制开采区开采利用地下水的，应当向取水口所在地的省、自治区、直辖市人民政府水行政主管部门提出申请。

取水许可权限属于流域管理机构的，应当向取水口所在地的省、自治区、直辖市人民政府水行政主管部门提出申请；其中，取水口跨省、自治区、直辖市的，应当分别向相关省、自治区、直辖市人民政府水行政主管部门提出申请。

第十二条　取水许可权限属于流域管理机构的，接受申请材料的省、自治区、直辖市人民政府水行政主管部门应当自收到申请之日起20个工作日内提出初审意见，并连同全部申请材料转报流域管理机构。申请利用多种水源，且各种水源的取水审批机关为不同流域管理机构的，接受申请材料的省、自治区、直辖市人民政府水行政主管部门应当同时分别转报有关流域管理机构。

初审意见应当包括建议审批水量、取水和退水的水质指标要求，以及申请取水项目所在水系本行政区域已审批取水许可总量、水功能区水质状况等内容。

第十三条　县级以上地方人民政府水行政主管部门或者流域管理机构，应当按照《取水条例》第十三条的规定对申请材料进行审查，并做出处理决定。

第十四条　《取水条例》第四条规定的为保障矿井等地下工程施工安全和生产安全必须进行临时应急取（排）水的以及为消除对公共安全或者公共利益的危害临时应急取水的，取水单位或者个人应当在危险排除或者事后10日内，将取水情况报取水口所在地县级以上地方人民政府水行政主管部门或者流域管理机构备案。

第十五条　《取水条例》第四条规定的为农业抗旱和维护生态与环境必须临时应急取水的，取水单位或者个人应当在开始取水前向取水口所在地县级人民政府水行政主管提出申请，经其同意后方可取水；涉及到跨行政区域的，须经共同的上一级地方人民政府水行政主管部门或者流域管理机构同意后方可取水。

第三章　取水许可的审查和决定

第十六条　申请在地下水限制开采区开采利用地下水的，由取水口所在地的省、自治区、直辖市人民政府水行政主管部门负责审批；其中，由国务院或者国务院投资主管部门审批、核准的大型建设项目取用地下水限制开采区地下水的，由流域管理机构负责审批。

第十七条　取水审批机关审批的取水总量，不得超过本流域或者本行政区域的取水许可总量控制指标。

在审批的取水总量已经达到取水许可总量控制指标的流域和行政区域，不得再审批新增取水。

第十八条　取水审批机关应当根据本流域或者本行政区域的取水许可总量控制指标，按照统筹协调、综合平衡、留有余地的原则核定申请人的取水量。所核定的取水量不得超过按照行业用水定额核定的取水量。

第十九条　取水审批机关在审查取水申请过程中，需要征求取水口所在地有关地方人民政府水行政主管部门或者流域管理机构意见的，被征求意见的地方人民政府水行政主管部门或者流域管理机构应当自收到征求意见材料之日起10个工作日内提出书面意见并转送取水审批机关。

第二十条　《取水条例》第二十条第一款第三项、第四项规定的不予批准的情形包括：

（一）因取水造成水量减少可能使取水口所在水域达不到水功能区水质标准的；

（二）在饮用水水源保护区内设置入河排污口的；

（三）退水中所含主要污染物浓度超过国家或者地方规定的污染物排放标准的；

（四）退水可能使排入水域达不到水功能区水质标准的；

（五）退水不符合排入水域限制排污总量控制要求的；

（六）退水不符合地下水回补要求的。

第二十一条　取水审批机关决定批准取水申请的，应当签发取水申请批准文件。取水申请批准文件应当包括下列内容：

（一）水源地水量水质状况，取水用途，取水量及其对应的保证率；

（二）退水地点、退水量和退水水质要求；

（三）用水定额及有关节水要求；

（四）计量设施的要求；

（五）特殊情况下的取水限制措施；

（六）蓄水工程或者水力发电工程的水量调度和合理下泄流量的要求；

（七）申请核发取水许可证的事项；

（八）其他注意事项。

申请利用多种水源，且各种水源的取水审批机关为不同流域管理机构的，有关流域管理机构应当联合签发取水申请批准文件。

第二十二条　未取得取水许可申请批准文件的，申请人不得兴建取水工程或者设施；

需由国家审批、核准的建设项目，项目主管部门不得审批、核准该建设项目。

第四章　取水许可证的发放和公告

第二十三条　取水工程或者设施建成并试运行满30日的，申请人应当向取水审批机关报送以下材料，申请核发取水许可证：

（一）建设项目的批准或者核准文件；

（二）取水申请批准文件；

（三）取水工程或者设施的建设和试运行情况；

（四）取水计量设施的计量认证情况；

（五）节水设施的建设和试运行情况；

（六）污水处理措施落实情况；

（七）试运行期间的取水、退水监测结果。

拦河闸坝等蓄水工程，还应当提交经地方人民政府水行政主管部门或者流域管理机构批准的蓄水调度运行方案。

地下水取水工程，还应当提交包括成井抽水试验综合成果图、水质分析报告等内容的施工报告。

取水申请批准文件由不同流域管理机构联合签发的，申请人可以向其中任何一个流域管理机构报送材料。

第二十四条　取水审批机关应当自收到前条规定的有关材料后20日内，对取水工程或者设施进行现场核验，出具验收意见；对验收合格的，应当核发取水许可证。

取水申请批准文件由不同流域管理机构联合签发的，有关流域管理机构应当联合核验取水工程或者设施；对验收合格的，应当联合核发取水许可证。

第二十五条　同一申请人申请取用多种水源的，经统一审批后，取水审批机关应当区分不同的水源，分别核发取水许可证。

第二十六条　取水审批机关在核发取水许可证时，应当同时明确取水许可监督管理机关，并书面通知取水单位或者个人取水许可监督管理和水资源费征收管理的有关事项。

第二十七条　按照《取水条例》第二十五条规定，取水单位或者个人向原取水审批机关提出延续取水申请时应当提交下列材料：

（一）延续取水申请书；

（二）原取水申请批准文件和取水许可证。

取水审批机关应当对原批准的取水量、实际取水量、节水水平和退水水质状况以及取水单位或者个人所在行业的平均用水水平、当地水资源供需状况等进行全面评估，在取水许可证届满前决定是否批准延续。批准延续的，应当核发新的取水许可证；不批准延续的，应当书面说明理由。

第二十八条　在取水许可证有效期限内，取水单位或者个人需要变更其名称（姓名）的或者因取水权转让需要办理取水权变更手续的，应当持法定身份证明文件和有关取水权转让的批准文件，向原取水审批机关提出变更申请。取水审批机关审查同意的，应当核发新的取水许可证;其中,仅变更取水单位或者个人名称(姓名)的,可以在原取水许可证上注明。

第二十九条　在取水许可证有效期限内出现下列情形之一的,取水单位或者个人应当重新提出取水申请:

(一)取水量或者取水用途发生改变的(因取水权转让引起的取水量改变的情形除外);

(二)取水水源或者取水地点发生改变的;

(三)退水地点、退水量或者退水方式发生改变的;

(四)退水中所含主要污染物及污水处理措施发生变化的。

第三十条　连续停止取水满2年的,由原取水审批机关注销取水许可证。由于不可抗力或者进行重大技术改造等原因造成停止取水满2年且取水许可证有效期尚未届满的,经原取水审批机关同意,可以保留取水许可证。

第三十一条　取水审批机关应当于每年的1月31日前向社会公告其上一年度新发放取水许可证以及注销和吊销取水许可证的情况。

第五章　监督管理

第三十二条　流域管理机构审批的取水,可以委托其所属管理机构或者取水口所在地省、自治区、直辖市人民政府水行政主管部门实施日常监督管理。

县级以上地方人民政府水行政主管部门审批的取水,可以委托其所属具有管理公共事务职能的单位或者下级地方人民政府水行政主管部门实施日常监督管理。

第三十三条　县级以上地方人民政府水行政主管部门应当按照上一级地方人民政府水行政主管部门规定的时间,向其报送本行政区域下一年度取水计划建议。

省、自治区、直辖市人民政府水行政主管部门应当按照流域管理机构规定的时间,按水系向所在流域管理机构报送本行政区域该水系下一年度取水计划建议。

第三十四条　流域管理机构应当会同有关省、自治区、直辖市人民政府水行政主管部门制订国家确定的重要江河、湖泊的流域年度水量分配方案和年度取水计划,并报水利部备案。

县级以上地方人民政府水行政主管部门应当根据上一级地方人民政府水行政主管部门或者流域管理机构下达的年度水量分配方案和年度取水计划,制订本行政区域的年度水量分配方案和年度取水计划,并报上一级人民政府水行政主管部门或者流域管理机构备案。

第三十五条　取水单位或者个人应当在每年的12月31日前向取水审批机关报送其本年度的取水情况总结(表)和下一年度的取水计划建议(表)。

水力发电工程,还应当报送其下一年度发电计划。

公共供水工程,还应当附具供水范围内重要用水户下一年度用水需求计划。

取水情况总结(表)和取水计划建议(表)的格式及填报要求,由省、自治区、直辖市水行政主管部门或者流域管理机构制定。

第三十六条　取水审批机关应当于每年的1月31日前向取水单位或者个人下达当年取水计划。

取水审批机关下达的年度取水计划的取水总量不得超过取水许可证批准的取水量，并应当明确可能依法采取的限制措施。

第三十七条　新建、改建、扩建建设项目，取水单位或者个人应当在取水工程或者设施经验收合格后、开始取水前30日内，向取水审批机关提出其该年度的取水计划建议。取水审批机关批准后，应当及时向取水单位或者个人下达年度取水计划。

第三十八条　取水单位或者个人应当严格按照批准的年度取水计划取水。因扩大生产等特殊原因需要调整年度取水计划的，应当报经原取水审批机关同意。

第三十九条　取水单位或者个人应当按照取水审批机关下达的年度取水计划核定的退水量，在规定的退水地点退水。

因取水单位或者个人的责任，致使退水量减少的，取水审批机关应当责令其限期改正；期满无正当理由不改正的，取水审批机关可以根据年度取水计划核定的应当退水量相应核减其取水量。

第四十条　流域管理机构应当商相关省、自治区、直辖市人民政府水行政主管部门及其他相关单位，根据流域下一年度水量分配方案和年度预测来水量、水库蓄水量，按照总量控制、丰增枯减、以丰补枯的原则，统筹考虑地表水和地下水，制订本流域重要水系的年度水量调度计划或者枯水时段的调度方案。

县级以上地方人民政府水行政主管部门应当根据上一级地方人民政府水行政主管部门或者流域管理机构下达的年度水量分配方案和年度水量调度计划，制订本行政区域的年度水量调度计划或者枯水时段的调度方案，并报上一级人民政府水行政主管部门或者流域管理机构备案。

第四十一条　县级以上地方人民政府水行政主管部门和流域管理机构按照管理权限，负责所辖范围内的水量调度工作。

蓄水工程或者水力发电工程，应当服从下达的调度计划或者调度方案，确保下泄流量达到规定的控制指标。

第四十二条　取水单位或者个人应当安装符合国家法律法规或者技术标准要求的计量设施，对取水量和退水量进行计量，并定期进行检定或者核准，保证计量设施正常使用和量值的准确、可靠。

利用闸坝等水工建筑物系数或者泵站开机时间、电表度数计算水量的，应当由具有相应资质的单位进行率定。

第四十三条　有下列情形之一的，可以按照取水设施日最大取水能力计算取(退)水量：

(一)未安装取(退)水计量设施的；

(二)取(退)水计量设施不合格或者不能正常运行的；

(三)取水单位或者个人拒不提供或者伪造取(退)水数据资料的。

第四十四条　取水许可监督管理机关应当按月或者按季抄录取水单位或者个人的实际取水量、退水量或者实际发电量，一式二份，双方签字认可，取水许可监督管理机关和取水单位或者个人各持一份。

取水单位或者个人拒绝签字的,取水许可监督管理机关应当派两名以上工作人员到现场查验,记录存档,并当场留置一份给取水单位或者个人。

第四十五条 取水单位或者个人应当根据国家技术标准对用水情况进行水平衡测试,改进用水工艺或者方法,提高水的重复利用率和再生水利用率。

第四十六条 省、自治区、直辖市人民政府水行政主管部门应当按照流域管理机构的要求,定期报送由其负责监督管理的取水单位或者个人的取用水情况;流域管理机构应当定期将由其所属管理机构负责监督管理的取水单位或者个人的取用水情况抄送省、自治区、直辖市人民政府水行政主管部门。

第四十七条 省、自治区、直辖市人民政府水行政主管部门应当于每年的2月25日前向流域管理机构报送本行政区域相关水系上一年度保有的、新发放的和吊销的取水许可证数量以及审批的取水总量等取水审批的情况。

流域管理机构应当按流域水系分区建立取水许可登记簿,于每年的4月15日前向水利部报送本流域水系分区取水审批情况和取水许可证发放情况。

第六章 罚 则

第四十八条 水行政主管部门和流域管理机构及其工作人员,违反本办法规定的,按照《中华人民共和国水法》和《取水条例》的有关规定予以处理。

第四十九条 取水单位或者个人违反本办法规定的,按照《中华人民共和国水法》和《取水条例》的有关规定予以处罚。

第五十条 取水单位或者个人违反本办法规定,有下列行为之一的,由取水审批机关责令其限期改正,并可处1 000元以下罚款:

(一)擅自停止使用节水设施的;

(二)擅自停止使用取退水计量设施的;

(三)不按规定提供取水、退水计量资料的。

第七章 附 则

第五十一条 本办法自公布之日起施行。1994年6月9日水利部发布的《取水许可申请审批程序规定》(水利部令第4号)、1996年7月29日水利部发布的《取水许可监督管理办法》(水利部令第6号)以及1995年12月23日水利部发布并经1997年12月23日水利部修正的《取水许可水质管理规定》(水政资[1995]485号、水政资[1997]525号)同时废止。

附件6：

黄河水量调度条例实施细则(试行)

(2007年11月20日颁布实施)

第一条　根据《黄河水量调度条例》,制定本实施细则。

第二条　黄河水量调度总量控制是指十一省区市的年、月、旬取(耗)水总量不得超过年度水量调度计划和月、旬水量调度方案确定的取(耗)水总量控制指标。

第三条　黄河水量调度断面流量控制是指水文断面实际流量必须符合月、旬水量调度方案和实时调度指令确定的断面流量控制指标。其中,水库日平均出库流量误差不得超过控制指标的±5%;其他控制断面月、旬平均流量不得低于控制指标的95%,日平均流量不得低于控制指标的90%。

控制河段上游断面流量与控制指标有偏差或者区间实际来水流量与预测值有偏差的,下游断面流量控制指标可以相应增减,但不得低于预警流量。

第四条　黄河支流水量调度实行分类管理。跨省、自治区的支流,实行年度用水总量控制和非汛期水量调度;不跨省、自治区的支流,实行年度用水总量控制。

黄河水利委员会负责发布重要支流水量调度方案和调度指令,进行宏观管理及监督检查;有关省、自治区人民政府水行政主管部门根据下达的取(耗)水总量控制指标和断面流量控制指标负责本辖区内重要支流的水量调度管理。

第五条　县级以上地方人民政府及其水行政主管部门、黄河水利委员会及其所属管理机构以及水库主管部门或者单位应当明确水量调度管理机构和水量调度责任人,制定水量调度工作责任制。

十一省(区、市)人民政府及其水行政主管部门、水库主管部门或者单位应当于每年10月20日前将水量调度责任人名单报送黄河水利委员会;黄河水利委员会应当于每年10月30日前将十一省(区、市)人民政府及其水行政主管部门、黄河水利委员会及其所属管理机构以及水库主管部门或者单位的水量调度责任人名单报送水利部;水利部于11月公布。水量调度责任人发生变更的,应当及时报黄河水利委员会和水利部备案。

第六条　十一省(区、市)人民政府水行政主管部门和河南、山东黄河河务局以及水库管理单位,应当按下列时间要求向黄河水利委员会申报黄河干、支流的年度和月、旬用水计划建议与水库运行计划建议:

(一)每年的10月25日前申报本调度年度非汛期用水计划建议和水库运行计划建议;

(二)每月25日前申报下一月用水计划建议和水库运行计划建议;

(三)用水高峰期,每月5日、15日、25日前分别申报下一旬用水计划建议和水库运行计划建议。

第七条　十一省(区、市)人民政府水行政主管部门和河南、山东黄河河务局以及水库管理单位需要实时调整用水计划或水库运行计划的,应当提前48小时提出计划调整建议。

第八条 黄河水利委员会应当于每年10月31日前向水利部报送年度水量调度计划,水利部于11月10日前审批下达。

第九条 十一省(区、市)人民政府水行政主管部门和河南、山东黄河河务局应当依照调度管理权限和经批准的年度水量调度计划,对辖区内各行政区域以及主要用水户年度用水计划提出意见,并于11月25日前报黄河水利委员会备案。

第十条 黄河水利委员会应当于每月28日前下达下一月水量调度方案;用水高峰期,应当根据需要于每月8日、18日、28日前分别下达下一旬水量调度方案。

第十一条 十一省(区、市)人民政府水行政主管部门和河南、山东黄河河务局应当依照调度管理权限和黄河水利委员会下达的月、旬水量调度方案,对辖区内各行政区域及主要用水户月、旬用水计划提出意见,并于每月5日前报黄河水利委员会备案,用水高峰期,于每月1日、11日、21日前报黄河水利委员会备案。

第十二条 申请在年度水量调度计划外使用其他省、自治区、直辖市计划内水量分配指标的,应当同时符合以下条件:

(一)辖区内发生严重旱情的;

(二)年度用水指标不足且辖区内其他水资源已充分利用的。

申请由有关省、自治区、直辖市水行政主管部门和河南、山东黄河河务局按照调度管理权限提前15日以书面形式提出。申请应当载明申请的理由、指标额度、使用时间等事项。

黄河水利委员会收到申请后,应当根据黄河来水、水库蓄水和各省、自治区、直辖市用水需求情况,经供需分析和综合平衡后提出初步意见,认为有调整能力的,组织有关各方在协商一致的基础上提出方案,报水利部批准后实施;认为无调整能力的,在10日内做出答复。

第十三条 十一省(区、市)人民政府水行政主管部门和河南、山东黄河河务局应当按照下列时间要求向黄河水利委员会报送所辖范围内取(退)水量报表:

(一)每年7月25日前报送上一调度年度逐月取(退)水量报表;

(二)每年10月25日前报送7月至10月的取(退)水量报表;

(三)每月5日前报送上一月取(退)水量报表;

(四)用水高峰期,每月5日、15日、25日前报送上一旬的取(退)水量报表;

(五)应急调度期,每日10时前报送前日平均取(退)水量和当日8时取(退)水流量报表。

第十四条 有关水库管理单位应当按照下列时间要求向黄河水利委员会报送水库运行情况报表:

(一)每年7月25日前报送上一调度年度水库运行情况报表;

(二)每月5日前报送上一月水库运行情况报表;

(三)用水高峰期,每月5日、15日、25日报送上一旬水库运行情况报表;

(四)应急调度期,每日10时前报送当日8时水库水位、蓄水量、下泄流量和前日平均下泄流量报表。

第十五条　十一省(区、市)人民政府水行政主管部门和河南、山东黄河河务局以及水库管理单位,应当于每年7月25日前向黄河水利委员会报送年度水量调度工作总结;黄河水利委员会应当于8月10日前向水利部报送年度水量调度工作总结。

第十六条　黄河水利委员会应当于每年3月和7月将水量调度执行情况向十一省区市人民政府水行政主管部门以及水库主管部门或者单位通报,应急调度期应根据需要加报,并及时向社会公告。

第十七条　黄河干流省际和重要控制断面预警流量按照下表确定。

(单位:m^3/s)

断面	下河沿	石嘴山	头道拐	龙门	潼关	花园口	高村	孙口	泺口	利津
预警流量	200	150	50	100	50	150	120	100	80	30

第十八条　黄河重要支流控制断面最小流量指标及保证率按照下表确定。

<table>
<tr><th>河流</th><th>断面</th><th>最小流量指标
(m^3/s)</th><th>保证率
(%)</th><th>河流</th><th>断面</th><th>最小流量指标
(m^3/s)</th><th>保证率
(%)</th></tr>
<tr><td>洮河</td><td>红旗</td><td>27</td><td>95</td><td rowspan="4">渭河</td><td>北道</td><td>2</td><td>90</td></tr>
<tr><td rowspan="3">湟水</td><td>连城</td><td>9</td><td>95</td><td>雨落坪</td><td>2</td><td>90</td></tr>
<tr><td>享堂</td><td>10</td><td>95</td><td>杨家坪</td><td>2</td><td>90</td></tr>
<tr><td>民和</td><td>8</td><td>95</td><td>华县</td><td>12</td><td>90</td></tr>
<tr><td>汾河</td><td>河津</td><td>1</td><td>80</td><td rowspan="3">沁河</td><td>润城</td><td>1</td><td>95</td></tr>
<tr><td>伊洛河</td><td>黑石关</td><td>4</td><td>95</td><td>五龙口</td><td>3</td><td>80</td></tr>
<tr><td>大汶河</td><td>戴村坝</td><td>1</td><td>80</td><td>武陟</td><td>1</td><td>50</td></tr>
</table>

第十九条　本细则自颁布之日起施行。

参考文献

[1] 李国英. 治理黄河思辨与践行[M]. 北京:中国水利水电出版社;郑州:黄河水利出版社,2003.

[2] 李国英. 维持黄河健康生命[M]. 郑州:黄河水利出版社,2005.

[3] 李国英. 建立"维持河流生命的基本水量"概念[J]. 人民黄河,2003(2).

[4] 李国英. "十五":为维持黄河健康生命努力探索[J]. 成就与进展,2006.

[5] 李国英. 西北地区水资源状况及南水北调西线工程[C]//西北地区水资源问题及其对策高层研讨会论文集. 北京:新华出版社,2006.

[6] 苏茂林. 黄河水量统一调度效果初步分析[R]//2005 年中国水利发展报告.

[7] 苏茂林. 2002 年黄河水量调度工作综述[J]. 人民黄河,2003(1).

[8] 安新代. 黄河水资源管理调度现状与展望[J]. 中国水利,2007(13).

[9] 孙广生,裴勇. 黄河水资源统一管理与调度的实践与展望[J]. 人民黄河,2004(5).

[10] 安新代. 黄河支流水资源管理与调度[N]. 黄河报,2007-07-19

[11] 水利部黄河水利委员会. 黄河近期重点治理开发规划[M]. 郑州:黄河水利出版社,2002.

[12] 孙广生,乔西现,孙寿松. 黄河水资源管理[M]. 郑州:黄河水利出版社,2001.

[13] 席家治. 黄河水资源[M]. 郑州:黄河水利出版社,1996.

[14] 黄河流域水资源保护局. 黄河水资源保护 30 年[M]. 郑州:黄河水利出版社,2005.

[15] 水利部黄河水利委员会. 人民治理黄河六十年[M]. 郑州:黄河水利出版社,2006.

[16] 张学成,潘启民. 黄河流域水资源调查评价[M]. 郑州:黄河水利出版社,2006.

[17] 中华人民共和国水利部. 黑河流域近期治理规划[R]. 北京:中国水利水电出版社,2002.

[18] 中国水资源调查评价编制工作组. 中国水资源调查评价[R]. 2006.

[19] 王道席,朱元甡. 黄河三门峡以下非汛期水资源管理研究[J]. 水文,2001(1).

[20] 水利部黄河水利委员会. 黄河年鉴[M]. 郑州:黄河水利出版社,2003.

[21] 冯相明,王怀柏. 黄河花园口水文站实测大洪水发生频次分析[J]. 人民黄河,2000(6).

[22] 中华人民共和国水利部. 塔里木河流域近期综合治理规划报告[R]. 北京:中国水利水电出版社,2002.

[23] 刘恕. "改造自然"带来的灾难——中国科协原副主席、甘肃省原副省长刘恕谈前苏联的教训[J]. 科学时报,2005(4).

[24] Campbell Richard Tiburcio, and Richard Cudney Bueno. Delta Blues: Current Legal and Policy Developments Affecting the Colorado River Delta[C]. The Arizona Riparian Council, 2002, 15(3): 7-9.

[25] Michael J. Cohen, Christine Henges-Jeck. Missing Water: The Uses and Flows of Water in the Colorado River Delta Region. ISBN: 1 - 893790 - 05 - 3. Pacific Institute for Studies in Development, Environment, and Security[M]. Akland, USA, 2001, 9. URL: www. pacinstl. org.

[26] JIM CARRIER. The Colorado River Drained Dry[J]. National Geographic, 1991(6): 4-32.

[27] M Monirul Qader Mirza. Hydrological changes in the Ganges system in Bangladesh in the post - Farakka period[J]. Journal of Hydrological Sciences, 1997, 42(5): 613-632.

[28] Masahiro Murakami. Managing Water for Peace in the Middle East: Alternative Strategies[M]. TOKYO - NEW YORK - PARIS: United Nations University Press, 1995.

[29] MDBMC. An Audit of Water Use in the Murray - Darling Basin[C]. Canberra: Murray - Darling Basin Ministerial Council, 1995.

[30] Thomson C. The Impact of River Regulation on the Natural Flows of the Murray – Darling Basin[R]//Technical Report 92/5.3. Canberra: Murray – Darling Basin Commission, 1994.

[31] McMahon T A, et at. Global Runoff: continental comparisons of annual flows and Peak discharges[M]. Germany: Catena Verlag, Cremlingen – Destedt, 1992.

[32] Maheshwari B L, et al. Effects of regulation on the flow regime of the River Murray, Australia[J]. Regulated Rivers: research and management, 1995(10): 15-38.

黄河水量总调度中心

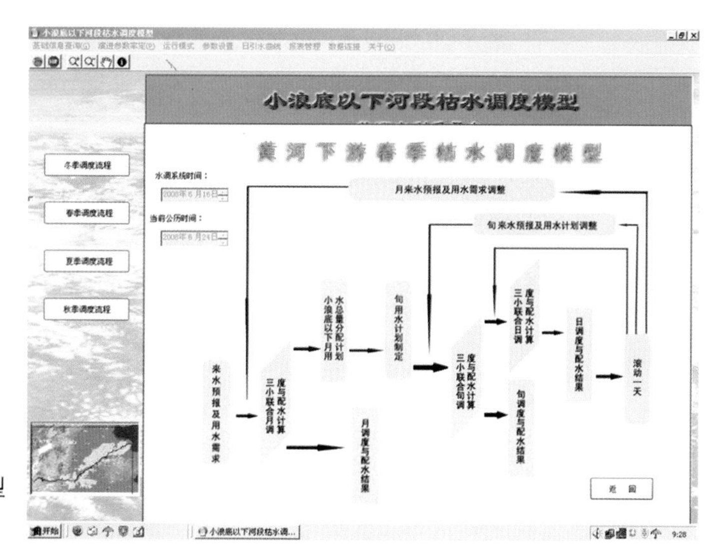

黄河下游枯水调度模型

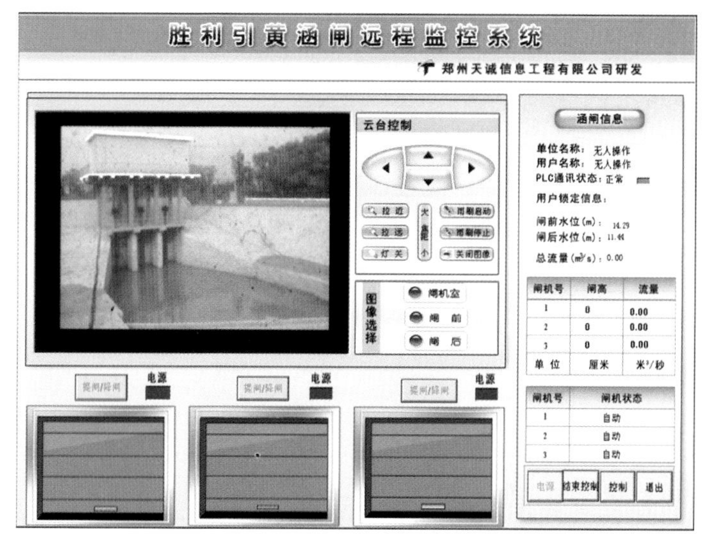

胜利引黄涵闸远程监控系统

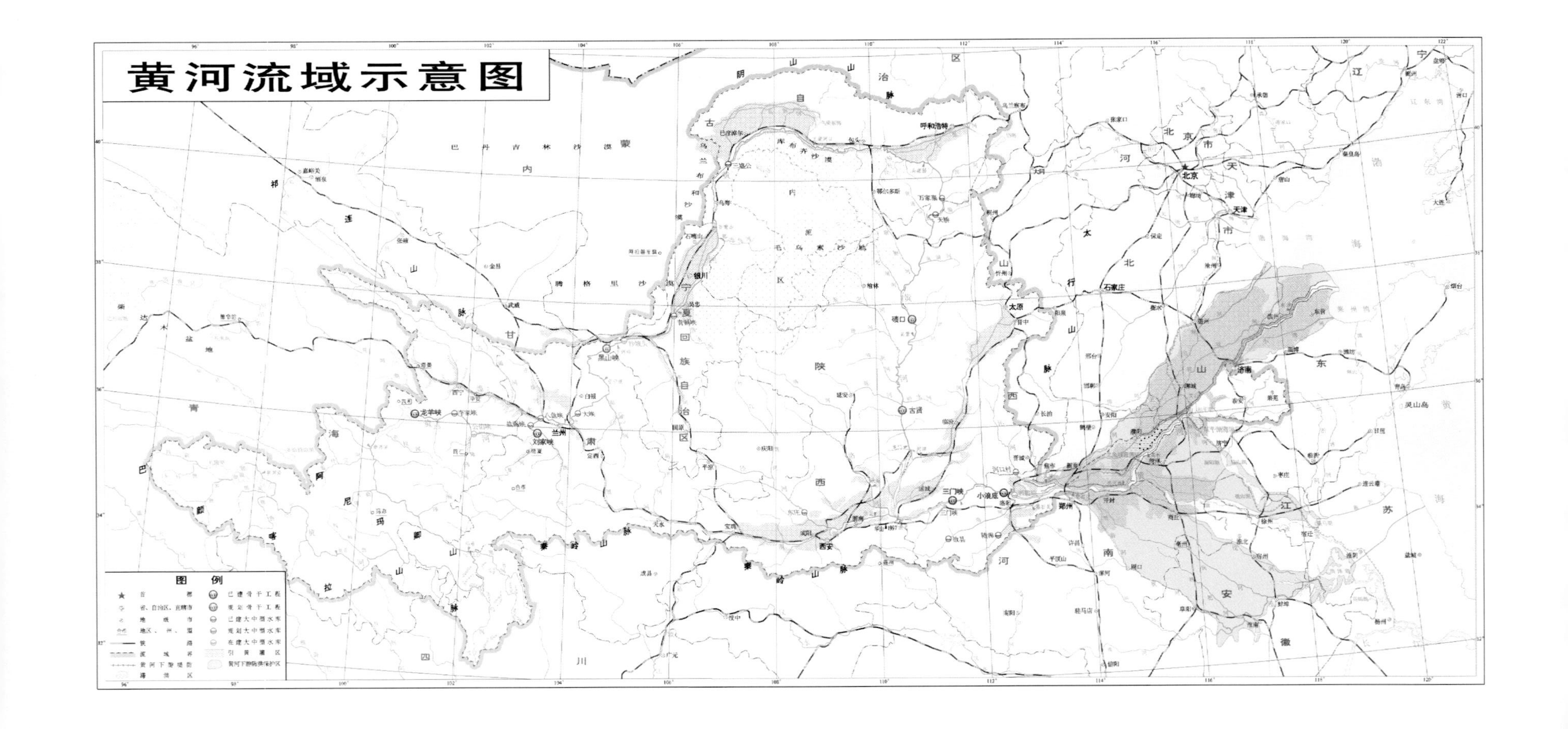
黄河流域示意图
图例
北京
天津
石家庄
太原
呼和浩特
银川
兰州
西安
郑州
济南
三门峡
小浪底
龙羊峡
刘家峡
青铜峡
黑山峡
万家寨
碛口
古贤
包头
开封
洛阳
西宁
武威
延安
灵山岛

黄河流域已建和在建水利工程示意图

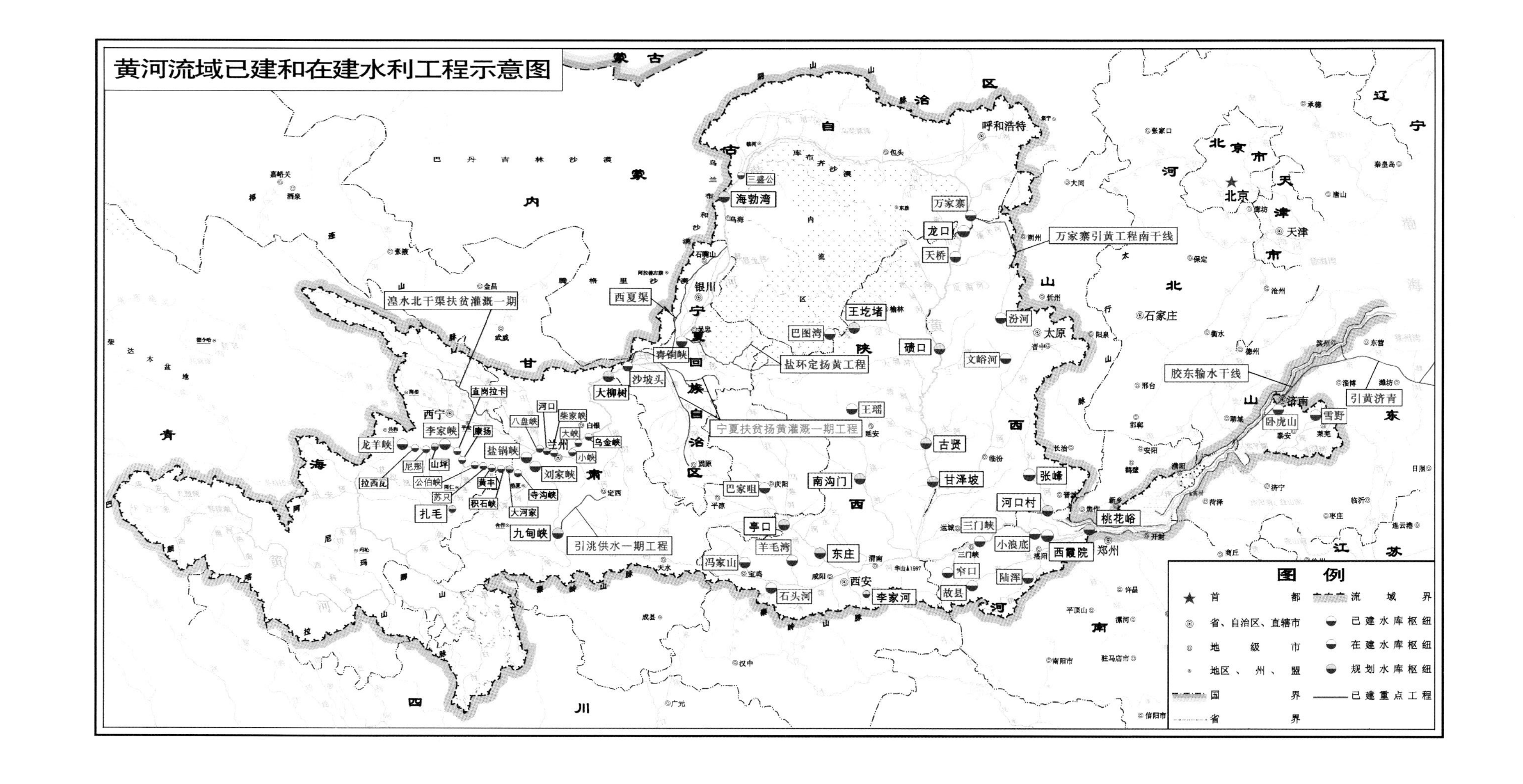

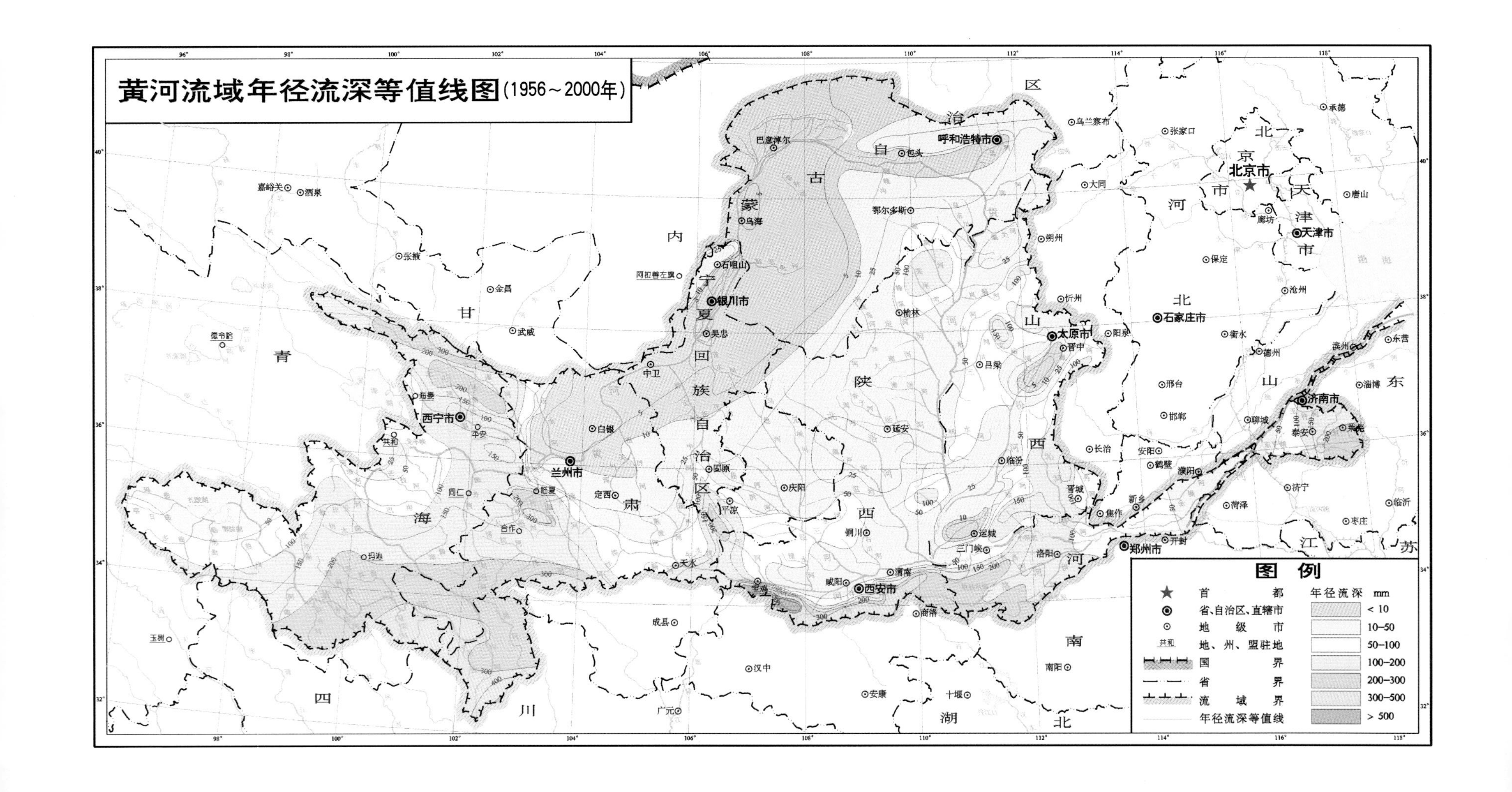
黄河流域年径流深等值线图(1956～2000年)
图例
首都
省、自治区、直辖市
地级市
地、州、盟驻地
国界
省界
流域界
年径流深等值线
年径流深 mm
< 10
10–50
50–100
100–200
200–300
300–500
> 500
内蒙古自治区
宁夏回族自治区
甘肃
青海
四川
陕西
山西
河南
河北
山东
湖北
北京市
天津市
江苏
呼和浩特市
包头
巴彦淖尔
乌海
鄂尔多斯
石嘴山
银川市
吴忠
中卫
固原
平凉
兰州市
白银
定西
西宁市
海晏
平安
共和
同仁
临夏
合作
玛沁
天水
庆阳
延安
榆林
铜川
咸阳
西安市
渭南
宝鸡
商洛
太原市
晋中
吕梁
忻州
朔州
临汾
运城
三门峡
洛阳
晋城
长治
焦作
新乡
郑州市
开封
濮阳
安阳
鹤壁
济南市
泰安
莱芜
聊城
济宁
菏泽
枣庄
临沂
滨州
淄博
东营
德州
衡水
沧州
石家庄市
邢台
邯郸
阳泉
大同
乌兰察布
张家口
保定
廊坊
唐山
承德
阿拉善左旗
嘉峪关
酒泉
张掖
金昌
武威
德令哈
玉树
成县
汉中
安康
广元
十堰
南阳

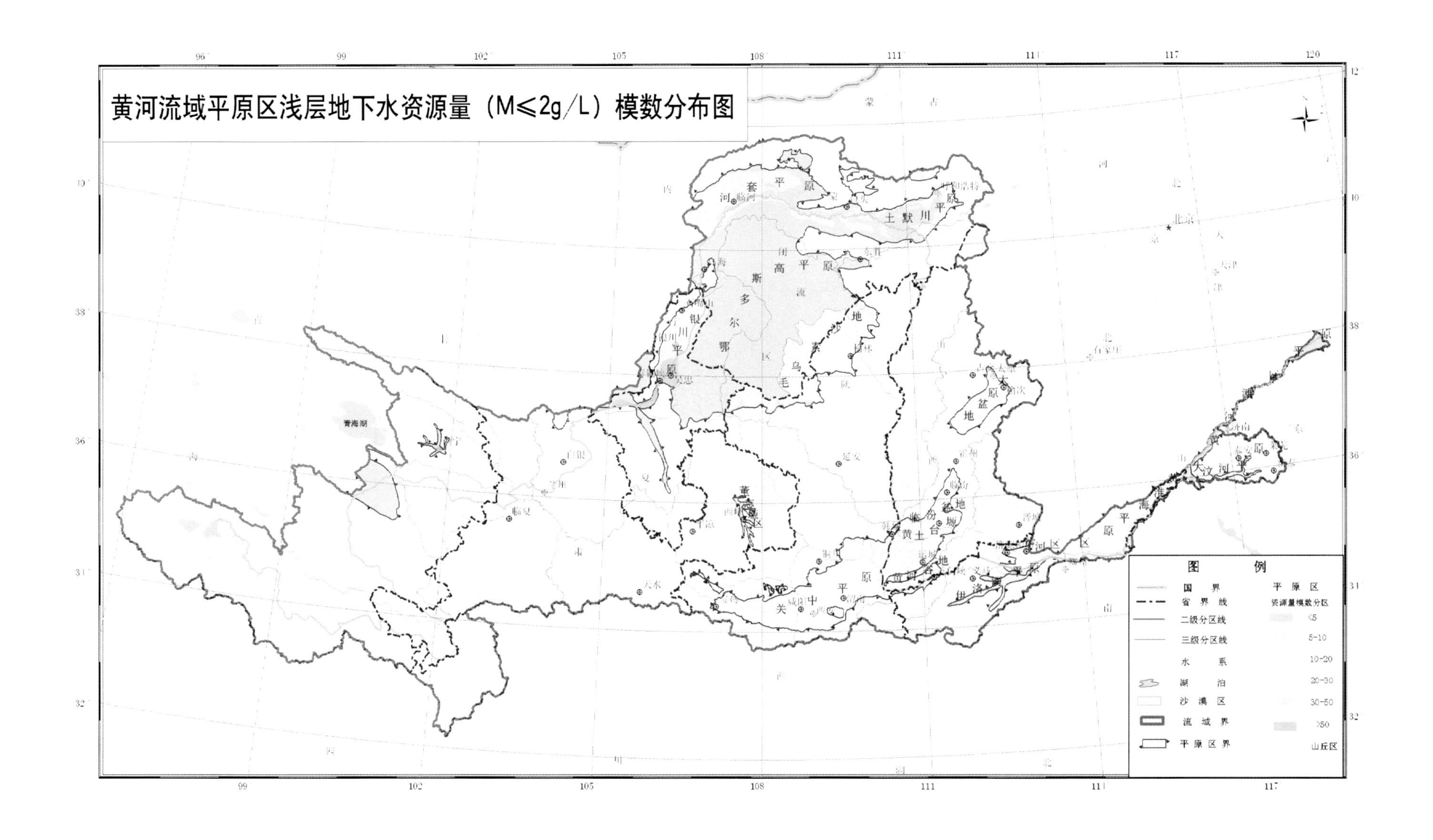
黄河流域平原区浅层地下水资源量（M≤2g/L）模数分布图
图例
国界
省界线
二级分区线
三级分区线
水系
湖泊
沙漠区
流域界
平原区界
平原区
资源量模数分区
<5
5-10
10-20
20-30
30-50
>50
山丘区
青海湖
河套平原
土默川平原
银川平原
鄂尔多斯高平原
太原盆地
临汾盆地
黄土台塬
关中平原
黄海平原
大汶河平原
北京
天津
石家庄
银川
兰州
西宁
太原
西安
郑州
济南
呼和浩特
包头
临河
东胜
延安
榆林
平凉
天水
宝鸡
咸阳
洛阳
运城
临汾
长治
泰安
临夏
白银

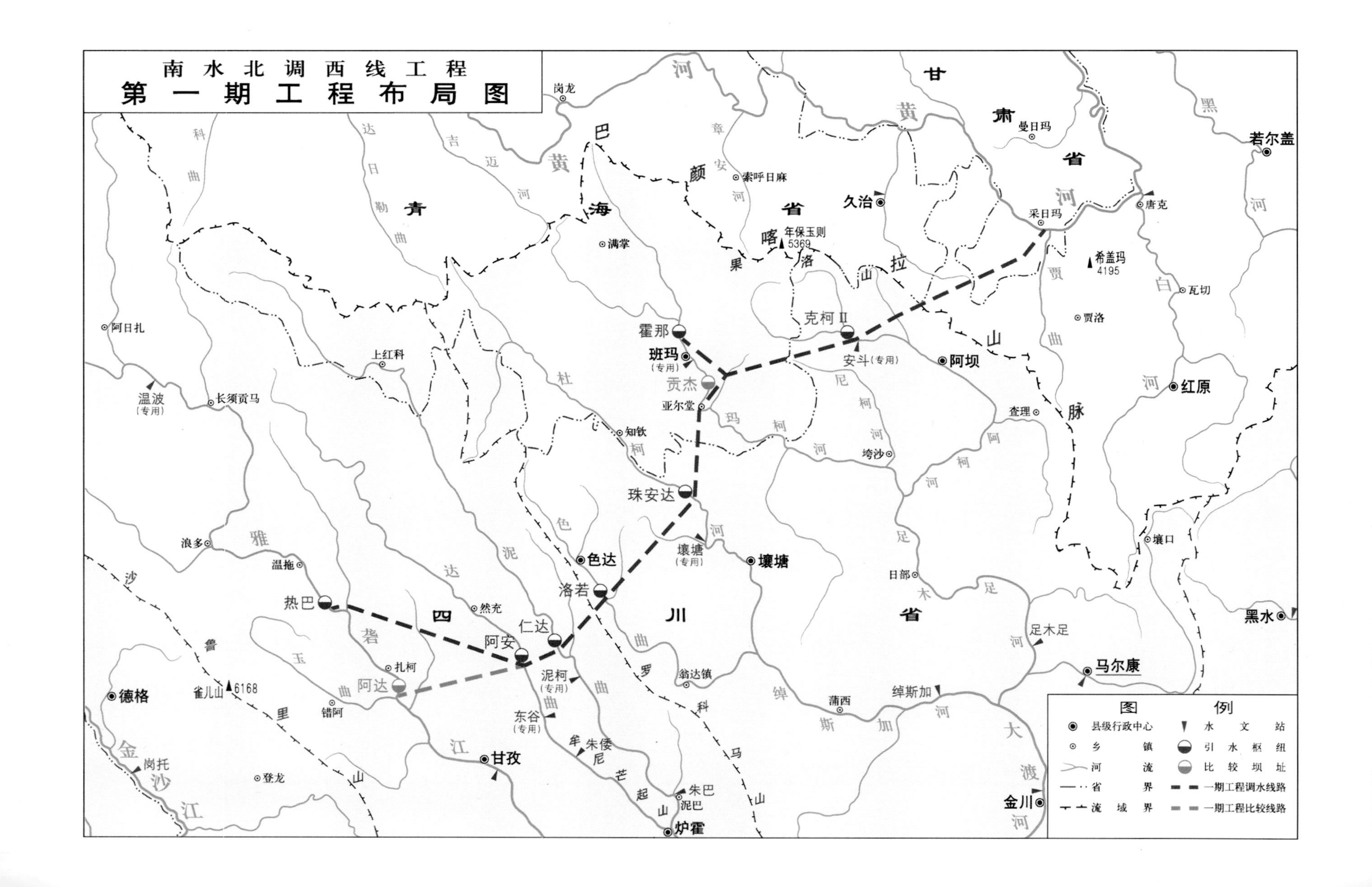
南水北调西线工程
第一期工程布局图
图例
县级行政中心
乡镇
河流
省界
流域界
水文站
引水枢纽
比较坝址
一期工程调水线路
一期工程比较线路
甘肃省
青海省
四川省
若尔盖
红原
阿坝
久治
黑水
马尔康
金川
壤塘
色达
班玛
甘孜
炉霍
德格
霍那
克柯Ⅱ
安斗（专用）
贡杰
亚尔堂
珠安达
壤塘（专用）
洛若
仁达
阿安
泥柯（专用）
东谷（专用）
阿达
热巴
温波（专用）
采日玛
唐克
瓦切
壤口
贾洛
希盖玛 4195
年保玉则 5369
雀儿山 6168
曼日玛
索呼日麻
满掌
岗龙
阿日扎
长须贡马
上红科
知钦
查理
垮沙
日部
足木足
绰斯加
蒲西
翁达镇
然充
扎柯
错阿
温拖
浪多
登龙
岗托
朱巴
泥巴
朱倭
巴颜喀拉山脉
黄河
黑河
白河
贾曲
章安河
吉迈河
达日勒曲
科曲
杜柯河
玛柯河
阿柯河
尼柯河
足木足河
大渡河
绰斯加河
色曲
泥曲
达曲
雅砻江
鲜水河
罗柯马山
芒起山
金沙江
雀儿山

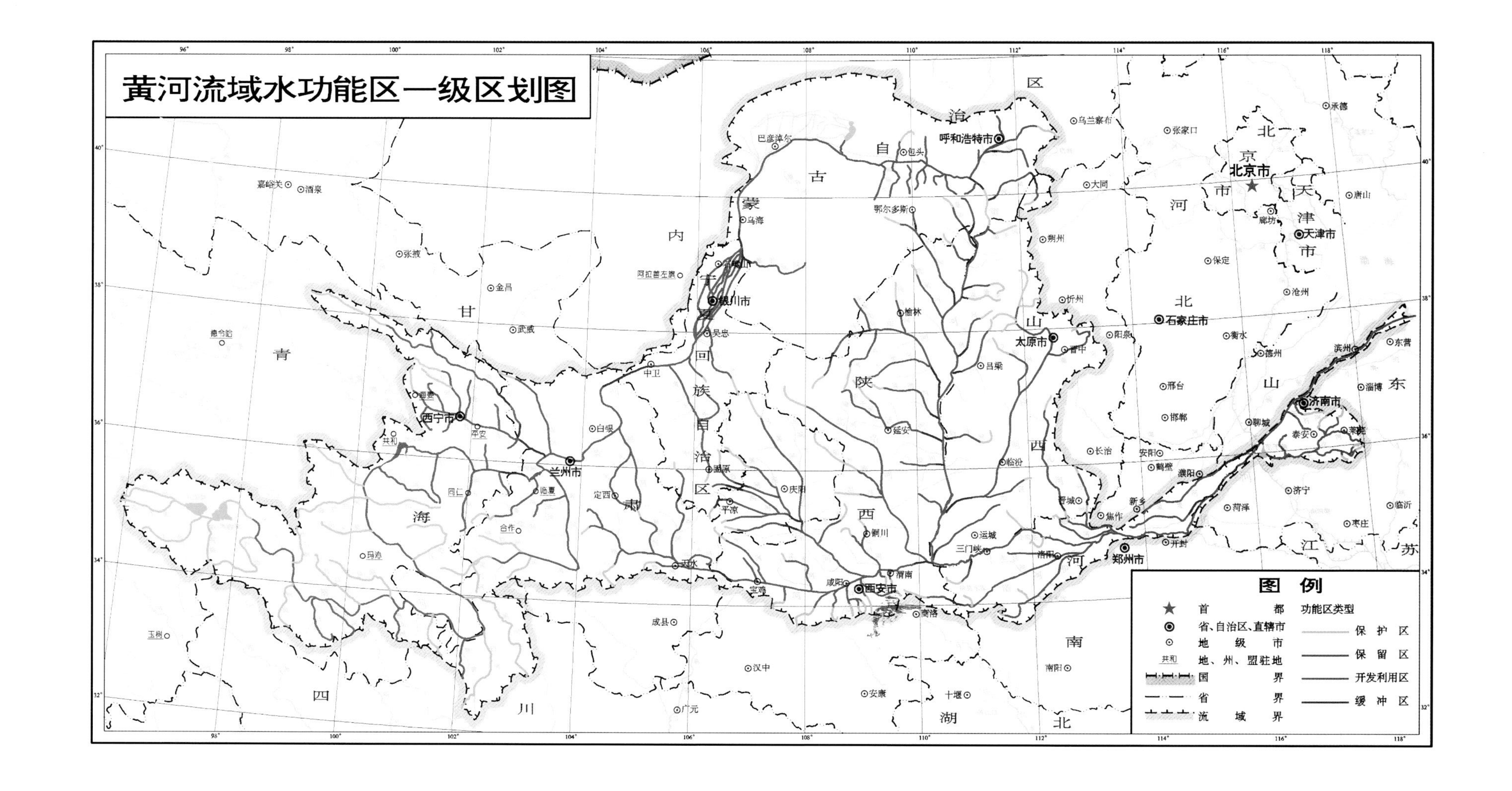

黄河流域水功能区一级区划图
图例
首都
省、自治区、直辖市
地级市
地、州、盟驻地
国界
省界
流域界
功能区类型
保护区
保留区
开发利用区
缓冲区
北京市
天津市
呼和浩特市
银川市
太原市
石家庄市
济南市
郑州市
西安市
兰州市
西宁市

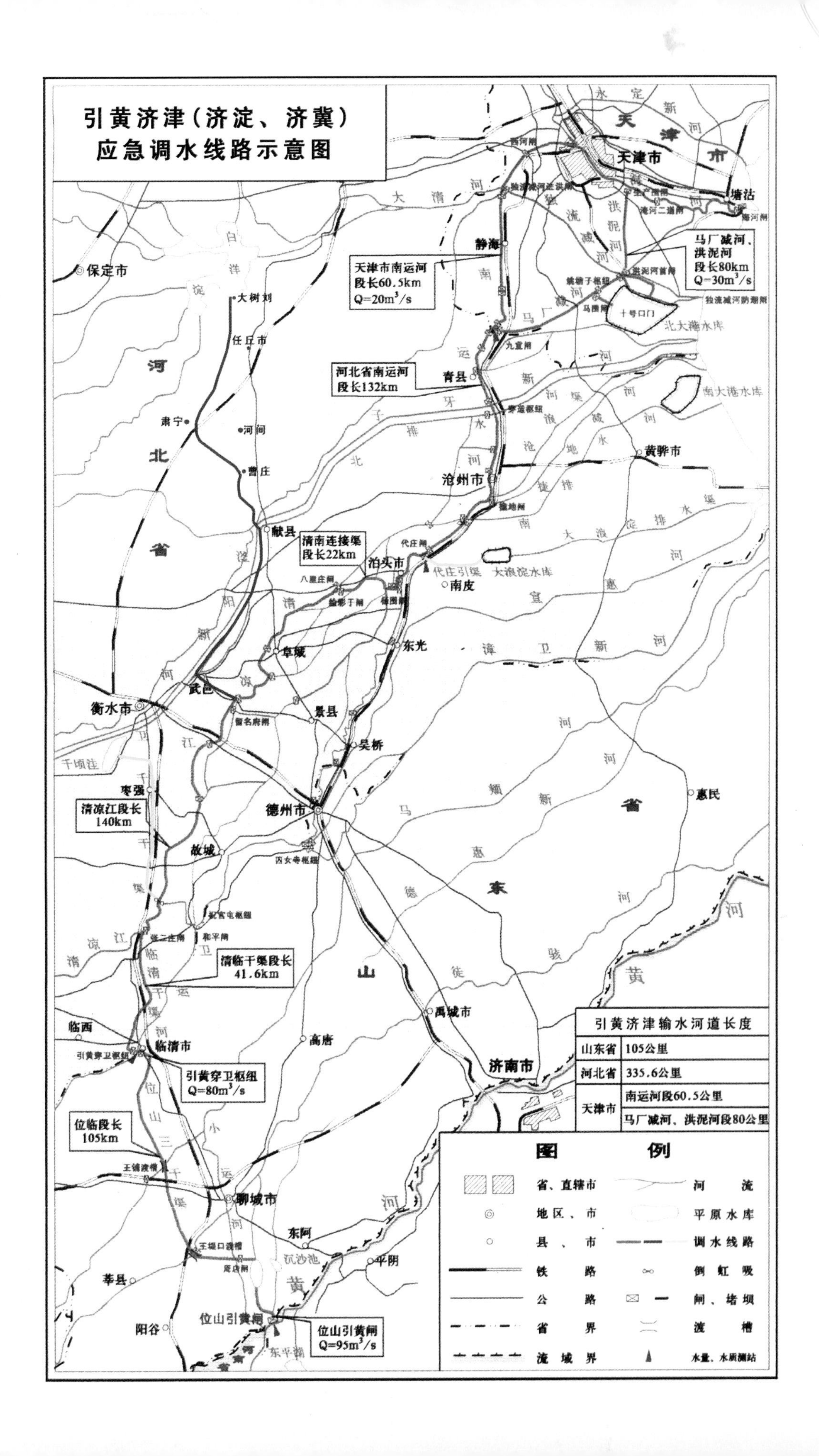
引黄济津（济淀、济冀）
应急调水线路示意图
天津市
塘沽
静海
天津市南运河
段长60.5km
Q=20m³/s
马厂减河、
洪泥河
段长80km
Q=30m³/s
北大港水库
南大港水库
河北省南运河
段长132km
青县
沧州市
黄骅市
保定市
大树刘
任丘市
肃宁
河间
献县
清南连接渠
段长22km
泊头市
南皮
大浪淀水库
阜城
东光
武邑
衡水市
景县
吴桥
德州市
惠民
枣强
清凉江段长
140km
故城
清临干渠段长
41.6km
禹城市
临西
临清市
高唐
济南市
引黄穿卫枢纽
Q=80m³/s
位临段长
105km
聊城市
东阿
平阴
莘县
阳谷
位山引黄闸
位山引黄闸
Q=95m³/s
河北省
山东省
引黄济津输水河道长度
山东省 105公里
河北省 335.6公里
天津市 南运河段60.5公里
马厂减河、洪泥河段80公里
图例
省、直辖市
河流
地区、市
平原水库
县、市
调水线路
铁路
倒虹吸
公路
闸、堵坝
省界
渡槽
流域界
水量、水质测站

SUN PAPER